信息学奥赛
高分训练
秘笈 实战篇

瞿有甜　　　　主　编

罗方炜　诸一行　副主编

清华大学出版社

北京

内 容 简 介

本书是一本全国青少年信息学奥林匹克联赛(NOIP)算法竞赛的实战训练书籍,主要内容包括近年来NOIP竞赛普及组、提高组的初赛笔试竞赛题分析和讲解,NOIP普及组、提高组复试真题分析和讨论。一个实际应用问题的求解方法往往会有多种可能,书中代码仅可作为参考,读者应该发挥自己的想象力,力求独辟蹊径,对各种求解算法进行分析讨论,权衡利弊,以求达到事半功倍的学习效果。

本书可作为 NOIP 初/复赛、全国青少年信息学奥林匹克竞赛(NOI)的教材和指导用书,也可作为有意参加 ACM 国际大学生程序设计竞赛及相关同类算法竞赛的读者的参考用书。

图书在版编目(CIP)数据

信息学奥赛高分训练秘笈.实战篇/瞿有甜主编.—北京:清华大学出版社,2024.1
ISBN 978-7-302-63708-0

Ⅰ.①信… Ⅱ.①瞿… Ⅲ.①程序设计-青少年读物 Ⅳ.①TP311.1-49

中国国家版本馆 CIP 数据核字(2023)第 102614 号

责任编辑:黄 芝 薛 阳
封面设计:刘 键
责任校对:申晓焕
责任印制:丛怀宇

出版发行:清华大学出版社
    网 址:https://www.tup.com.cn,https://www.wqxuetang.com
    地 址:北京清华大学学研大厦 A 座   邮 编:100084
    社 总 机:010-83470000   邮 购:010-62786544
    投稿与读者服务:010-62776969,c-service@tup.tsinghua.edu.cn
    质量反馈:010-62772015,zhiliang@tup.tsinghua.edu.cn
    课件下载:https://www.tup.com.cn,010-83470236
印 装 者:北京鑫海金澳胶印有限公司
经 销:全国新华书店
开 本:185mm×260mm 印 张:17.75   字 数:435 千字
版 次:2024 年 1 月第 1 版   印 次:2024 年 1 月第 1 次印刷
印 数:1~2500
定 价:79.80 元

产品编号:098171-01

前　言

全国青少年信息学奥林匹克竞赛(NOI)是由中国计算机学会(CCF)举办，面向广大在校中学生的一项全国性的程序设计比赛，已经开展了 38 年。近年来，每年都有 10 多万青少年参与此项活动，目前该活动已成为我国中学生信息学活动中最具代表性的活动之一。此项竞赛的开展，有力地推动了信息学的发展，并为各高校输送了大量优秀人才。

全国青少年信息学奥林匹克联赛(NOIP)是每年众多信息学竞赛中最权威的比赛，也是广大中小学生参加信息学竞赛培训后都希望报名参加来验证程序设计能力水平的比赛。NOIP 是同一时间在全国各个省份开展的比赛，只有在省赛中表现十分突出的学生才有机会代表其所在省份参加 NOI。在 NOI 中表现极其优秀的选手，将有机会代表中国参加国际信息学奥林匹克竞赛(IOI)为国争光。

省级联赛分为普及组(NOIP-J 或 CSP-J)和提高组(NOIP-S 或 CSP-S)，两个组别都有初赛和复赛两个阶段，只有在初赛中成绩优异的学生才有资格参加复赛。《信息学奥赛高分训练秘笈(实战篇)》以提高读者实战技能和水平为目的，通过对近年来 NOIP 竞赛初赛和复赛真题的分析、讨论和讲解，期望能在尽量短的时间内提高读者的竞技水平和能力，有效提升竞赛成绩。

《信息学奥赛高分训练秘笈(实战篇)》初试部分由浙江广厦建设职业技术大学的瞿有甜编写，复试案例分析由春晖中学的罗方炜、余姚中学的诸一行编写。

本书部分资料来源于网络或曾经的信息学竞赛大咖的个人博客、解题报告等。由于时间跨度较长，有些资料难以找到原创作者，在此向这些作者表示衷心的感谢。

由于时间仓促及编者的水平有限，书中不足之处在所难免，恳请读者批评指正。

编　者

2023 年 10 月

目　录

下载源码

第1章　NOIP 普及组(CSP-J)历年试题分析

1.1　2020 CCF 入门级(CSP-J)试题 B 卷及解析

1.1.1　2020 CCF 入门级(CSP-J)试题

一、单项选择题(共 15 题,每题 2 分,共计 30 分;每题有且仅有一个正确选项)

1. 在内存储器中每个存储单元都被赋予一个唯一的序号,称为(　　)。

　　A. 下标　　　　　　　B. 地址　　　　　　　C. 序号　　　　　　　D. 编号

2. 编译器的主要功能是(　　)。

　　A. 将源程序翻译成机器指令代码　　　B. 将一种高级语言翻译成另一种高级语言

　　C. 将源程序重新组合　　　　　　　　D. 将低级语言翻译成高级语言

3. 设 x＝true,y＝true,z＝false,以下逻辑运算表达式值为真的是(　　)。

　　A. (x∧y)∧z　　　　　　　　　　　　B. x∧(z∨y)∧z

　　C. (x∧y)∨(z∨x)　　　　　　　　　　D. (y∨z)∧x∧z

4. 现有一张分辨率为 2048×1024 像素的 32 位真彩色图像。请问要存储这张图像,需要多大的存储空间?(　　)

　　A. 4MB　　　　　B. 8MB　　　　　C. 32MB　　　　　D. 16MB

5. 冒泡排序算法的伪代码如下。

　　输入:数组 L,n≥1。

　　输出:按非递减顺序排序的 L。

　　算法 BubbleSort:

```
1.   FLAG←n        //标记被交换的最后元素位置
2.   while FLAG>1 do
3.       k ← FLAG－1
4.       FLAG ← 1
5.       for j＝1 to k do
6.           if L(j)＞L(j＋1)then do
7.           L(j)<－> L(j＋1)
8.           FLAG ← j
```

　　对 n 个数用以上冒泡排序算法进行排序,最少需要比较多少次?(　　)

　　A. n　　　　　B. n－2　　　　　C. n^2　　　　　D. n－1

6. 设 A 是 n 个实数的数组,考虑下面的递归算法:

```
XYZ(A[1..n])
1.  if n＝1 then return A[1]
```

```
2.  else temp ← XYZ(A[1..n-1])
3.  if temp < A[n]
4.  then return temp
5.  else return A[n]
```

请问算法 XYZ 的输出是什么? (　　)

 A. A 数组的平均   B. A 数组的最小值

 C. A 数组的最大值   D. A 数组的中值

7. 链表不具有的特点是(　　)。

 A. 插入删除不需要移动元素   B. 可随机访问任一元素

 C. 不必事先估计存储空间   D. 所需空间与线性表长度成正比

8. 有 10 个顶点的无向图至少应该有(　　)条边才能确保是一个连通图。

 A. 10   B. 12   C. 9   D. 11

9. 二进制数 1011 转换为十进制数是(　　)。

 A. 10   B. 13   C. 11   D. 12

10. 5 个小朋友并排站成一列,其中有两个小朋友是双胞胎。如果要求这两个双胞胎必须相邻,则有(　　)种不同的排列方法。

 A. 24   B. 36   C. 72   D. 48

11. 下面所使用的数据结构是(　　)。

 压入 A 成[A]   压入 B 成[B,A]   弹出 B 成[A]   压入 C 成[C,A]

 A. 哈希表   B. 二叉树   C. 栈   D. 队列

12. 独根树的高度为 1。具有 61 个结点的完全二叉树的高度为(　　)。

 A. 7   B. 5   C. 8   D. 6

13. 干支纪年法是中国传统的纪年方法,由 10 个天干和 12 个地支组合成 60 个天干地支。由公历年份可以根据以下公式和表格换算出对应的天干地支。

 天干＝(公历年份)除以 10 所得余数

 地支＝(公历年份)除以 12 所得余数

天干	甲	乙	丙	丁	戊	己	庚	辛	壬	癸		
	4	5	6	7	8	9	0	1	2	3		
地支	子	丑	寅	卯	辰	巳	午	未	申	酉	戌	亥
	4	5	6	7	8	9	10	11	0	1	2	3

 例如,今年是 2020 年,2020 除以 10 余数为 0,查表为"庚";2020 除以 12 余数为 4,查表为"子",所以今年是庚子年。

 请问 1949 年的天干地支是(　　)。

 A. 己亥   B. 己丑   C. 己卯   D. 己酉

14. 10 个三好学生名额分配到 7 个班级,每个班级至少有一个名额,一共有(　　)种不同的分配方案。

 A. 56   B. 84   C. 72   D. 504

15. 有 5 副不同颜色的手套(共 10 只手套,每副手套左右手各 1 只),一次性从中取 6 只手套,请问恰好能配成两副手套的不同取法有(　　)种。

 A. 30   B. 150   C. 180   D. 120

二、阅读程序（程序输入不超过数组或字符串定义的范围；判断题正确填√；错误填×；除特殊说明外，判断题每题 **1.5** 分，单选题每题 **3** 分，共计 **40** 分）

1.

```
01  # include "cstdlib"
02  # include "iostream"
03  using namespace std;
04
05  char encoder[26] = {'C', 'S', 'P', 0};
06  char decoder[26];
07
08  string st;
09
10  int main(){
11          int k = 0;
12          for (int i = 0;i < 26;++i)
13                  if (encoder[i]! = 0)++k;
14          for (char x = 'A';x < = 'Z';++x){
15                  bool flag = true;
16                  for (int i = 0;i < 26;++i)
17                          if (encoder[i] == x){
18                                  flag = false;
19                                  break;
20                          }
21                  if (flag){
22                          encoder[k] = x;
23                          ++k;
24                  }
25          }
26          for (int i = 0;i < 26;++i)
27                  decoder[encoder[i] - 'A'] = i + 'A';
28          cin >> st;
29          for (int i = 0;i < st.length();++i)
30                  st[i] = decoder[st[i] - 'A'];
31          cout << st;
32          return 0;
33  }
```

判断题

（1）输入的字符串应当只由大写字母组成，否则在访问数组时可能越界。（　　　）

（2）若输入的字符串不是空串，则输入的字符串与输出的字符串一定不一样。（　　　）

（3）将第 12 行的"i＜26"改为"i＜16"，程序运行结果不会改变。（　　　）

（4）将第 26 行的"i＜26"改为"i＜16"，程序运行结果不会改变。（　　　）

单选题

（5）若输出的字符串为"ABCABCABCA"，则下列说法正确的是（　　　）。

　　A. 输入的字符串中既有 A 又有 P　　　　B. 输入的字符串中既有 S 又有 B

　　C. 输入的字符串中既有 S 又有 P　　　　D. 输入的字符串中既有 A 又有 B

（6）若输出的字符串为"CSPCSPCSPCSP"，则下列说法正确的是（　　　）。

　　A. 输入的字符串中既有 J 又有 R　　　　B. 输入的字符串中既有 P 又有 K

　　C. 输入的字符串中既有 J 又有 K　　　　D. 输入的字符串中既有 P 又有 R

2.

```
01 # include "iostream"
02 using namespace std;
03
04 long long n, ans;
05 int k,len;
06 long long d[ 1000000];
07
08 int main(){
09      cin>> n>> k;
10      d[0] = 0;
11      len = 1;
12      ans = 0;
13      for (long long i = 0;i < n;++i){
14          ++d[0];
15          for (int j = 0;j + 1 < len;++j){
16              if (d[j] == k){
17                  d[j] = 0;
18                  d[j + 1] += 1;
19                  ++ans;
20              }
21          }
22          if (d[len - 1] == k){
23              d[len - 1] = 0;
24              d[len] = 1;
25              ++len;
26              ++ans;
27          }
28      }
29   cout << ans << endl;
30   return 0;
31 }
```

假设输入的 n 是不超过 2^{62} 的正整数,k 都是不超过 10000 的正整数,完成下面的判断题和单选题。

判断题

(1) 若 k=1,则输出 ans 时,len=n。(   )

(2) 若 k>1,则输出 ans 时,len 一定小于 n。(   )

(3) 若 k>1,则输出 ans 时,k^{len} 一定大于 n。(   )

单选题

(4) 若输入的 n 等于 10^{15},输入的 k 为 1,则输出等于(   )。

    A. $(10^{30}-10^{15})/2$ B. $(10^{30}+10^{15})/2$ C. 1   D. 10^{15}

(5) 若输入的 n 等于 205 891 132 094 649(即 3^{30}),输入的 k 为 3,则输出等于(   )。

    A. $(3^{30}-1)/2$ B. 3^{30} C. $3^{30}-1$ D. $(3^{30}+1)/2$

(6) 若输入的 n 等于 100 010 002 000 090,输入的 k 为 10,则输出等于(   )。

    A. 11 112 222 444 543   B. 11 122 222 444 453

    C. 11 122 222 444 543   D. 11 112 222 444 453

3.

```
01  # include "algorithm"
02  # include "iostream"
03  using namespace std;
04
05  int n;
06  int d[50][2];
37  int ans;
08
09  void dfs(int n, int sum){
10      if (n == 1){
11          ans = max(sum, ans);
12          return;
13      }
14      for (int i = 1;i < n;++i){
15          int a = d[i-1][0],b = d[i-1][1];
16          int x = d[i][0], y = d[i][1];
17          d[i-1][0] = a+ x;
18          d[i-1][1] = b+ y
19          for (int j = i;j < n-1;++j)
20              d[j][0] = d[j+1][0], d[j][1] = d[j+1][1];
21              int s = a+x+ abs(b-y);
22              dfs(n-1,sum + s);
23              for (int j = n-1;j > i; -- j)
24                  d[j][0] = d[j-1][0], d[j][1] = d[j-1][1];
25              d[i-1][0] = a,d[i-1][1] = b;
26              d[i][0] = x,d[i][1] = y;
27      }
28  }
29
30  int main(){
31      cin >> n;
32      for (int i = 0;i < n;++i)
33      cin >> d[i][0];
34      for (int i = 0;i < n;++i)
35          cin >> d[i][1];
36      ans = 0;
37      dfs(n, 0);
38      cout << ans << endl;
39      return 0;
40  }
```

假设输入的 n 是不超过 50 的正整数，d[i][0]、d[i][1] 都是不超过 10000 的正整数，完成下面的判断题和单选题。

判断题

（1）若输入 n 为 0，此程序可能会死循环或发生运行错误。（　　　）

（2）若输入 n 为 20，接下来的输入全为 0，则输出为 0。（　　　）

（3）输出的数一定不小于输入的 d[i][0] 和 d[i][1] 中的任意一个。（　　　）

单选题

（4）若输入的 n 为 20，接下来的输入是 20 个 9 和 20 个 0，则输出为（　　　）。

A. 1917   B. 1908   C. 1881   D. 1890

(5) 若输入的 n 为 30,接下来的输入是 30 个 0 和 30 个 5,则输出为(　　)。

A. 2020   B. 2030   C. 2010   D. 2000

(6) 若输入的 n 为 15,接下来的输入是 15 到 1,以及 15 到 1,则输出为(　　)。

A. 2420   B. 2220   C. 2440   D. 2240

三、完善程序(单选题,每小题 3 分,共计 30 分)

1. (质因数分解)给出正整数 n,请输出将 n 质因数分解的结果,结果按从小到大输出。

例如,输入 n=120,程序应该输出 2 2 2 3 5,表示 $120=2\times2\times2\times3\times5$。输入保证 $2\leqslant n\leqslant10^9$。

提示:先从小到大枚举变量 i,然后用 i 不停试除 n 来寻找所有的质因子。

试补全程序。

```cpp
01  # include "cstdio"
02  using namespace std;
03
04  int n,i;
05
06  int main(){
07      scanf("% d",&n);
08      for (i=  (1)  ;  (2)   <= n;i++){
09           (3)  {
10              printf("% d",i);
11              n = n/i;
12              }
13          }
14      if (  (4)  )
15          printf("% d",  (5)  );
16      return 0;
17  }
```

(1) 处应填(　　)。

A. n−1   B. 0   C. 1   D. 2

(2) 处应填(　　)。

A. n/i   B. n /(i * i)   C. i * i * i   D. i * i

(3) 处应填(　　)。

A. if (i * i <= n)   B. if (n % i = = 0)

C. while (i * i <= n)   D. while (n % i = = 0)

(4) 处应填(　　)。

A. n > 1   B. n <= 1   C. i+i <= n   D. i < n/i

(5) 处应填(　　)。

A. 2   B. i   C. n/i   D. n

2. (最小区间覆盖)给出 n 个区间,第 i 个区间的左右端点是 $[a_i,b_i]$。现在要在这些区间中选出若干个,使得区间 $[0,m]$ 被所选区间的并覆盖(即每一个 $0\leqslant i\leqslant m$ 都在某个所选的区间中)。保证答案存在,求所选区间个数的最小值。

输入第一行包含两个整数 n 和 m($1 \leqslant n \leqslant 5000, 1 \leqslant m \leqslant 10^9$)。

接下来 n 行,每行两个整数 a_i, b_i($0 \leqslant a_i$, $b_i \leqslant m$)。

提示:使用贪心法解决这个问题。先用 $O(n^2)$ 的时间复杂度排序,然后贪心选择这些区间。

试补全程序。

```cpp
01  # include "iostream"        //本题需要非常强大的思维能力,难度较高。但是它是贪心问题中
02                             //非常经典的一类问题:线段覆盖问题
03  using namespace std;.
04
05  const int MAXN = 5000;
06  int n, m;
07  struct segment{int a, b;} A[MAXN];
08
09  void sort()                          //排序
10  {
11      for (int i = 0; i < n; i++)
12          for (int j = 1; j < n; j++)
13              if (   (1)   )           //两重循环,且(2)提示是一个交换的操作,因此是冒泡排序
14          {
15                  segment t = A[j];
16                  (2)
17          }
18  }
19
20  int main()
21  {
22      cin >> n >> m;
23      for (int i = 0; i < n; i++){
24          cin >> A[i].a >> A[i].b;}
25      sort();
26      int p = 1;                        //第一次筛选
27      for (int i = 1; i < n; i++)
28          if (   (3)   ){
29              A[p++] = A[i];}
30      n = p;
31      int ans = 0, r = 0;               //第二次筛选
32      int     q = 0.
33      while (r < m)
34      {
35          while (   (4)   )
36              q++;
37          (5)   ;
38          ans++;
39      }
40      cout << ans << endl;
41      return 0;
42  }
```

(1)处应填(   )。

    A. $A[j].b < A[j-1].b$ B. $A[j].b > A[j-1].b$

    C. $A[j].a < A[j-1].a$ D. $A[j].a > A[j-1].a$

(2) 处应填（　　）。

  A. $A[j-1]=A[j];A[j]=t;$ B. $A[j+1]=A[j];A[j]=t;$

  C. $A[j]=A[j-1];A[j-1]=t;$ D. $A[j]=A[j+1];A[j+1]=t;$

(3) 处应填（　　）。

  A. $A[i].b<A[p-1].b$ B. $A[i].b>A[i-1].b$

  C. $A[i].b>A[p-1].b$ D. $A[i].b<A[i-1].b$

(4) 处应填（　　）。

  A. $q+1<n \&\& A[q+1].b<=r$ B. $q+1<n \&\& A[q+1].a<=r$

  C. $q<n \&\& A[q].a<=r$ D. $q<n \&\& A[q].b<=r$

(5) 处应填（　　）。

  A. $r=max(r,A[q+1].a)$ B. $r=max(r,A[q].b)$

  C. $r=max(r,A[q+1].b)$ D. $q++$

1.1.2　2020 CCF 入门级(CSP-J)参考答案

一、单项选择题(共 15 题,每题 2 分,共计 30 分)

1	2	3	4	5	6	7	8	9	10	11	12	13	14	15
B	A	C	B	D	B	B	C	C	D	C	D	B	B	D

二、阅读程序(除特殊说明外,判断题每题 1.5 分,单选题每题 3 分,共计 40 分)

	判断题(填√或×)				单选题	
第 1 题	(1)	(2)	(3)	(4)	(5)	(6)
	√	×	√	×	C	D
	判断题(填√或×)				单选题	
第 2 题	(1)	(2)	(3)	(4)	(5)	(6)
	×	×	√	D	A	D
	判断题(填√或×)				单选题	
第 3 题	(1)	(2)	(3)	(4)	(5)	(6)(4 分)
	×	√	×	C	B	D

三、完善程序(单选题,每小题 3 分,共计 30 分)

第 1 题					第 2 题				
(1)	(2)	(3)	(4)	(5)	(1)	(2)	(3)	(4)	(5)
D	D	D	A	D	C	C	C	B	B

1.1.3　2020 CCF 入门级(CSP-J)部分试题分析

一、单项选择题分析

1. 内存储器中的每个存储单元都需用地址区分不同的存储位置。

2. 计算机能执行的唯一语言就是机器语言,即机器指令代码。

3. 选项 A、B、D 表达式均与 z 合取,故只需验证选项 C(C 为真)的结果。

4. $2048×1024×32÷8÷1024=8192KB=8MB$

5. 最少的比较次数就是刚好成不下降序,比较 n−1 次;最多的比较次数是 n×(n−1)/2。这里需要理解冒泡排序与该伪码的差异。常见的冒泡排序使用标记变量一般取值 0 或 1,0 表示本趟比较没交换元素,1 反之。本例伪码标记的是一趟比较交换的最后元素的位置。

6. 3～5 行表示函数返回的是较小值,XYZ 为递归函数,故选 B。

10. 捆绑法:两个双胞胎相邻,所以方案就是 4 的全排列 4!＝24,然后双胞胎自己的全排列是 2!＝2,得数是 24×2＝48。

12. 完全二叉树的性质:满二叉树结点数是 2^h-1,h 为高度,计算一下即可知。$[\log_2 61]=6$。

14. [方法一]　10 个人站成一排,每班至少要 1 名,就有 9 个空,然后插入 6 个板子把他们隔开,即从 9 个里选 6 个,就是 $C_9^6=84$。

[方法二]　每班先给一个名额,问题就变成了 7 个班级分 3 个名额。3 个名额:可以分成 3 份,两份或者一份。总方案数就是:$C_7^3+C_7^2+C_7^1=35+42+7=84$。

15. [方法一]　本题还是高中组合数学中的一种题型。先从 5 双手套中取完整的两双,方案是组合数 $C_5^2=10$;然后从剩下的 3 双中,取不同色的两只手套是先从 3 双中取两双 $C_3^2=3$;然后再从两双中各取一,是 $C_2^1×C_2^1=4$;最后应用乘法原理,得数是 10×3×4＝120。

[方法二]　先选出两副成套的,然后剩余 6 只选 1 只,然后剩下的不能匹配成套的 4 只手套选 1 只,这里会出现后面两只手套先选后选导致的重复,所以方案数要除以 2。总方案数就是:$(C_5^2×C_6^1×C_4^1)/2=120$。

二、阅读程序

1. 第 5 行考核字符数组初始化的概念。第 12、13 行循环测试 encoder 数组中的元素个数 k,k 值标识该数组的下一个可用单元。第 14～25 行的主要功能就是设置 encoder 数组的初值,第 26、27 行初始化数组 decoder。

encoder[]＝{C S P A B D E F G H I J K L M N O Q R T U V W X Y Z},共 26 个字母。

decoder[]＝{D E A F G H I J K L M N O P Q C R S B T U V W X Y Z}。

字母表＝{A B C D E F G H I J K L M N O P Q R S T U V W X Y Z}。

第 28～30 行,输入字符串 st,并依据第 30 行的语句替换 st 串,显然,decoder 数组中字母序号若与字母表一致,则输出结果不变。如输入字符串 XYZ,则输出也是 XYZ。

本例程序有点类似于加密程序,关键在于看懂程序各部分的功能。各问题均可用模拟方法解决。

2. 由于数据规模很大,要正确回答题目的问题首先要看懂题目的功能。本题的功能有点像日历表或钟表,以钟表为例:每过 60 秒分针加 1,每过 60 分钟时针加 1,每过 24 小时日期加 1……只是本题的进位制与日历时钟不一样,通过输入的 k,低位由 0～k−1 循环一遍,高位加 1,每位的进制都是 k。

欲知程序的功能,最常见的方法是先模拟执行一下。假设输入 n＝10,k＝3,则初态为:n＝10,k＝3,d[0]＝0,len＝1,ans＝0;程序核心就在于第 13 行开始的双重循环内。

当 i＝0,1 时:d[0]＝1,2

当 i＝2 时:d[0]＝3

第 15 行的循环因为 len＝1 仍不执行,但 d[len−1]＝k 成立,故此时有:

d[0]＝0,d[1]＝1,len＝2,ans＝1;

当 i＝5 时：j＝0 时 j＋1＜len 成立，故此时有：

d[0]＝0,d[1]＝2,len＝2,ans＝2；

当 i＝8 时：j＝0 时 j＋1＜len 成立，故此时有：

d[0]＝0,d[1]＝3,len＝2,ans＝3；同时有：

d[len－1]＝k,即 d[1]＝3 成立，故此时有：

d[0]＝1,d[1]＝0,d[2]＝1,len＝3,ans＝4；

程序输出 4。

分析数组 d 的变化情况就能清楚理解程序的功能。再来看看程序输出的 ans,分析代码不难发现,ans 的值实际上记录的是触发进位的次数,在第 13～28 行的代码中,核心的是两个 if 语句,每个 if 语句都是对触发进位而修正 d[]、ans 及 len 的值。len 记录的是 d 数组中有效数据个数,即 d 的实际长度。所以程序的功能是：对于 k＞1 的输入,实现十进制数 n 转换为 k 进制数的计数法求解过程。

（1）用 n＝5,k＝1 简单模拟一下即可知,每次都会触发进位,即 ans＝n,但 len＝2。k＝1 时,这是本程序的一个特例,len 值不随 n 增大而增大,原因在于第 2 个 if 语句只会被执行一次。

（2）用 n＝2,k＝2 简单模拟一下即可知,ans＝2,len＝2。

（3）由前面的模拟可知,输入 n、k,且 k＞1 时,外循环 i 从 0 到 n－1 变化,i 每 k 次递增都会触发 d[0] 数据重置,即触发进位计数,而 d[1] 每次数据变化都会触发计数,而 d[1]＝k 时又会触发高位计数,同理可推知 d[2],d[3],…,d[len] 的变化情况。所以有：

$$ans \leqslant k^0 + k^1 + \cdots + k^{len-1} = (k^{len}-1)/(k-1)$$

等比数列求和,当 n 是 k 的幂次时取最大值。

$k^{len} > n$ 成立。

（5）因为 n＝3,k＝3 时 ans＝1(k^0);n＝9,k＝3 时 ans＝4(k^0+k^1);n＝27,k＝3 时 ans＝13($k^0+k^1+k^2$)……求解结果符合问题（3）的分析。故本题选 A。

（6）根据前面的分析过程可知 ans 是如何求解的,但限于问题规模太大,且 n 非 k 的整数幂,用模拟法求解该结果已不现实。

[方法一] 利用前两题的分析过程及公式直接求解。

[方法二] 本题可以利用倍数关系来求解,即每次除 k(10),而后把每次的商相加。

方法一：利用公式求解	方法二：n/k
	1 0 0 0 1 0 0 0 2 0 0 0 0 9
	1 0 0 0 1 0 0 0 2 0 0 0 0
	1 0 0 0 1 0 0 0 2 0 0 0
如 n＝1000 时会产生多少次进位呢？从百位到千位,只有 1 次；从十位到百位,有 10 次；从个位到十位,有 100 次,共计 111 次。即 ans＝k^0＋k^1＋k^2＝10^0＋10^1＋10^2＝111。所以对非零项求解相加即可。	1 0 0 0 1 0 0 0 2 0 0
	1 0 0 0 1 0 0 0 2 0
	1 0 0 0 1 0 0 0 2
	1 0 0 0 1 0 0 0
	1 0 0 0 1 0 0
	1 0 0 0 1 0
	1 0 0 0 1
	1 0 0 0
9	1 0 0
2 2 2 2 2	1 0
1 1 1 1 1 1 1 1 1 1	＋)1
＋)1 1 1 1 1 1 1 1 1 1 1 1 1	
1 1 1 1 2 2 2 2 4 4 4 4 5 3	1 1 1 1 2 2 2 2 4 4 4 4 5 3

[方法三] 利用等比数列计算公式及程序的求解过程可以直接估算：

ans＝int((n－(k－1))/(k－1))＝int(100010002000081/9)＝11112222444453

3. 为便于分析理解,先对程序代码进行分析并加注部分注释如下。

```
09  void dfs(int n, int sum){          //递归共进行 n－1 层
10    if (n == 1){
11      ans = max(sum, ans);
12      return;
13    }
14    for (int i = 1;i < n;++i){        //每层,选择数组 d 的第 0～n－1 行里相邻两行进行合并
15      int a = d[i-1][0],b = d[i-1][1];
16      int x = d[i][0], y = d[i][1];
17      d[i-1][0] = a + x;
18      d[i-1][1] = b + y
19      for (int j = i;j < n-1;++j)      //合并后把空出的地方用后面的行补上
20        d[j][0] = d[j+1][0], d[j][1] = d[j+1][1];
21      int s = a + x + abs(b-y);       /* 每次 sum 的增加:相邻两行第 0 列之和加第 1 列
之差的绝对值 */
22      dfs(n-1,sum + s);               //递归
23      for (int j = n-1;j > i; -- j)   //递归返回时还原现场操作
24        d[j][0] = d[j-1][0], d[j][1] = d[j-1][1];      //后移
25      d[i-1][0] = a,d[i-1][1] = b;    /* 还原的目的是用原始数据进行下一组相邻
行的尝试 */
26      d[i][0] = x,d[i][1] = y;
27    }
28  }
29
30  int main(){
37      dfs(n, 0);                      //最终的 ans 是所有合并方案中 sum 值最大的
38      cout << ans << endl;
39  }
```

代码大意:函数名说明是一个深搜的算法,代码基本是按照深搜模板来的。看搜的是什么:

s = a + x + abs(b - y)
ans += s

a、b 为上一行两列数字的值,x、y 为本行两列数字的值,这里输入的值都为正值,所以输出的 ans 的最大值实际就是从第二行到最后一行 s 累加。

根据题目描述及加上的注释可知,本题是针对一个两列的二维数组,不断选出相邻的两行进行合并,直到合并成一行为止。结果为每次合并时相邻两行第 0 列之和＋第 1 列之差的绝对值。

每次选两行会产生很多种方案,ans 为其中加和最大的方案。本题与信奥经典型题"石子合并"有异曲同工之处。但此题会用更多的贪心思想。

(1) 输入 n 为 0,什么都没做,因为第 10 和 14 行都不成立,程序会立即返回主函数,直接输出 ans＝0,结束程序,不会发生错误。

（2）输入 n 为 20，接下来的输入全为 0，运算过程中所有 s 都是 0，ans 也是 0。

（3）这里减法，所以 ans 可能小于输入的 d[i][1]，例如，若 n=1，ans=0，是小于 d 数组的。

输入：

2 0 0 2 3

输出：

1

（4）第二列为 0，可以忽略，用 Sn 表示前 n 项的和，这里计算的就是：

S2+S3+S4+…+S20=2×9+3×9+4×9+…+20×9=1881。

（5）这里不会出现 b<y 的情况，所以可以去掉绝对值符号，用 Sn 表示前 n 项的和，这里计算的就是：

S1-5+S2-5+S3-5+…+S29-5=0×5+1×5+2×5+…+28×5=2030。

（6）因为 n 较大，难以发现规律，可以让 n=4 或 n=6 为例，模拟执行并找出规律。

输入的两列数字是一样的，计算的内容：

s=a+x+abs(b-y)；ans+=s；

此时不会出现 b<y 的情况，所以可以去掉绝对值符号，x，y 抵消，s=a+b，

所以 ans=2×(S1+S2+S3+S4+…+S14)=2240。

本题的思维分析及计算工作量非常大，考场上需要根据自己的特点采取一些合适的策略，只有找出规律才能确保正确选择。

三、完善程序

1. 质因数分解

（1）因子最小为 2，所以选 i=2。

（2）因子最大为 $\sqrt{n}$，所以选 i*i。

（3）由题目可知，一个因子可能被分解出好多次，所以选 D。

（4）分解完成后，n 的值为 1 或者质数，否则还有> $\sqrt{n}$ 的质因数。

（5）不是 1 的话需要单独输出，即剩下的为质数。

2. 最小区间覆盖

本题需要非常强大的思维能力，难度较高。问题本质上其实是贪心问题中非常经典的一类问题：线段覆盖问题。sort() 函数由两重循环构成，且（2）提示是一个交换的操作，因此是冒泡排序，主函数中做了两次筛选操作。

（1）按照区间起点进行排序，选 C。

（2）基础的交换代码，选 C。

（3）筛掉起点靠后同时终点靠前的区间，这样的区间不可能选用，选 C。

（4）此时剩余的区间逐个选用，选 B。

（5）选用最后一个区间，更新 r，选 B。

说明：本题是经典的线段覆盖问题，所以不熟悉的读者需要自己补习。

1.2　2019 入门级(CSP-J)C++语言试题 A 卷及解析

1.2.1　2019 CCF 入门级(CSP-J)试题

一、单项选择题(共 15 题,每题 2 分,共计 30 分;每题有且仅有一个正确选项)

1. 中国的国家顶级域名是(　　)。
   A..cn　　　　　　B..ch　　　　　　C..chn　　　　　　D..china

2. 二进制数 11 1011 1001 0111 和 01 0110 1110 1011 进行逻辑与运算的结果
   是(　　)。
   A. 01 0010 1000 1011　　　　　B. 01 0010 1001 0011
   C. 01 0010 1000 0001　　　　　D. 01 0010 1000 0011

3. 一个 32 位整型变量占用(　　)字节。
   A. 32　　　　　　B. 128　　　　　C. 4　　　　　　D. 8

4. 若有如下程序段,其中 s、a、b、c 均已定义为整型变量,且 a、c 均已赋值(c＞0)
   s＝a;
   for (b＝1;b<＝c;b++) s＝s－1
   则与上述程序段功能等价的赋值语句是(　　)。
   A. s＝a－c;　　　B. s＝a－b;　　　C. s＝s－c;　　　D. s＝b－c;

5. 有 100 个已经排好序的数据元素,采用折半查找时,最大的比较次数为(　　)。
   A. 7　　　　　　B. 10　　　　　C. 6　　　　　　D. 8

6. 链表不具有的特点是(　　)。
   A. 插入删除不需要移动元素　　　B. 不必事先估计存储空间
   C. 所需要的空间与线性表长度成正比　　　D. 可随机访问任何一个元素

7. 把 8 个同样的球放在 5 个同样的袋子里,允许有空袋子,总共有多少种分法?(　　)
   A. 22　　　　　　B. 24　　　　　C. 18　　　　　　D. 20

8. 一棵二叉树如图 1-1 所示,若采用顺序存储结构,即用一维数组元素存储该二叉树中的结点(根结点的下标为 1,若某结点的下标为 i,则其左孩子位于下标 2i 处、右孩子位于下标 2i＋1 处),则该数组的最大下标至少为(　　)。
   A. 6　　　　　　B. 10　　　　　C. 15　　　　　　D. 12

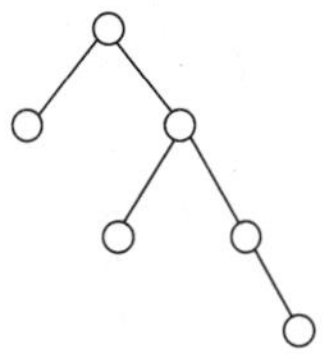

图 1-1

9. 100 以内最大的素数是(　　)。
   A. 89　　　　　　B. 97　　　　　C. 91　　　　　　D. 93

10. 319 与 377 的最大公约数是(　　)。
    A. 27　　　　　　B. 33　　　　　C. 29　　　　　　D. 31

11. 小胖想减肥,教练给他制定了两套方案。方案一:每次连续跑 3km 可以消耗 300
    千卡(耗时半小时);方案二:每次连续跑 5km 可以消耗 600 千卡(耗时 1 小时)。

小胖每周周一到周四可以抽出半小时跑步,周五到周日能抽出 1 小时跑步。另外,教练建议小胖每周最多跑 21km,否则会损伤膝盖。请问小胖每周最多通过跑步消耗多少千卡?(　　　)

A. 3000　　　　　B. 2500　　　　　C. 2400　　　　　D. 2520

12. 一副纸牌中除掉大小王有 52 张牌,4 种花色,每种花色 13 张。假设从这 52 张牌中随机选择 13 张,则至少(　　　)张牌花色一样。

A. 4　　　　　B. 2　　　　　C. 3　　　　　D. 5

13. 一些数字可以颠倒过来看,例如 0、1、8 颠倒过来还是其本身,6 颠倒过来是 9,9 颠倒过来是 6,其他数字颠倒过来则构不成数字。类似地,一些多位数也可以颠倒过来看,例如 106 颠倒过来是 901。假如某个城市的车牌是由 5 位数字组成,每一位可以取 0～9,问这个城市最多几个车牌颠倒过来恰好是其本身?(　　　)

A. 60　　　　　B. 125　　　　　C. 75　　　　　D. 100

14. 假设一棵二叉树的后序遍历序列为 DGJHEBIFCA,中序遍历序列为 DBGEHJACIF,则其后序遍历序列为(　　　)。

A. ABCDEFGHIJ　　　　　　　　　B. ABDEGHJCFI

C. ABDEGJHCFI　　　　　　　　　D. ABDEGHJFIC

15. 以下哪个奖项是计算机科学科学领域的最高奖项?(　　　)

A. 图灵奖　　　　　B. 鲁班奖　　　　　C. 诺贝尔奖　　　　　D. 普利策奖

二、阅读程序(程序输入不超过数组或字符串定义的范围;判断题正确填√,错误填×;除特殊说明外,判断题每题 1.5 分,单选题每题 3 分,共计 40 分)

1.

```
01   # include < cstdio >
02   # include < cstring >
03   using namespace std;
04   char st[100];
05   int main(){
06       scanf("% s", st);
07       int n = strlen(st);
08       for (int i = 1;i <= n;++i){
09       if (n % i == 0){
10           char c = st[i-1];
11           if (c >= 'a')
12               st[i-1] = c - 'a' + 'A';
13           }
14       }
15       printf("% s", st);
16       return 0;
17   }
```

判断题

(1) 输入的字符串只能由小写字母或大写字母组成。(　　　)

(2) 若将第 8 行的"i=1"改为"i=0",程序运行时会发生错误。(　　　)

(3) 若将第 8 行的"i<=n"改为"i*i<=n",程序运行结果不变。(　　　)

(4) 若输入的字符串全部由大写字母组成,那么输出的字符串就同输入的字符串一样。(　　)

单选题

(5) 若输入的字符串长度为18,那么输入的字符串与输出的字符串相比至多有(　　)个字符不同。

　A. 18　　　　　　B. 6　　　　　　C. 10　　　　　　D. 1

(6) 若输入的字符串长度为(　　),那么输入的字符串与输出的字符串相比,至多有36个字符不同。

　A. 36　　　　　　B. 100000　　　　C. 1　　　　　　D. 128

2.

```
01   #include <cstdio>
02   using namespace std;
03   int n, m;
04   int a[100], b[100];
05
06   int main(){
07       scanf("%d%d", &n, &m);
08       for (int i = 1; i <= n; ++i){
09           a[i] = b[i] = 0;}
10           for (int i = 1; i <= m; ++i){
11               int x, y;
12               scanf("%d%d", &x, &y);
13               if (a[x] < y && b[y] < x){
14                   if (a[x] > 0){
15                       b[a[x]] = 0;}
16                   if (b[y] > 0){
17                       a[b[y]] = 0;}
18                   a[x] = y;
19                   b[y] = x;
20               }
21           }
22       int ans = 0;
23       for (int i = 1; i <= n; ++i){
24       if (a[i] == 0){
25               ++ans;}
26           if (b[i] == 0){
27               ++ans;}
28       }
29       printf("%d", ans);
30       return 0;
31   }
```

假设输入的 n 和 m 都是正整数,x 和 y 都是在[1, n]范围内的整数,完成下面的判断题和单选题。

判断题

(1) 当 m > 0 时,输出的值一定小于 2n。(　　)

(2) 执行完第 27 行的"++ans"时,ans 一定是偶数。(　　)

(3) a[i]和 b[i]不可能同时大于 0。(　　)

(4) 若程序执行到第 13 行时,x 总是小于 y,那么第 15 行不会被执行。(　　)

单选题

(5) 若 m 个 x 两两不同,且 m 个 y 两两不同,则输出的值为(　　)。

    A. 2n−2m   B. 2n+2   C. 2n−2   D. 2n

(6) 若 m 个 x 两两不同,且 m 个 y 都相等,则输出的值为(　　)。

    A. 2n−2   B. 2n   C. 2m   D. 2n−2m

3.

```
01   # include < iostream >
02   using namespace std;
03   const int maxn = 10000;
04   int n;
05   int a[maxn];
06   int b[maxn];
07   int f(int l, int r, int depth){
08           if (l > r){
09                   return 0;}
10           int min = maxn, mink;
11           for (int i = l; i <= r; ++i){
12                   if (min > a[i]){
13                       min = a[i];
14                       mink = i;
15                   }
16           }
17       int lres = f(l, mink - 1, depth + 1);
18       int rres = f(mink + 1, r, depth + 1);
19       return lres + rres + depth * b[mink];
20   }
21   int main(){
22       cin >> n;
23       for (int i = 0; i < n; ++i){
24           cin >> a[i];}
25       for (int i = 0; i < n; ++i){
26           cin >> b[i];}
27       cout << f(0, n - 1, 1) << endl;
28       return 0;
29   }
```

判断题

(1) 如果 a 数组有重复的数字,则程序运行时会发生错误。(　　)

(2) 如果 b 数组全为 0,则输出为 0。(　　)

单选题

(3) 当 n=100 时,最坏情况下,与第 12 行的比较运算执行的次数最接近的是(　　)。

    A. 5000   B. 600   C. 6   D. 100

(4) 当 n=100 时,最好情况下,与第 12 行的比较运算执行的次数最接近的是(　　)。

    A. 100   B. 6   C. 5000   D. 600

(5) 当 n＝10 时,若 b 数组满足,对任意 $0<=i<n$,都有 b[i]＝i＋1,那么输出最大为(　　)。

A. 386　　　　　B. 383　　　　　C. 384　　　　　D. 385

(6) 当 n＝100 时,若 b 数组满足,对任意 $0<i<71$,都有 b[i]＝1,那么输出最小为(　　)。

A. 582　　　　　B. 580　　　　　C. 579　　　　　D. 581

三、完善程序(单选题,每小题 3 分,共计 30 分)

1. (矩阵变幻)有一个奇幻的矩阵,在不停地变幻,其变幻方式为:数字 0 变成矩阵 $\begin{bmatrix} 0 & 0 \\ 0 & 1 \end{bmatrix}$ 数字 1 变成矩阵 $\begin{bmatrix} 1 & 1 \\ 1 & 0 \end{bmatrix}$,最初该矩阵只有一个元素 0,变幻 n 次后,矩阵会变成什么样?

例如,矩阵最初为 $[0]$,矩阵变幻 1 次后为 $\begin{bmatrix} 0 & 0 \\ 0 & 1 \end{bmatrix}$,矩阵变幻 2 次后为 $\begin{bmatrix} 0 & 0 & 0 & 0 \\ 0 & 1 & 0 & 1 \\ 0 & 0 & 1 & 1 \\ 0 & 1 & 1 & 0 \end{bmatrix}$。

输入一行一个不超过 10 的正整数 n。输出变幻 n 次后的矩阵。试补全程序。

提示:

<<表示二进制左移运算符,例如,$(11)_2 << 2 = (1100)_2$。

而"∧"表示二进制异或运算符,它将两个参与运算的数中的每个对应的二进制位一一进行比较,若两个二进制位相同,则运算结果的对应二进制位为 0,反之为 1。

```
01   # include < cstdio >
02   using namespace std;
03   int n;
04   const int max_size = 1 << 10;
05
06   int res[max_size][max_size];
07
08   void recursive(int x, int y, int n, int t){
09       if (n == 0){
10           res[x][y] =    ①    ;
11           return;
12       }
13       int step = 1 <<(n - 1);
14       recursive(    ②    , n - 1, t);
15       recursive(x, y + step, n - 1, t);
16       recursive(x + step, y, n - 1, t);
17       recursive(    ③    , n - 1, ! t);
18   }
19
20   int main(){
21       scanf(" % d", &n);
22       recursive(0, 0,    ④    );
23       int size =    ⑤    ;
24       for ( int i = 0 ; i < size ; i++){
25           for ( int j = 0 ; j < size ; j++)
26               printf(" % d", res[i][j]);
27           puts("");
28       }
29       return 0;
30   }
```

(1) ①处应填(　　　)。

　　A. n%2　　　　　B. 0　　　　　　C. t　　　　　　D. 1

(2) ②处应填(　　　)。

　　A. x－step,y－step　　　　　　B. x,y－step

　　C. x－step,y　　　　　　　　　D. x,y

(3) ③处应填(　　　)。

　　A. x－step,y－step　　　　　　B. x＋step,y＋step

　　C. x－step,y　　　　　　　　　D. x,y－step

(4) ④处应填(　　　)。

　　A. n－1,n%2　　B. n,0　　　　C. n,n%2　　　　D. n－1,0

(5) ⑤处应填(　　　)。

　　A. 1<<(n＋1)　　B. 1<<n　　　C. n＋1　　　　D. 1<<(n－1)

2. (**计数排序**)计数排序是一个广泛使用的排序方法。下面的程序使用双关键字计数排序,将 n 对 10000 以内的整数从小到大排序。

例如,有 3 对整数(3,4)、(2,4)、(3,3),那么排序之后应该是(2,4)、(3,3)、(3,4)。

输入第一行为 n,接下来 n 行,第 i 行有两个数 a[i]和 b[i],分别表示第 i 对整数的第一关键字和第二关键字。

从小到大排序后输出。

数据范围:$1 < n < 10^7, 1 < a[i], b[i] < 10^4$。

提示:应先对第二关键字排序,再对第一关键字排序。数组 ord[]存储第二关键字排序的结果,数组 res[]存储双关键字排序的结果。

试补全程序。

```
01  # include <cstdio>
02  # include <cstring>
03  using namespace std;
04  const int maxn = 10000000;
05  const int maxs = 10000;
06
07  int n;
08  unsigned a[maxn], b[maxn],res[maxn], ord[maxn];
09  unsigned cnt[maxs + 1];
10
11  int main(){
12      scanf("% d", &n);
13      for (int i = 0;i < n;++i){
14          scanf("% d % d", &a[i], &b[i]);}
15      memset(cnt, 0, sizeof(cnt));
16      for (int i = 0;i < maxs;++i){
17          ①   ; }              //利用 cnt 数组统计数量
18      for (int i = 0;i < n;++i){
19          cnt[i + 1] += cnt[i];}
20      for (int i = 0;i < n;++i)
21          ②   ;                //记录初步排序结果
22      memset(cnt, 0, sizeof(cnt));
```

```
23        for (int i = 0;i < n;++i){
24            ③    ; }              //利用 cnt 数组统计数量
25        for (int i = 0;i < maxs;++i){
26            cnt[i + 1] += cnt[i];}
27        for (int i = n − 1;i >= 0; −− i){
28            ④    ;               //记录最终排序结果
29        for (int i = 0;i < n;i++){
30            printf("%d %d",  ⑤  );}
31        return 0;
32  }
```

(1) ①处应填（   ）。

    A. ++cnt [i]   B. ++cnt[b[i]]

    C. ++cnt[a[i] * maxs+b[i]]   D. ++cnt[a[i]]

(2) ②处应填（   ）。

    A. ord[--cnt[a[i]]]=i   B. ord[--cnt[b[i]]]=a[i]

    C. ord[--cnt[a[i]]]=b[i]   D. ord[--cnt[b[i]]]=i

(3) ③处应填（   ）。

    A. ++cnt[b[i]]   B. ++cnt[a[i] * maxs+b[i]]

    C. ++cnt[a[i]]   D. ++cnt [i]

(4) ④处应填（   ）。

    A. res[--cnt[a[ord[i]]]]=ord[i]   B. res[--cnt[b[ord[i]]]]=ord[i]

    C. res[--cnt[b[i]]]=ord[i]   D. res[--cnt[a[i]]]=ord[i]

(5) ⑤处应填（   ）。

    A. a[i]，b[i]   B. a[res[i]]，b[res[i]]

    C. a[ord[res[i]]]j b[ord[res[i]]]   D. a[res[ord[i]]]j b[res[ord[i]]]

1.2.2　2019 CCF 入门级(CSP-J)参考答案

一、单项选择题(共 15 题,每题 2 分,共计 30 分)

1	2	3	4	5	6	7	8	9	10	11	12	13	14	15
A	D	C	A	A	D	C	C	B	C	C	A	C	B	A

二、阅读程序(除特殊说明外,判断题每题 1.5 分,单选题每题 3 分,共计 40 分)

	判断题(填√或×)				单选题	
第1题	(1)	(2)	(3)	(4)	(5)	(6)
	×	√	×	√	B	B
	判断题(填√或×)				单选题	
第2题	(1)	(2)	(3)	(4)	(5)	(6)
	√	×	×	×	A	A
	判断题(填√或×)			单选题		
第3题	(1)	(2)	(3)	(4)	(5)	(6)
	×	√	A	D	D	B

三、完善程序(单选题,每小题 3 分,共计 30 分)

第 1 题					第 2 题				
(1)	(2)	(3)	(4)	(5)	(1)	(2)	(3)	(4)	(5)
C	D	B	B	B	B	D	C	A	B

1.2.3 2019 CCF 入门级(CSP-J)部分试题分析

一、单项选择题分析

1. 信息网络常识,中国的顶级域名是 .cn。

2. 逻辑位运算基本知识,当且仅当两位上均为 1 的时候结果才为 1。
0&0=0；1&0=0；0&1=0；1&1=1

3. 常识,一字节是 8 位,32/8＝4。

4. s 初始化为 a,for 循环执行了 c 次－1,所以 s＝a－c。

5. 即二分法,每次比较可以缩减一半的范围,$2^6 < 100 < 2^7$,所以查找 7 次。

6. 链表只能从有标记的头尾指针依次访问元素,无法随机访问。

7. 因为球和袋子一样,即求把 8 拆分成 1～5 个数有多少种方法。按个数枚举得 1 个数到 5 个数分别有 1、4、5、5、3 种,总共 18 种。

【详细分析】保证分法升序就能没有遗漏枚举了,实际考场中采用此方法是最稳妥的,可以避免推错。

问题:把 8 个同样的球放在同样的 5 个袋子里,允许有的袋子空着不放,问共有多少种不同的分法?提示:如果 8 个球都放在一个袋子里,无论是放哪个袋子,都只算同一种分法。

解析:把问题合成,先思索 5 个袋子都不空的状况,再思索 4 个袋子不空的状况,以此类推,最后思索只运用一个袋子的状况(这种分法只要 1 种),把一切子状况的分法数相加求出总分法。

进一步剖析,运用 k 个袋子装 n 个球(袋子不空),一共有几种分法的问题能够转换为 k 个数相加等于 n 的种数问题。

运用 5 个袋子分 8 个球则有 3 种: 1＋1＋1＋1＋4＝8 1＋1＋1＋2＋3＝8 1＋1＋2＋2＋2＝8 运用 4 个袋子分 8 个球则有 5 种: 1＋1＋1＋5＝8 1＋1＋2＋4＝8 1＋1＋3＋3＝8 1＋2＋2＋3＝8 2＋2＋2＋2＝8	运用 3 个袋子分 8 个球则有 5 种: 1＋1＋6＝8 1＋2＋5＝8 1＋3＋4＝8 2＋2＋4＝8 2＋3＋3＝8 运用 2 个袋子分 8 个球则有 4 种: 1＋7＝8 2＋6＝8 3＋5＝8 4＋4＝8 运用 1 个袋子分 8 个球则有 1 种: 8＝8

因而,该问题的答案即为一切子状况下的和,3＋5＋5＋4＋1＝18。

扩展局部：关于将一个整数 n 合成 k 个不为 0 的数之和，能够应用递归加动态规划来停止快速运算。

递推公式为：f(n,k)＝f(n−1,k−1)＋f(n−k,k)；

递归出口为：f(n,k)＝1，当 k＝＝1 或 n＝＝k；(很明显，只要一个袋子，或者袋子数和球数相同时只要一种分法)

f(n，k)＝0，当 n＜k；(球数比袋子数少，则必然存在尚未应用的袋子，无解)

接下来停止剖析：

f(n−1,k−1)怎样理解呢？ 就是把第 1 个数放成 1，然后把剩下的 n−1 个数分成 k−1 份。f(n−1,k−1)就是原 n,k 问题中第一个数是 1 的一切分的办法数。

f(n−k,k)就是原 n,k 问题中第一个数不是 1(大于 1)，能够分的办法数。这是一个关键点。认真剖析，相当于给 k 个位置，每个位置先放一个 1(相当于每个袋子都有 1 个球)。接下来剩下的 n−k，这个数字再往这 k 个位置上分(相当于把剩下的球分给袋子，仍保证应用一切袋子)，这能够保证第一个位置至少比 1 大(第一个袋子的球数大于 1)。

8. 最大下标是最深最右侧的点为((1×2+1)×2+1)×2+1＝15。

9. 从最大选项开始判断，易得 97。

10. 使用辗转相除法可得 29，由于是选择题也可以一一代入测试。

11. 简单计算一下可知，两者消耗一样千卡所用的时间一样，方案二的时间更少，如果条件允许尽可能多选方案二。 最后贪心可知，周五到周日都选方案二，其他时间选方案一。3×600＋400×2＝2400。

12. 抽屉原理，13 张牌最坏情况是平均分到每个花色，14/4＝3……1，至少(3+1)＝4 种。

13. 第 1、2 位有(0、1、8、6、9)5 个数字，第 3 位有(0、1、8)3 个数字，第 4、5 位由第 1、2 位决定，所以有 5×5×3＝75 种。

14. 后序遍历最后面是 A，说明根结点是 A。中序遍历中 A 左边的 DBGEHJ 是左子树，右边的 CIF 是右子树。同理推出整棵树的图形，再求出答案 B。

15. 常识题，鲁班奖是建筑设计类的，普利策是新闻类的。诺贝尔奖只包括物理学、化学、生理学、医学、文学、和平奖，没有数学、计算机等。

二、阅读程序题分析

1. 程序分析：对于输入字符串中的第 i 位，如果 i 是 n(字符串长度)的约数，并且第 i 个字符比 'a'(97)要大，就−'a'＋'A'，即小写转大写操作。

(1) 解析：错。输入的字符串也可以是数字等其他字符。

(2) 解析：对。i 为 0 时取模会报错 RE。

(3) 解析：错。约数是可能超过 sqrt(n)的，范围缩小了。

(4) 解析：对。大写的 ASCII 值小于小写，字符不进行变换。

(5) 解析：B。18 的约数有 6 个(1、2、3、6、9、18)。

(6) 解析：B。10000＝2^5×5^5，正约数一共有(5+1)×(5+1)＝36 个，用枚举法也能轻易排除其他 3 个选项。

2. 非常绕的一道题，也是让大家叫苦连天的题。到底在做什么呢？ 很快能发现 a 与 b 数组在做的是建立 x～y 的链接，设置的时候也是对称设置。

如果 x 原来对应的 a[x]比新的 y 小,并且 y 原来对应的 b[y]比新的 x 小,那么把原来的对应关系清空,建立新的关系。

(1) 由限定条件 $0 < x, y <= n$ 可知,当 m＞0 时,一定存在某个数对被我们选中,此时 ans＜2n。

(2) 由于数对是一个左值与一个右值相匹配,因此 ans 最终一定是偶数。但第 27 行的"++ans"在第 23 行的 for 循环内部,其中间结果可能为奇数。

(3) a[i]用于记录与左值 i 相匹配的右值,不存在则为 0;b[i]用于记录与右值 i 相匹配的左值,不存在则为 0。当存在数对(i,y)和(x,i)都被选中时,a[i]和 b[i]就会同时大于 0。

(4) 存在反例,依次考虑数对(1,2)(1,3)时,第 15 行程序会被执行。

(5) 此时,输入的数对两两互不冲突,因此程序会将它们全部选中,根据上述 ans 的意义可知,其结果为 2n−2m。

(6) 此时,输入的数对两两存在冲突,因此程序最终只会选用一个数对,根据上述 ans 的意义可知,其结果为 2n−2。

3. 经验丰富的同学会看出来,这里就是在建立一棵树,每次找到当前区间最小值的位置作为根,然后划分左右做下一层。

最后的返回值非常重要,返回的是左边的值+右边的值+深度×当前根权值,其实就是根结点权值为 1,后续按照深度定权值。

(1) 若 a 数组有重复数字,则程序在根据 a 数组递归构造符合要求的二叉树时,对于相同结点值,会优先考虑位于左侧的。

(2) 程序最终输出的是各结点深度与 b 值的加权和,因此若 b 数组全为 0,则加权和显然为 0。

(3) 最坏情况下,程序所构成的二叉树的每个结点最多有一个子结点,此时,程序将递归 100 层,其中第 i 层进行 100−i+1 次第 12 行的比较运算,总执行次数为 $100 + 99 + 98 + \cdots + 1 \approx 5000$。

(4) 最佳情况下,程序构造二叉树时,对于每个结点会尽可能均分其左右子树。定义根结点深度为 1,则含 n＝100 个结点的树的深度最小为 $\log n \approx 7$,此时每选定一层结点,程序都需要执行约 n 次的第 12 行的比较运算,因此总执行次数约为 $n\log n \approx 600$。

(5) 此时,要使输出的 ans 值尽可能大,程序所构造的二叉树的深度应尽可能大。定义根结点深度为 1,则含 10 个结点的二叉树的最大深度为 10,因此 ans 的最大值为 $1 \times 1 + 2 \times 2 + 3 \times 3 + \cdots + 10 \times 10 = 385$。

(6) 此时,要使输出的 ans 值尽可能小,程序应参照完全二叉树构造此树,其中深度为 1 的结点共 1 个,深度为 2 的结点共 2 个,深度为 3 的结点共 4 个……深度为 6 的结点共 32 个,剩余 37 个结点的深度为 7,因此 ans 的最小值为 $(1 \times 1 + 2 \times 2 + 3 \times 3 + \cdots + 6 \times 32) + 7 \times 37 = 580$。

三、完善程序题分析

1. 这题很明显是利用递归填好每个位置,从最大的开始递归往下做。

(1) t:x,y 指当前的矩阵左上角,n 是多少阶,那么 t 自然就是当前 0 还是 1。

(2) x,y:左上角矩阵。

(3) x+step,y+step:第二个是右上,第三个是左下,那么剩下的自然是右下。

(4) n,0:一开始是 n 阶,0 为特征做下去。

（5）1≪n：最终大小自然是 2 的 n 次幂，这边符合的就是位运算的方式的结果。

2．题目其实提示得非常充分了。

（1）++cnt[b[i]]：先按照 b 排序，那么自然是用 b 数组作关键字。

（2）ord[--cnt[b[i]]]＝i：理解这里最重要的是明白 18～19 行的内容，18～19 行在处理上限范围内的前缀和，而其实本质上就是每个人的排名。所以这里的 cnt[b[i]] 就是排名。

（3）++cnt[a[i]]：现在做 a，同样的方式即可。

（4）res[--cnt[a[ord[i]]]]＝ord[i]：同上，此时采用 res 数组来处理最终结果。

（5）a[res[i]]，b[res[i]]：输出最终顺序的 a 与 b。

1.3　2018 第二十四届 NOIP 普及组初赛试题及解析

1.3.1　2018 NOIP 普及组试题

一、单项选择题（共 15 题，每题 2 分，共计 30 分；每题有且仅有一个正确选项）

1．以下哪一种设备属于输出设备？（　　　）
    A．扫描仪　　　　　B．键盘　　　　　C．鼠标　　　　　D．打印机

2．下列四个不同进制的数中，与其他 3 项数值不相等的是（　　　）。
    A．$(269)_{16}$　　　B．$(617)_{10}$　　　C．$(1151)_8$　　　D．$(1001101011)_2$

3．1MB 等于（　　　）。
    A．1000 字节　　　　　　　　　　　　B．1024 字节
    C．1000×1000 字节　　　　　　　　　D．1024×1024 字节

4．广域网的英文缩写是（　　　）。
    A．LAN　　　　　B．WAN　　　　　C．MAN　　　　　D．LNA

5．中国计算机学会于（　　　）年创办全国青少年计算机程序设计竞赛。
    A．1983　　　　　B．1984　　　　　C．1985　　　　　D．1986

6．如果开始时计算机处于小写输入状态，现在有一只小老鼠反复按照 Caps Lock、字母键 A、字母键 S、字母键 D、字母键 F 的顺序循环按键，即 Caps Lock、A、S、D、F、Caps Lock、A、S、D、F……屏幕上输出的第 81 个字符是字母（　　　）。
    A．A　　　　　　B．S　　　　　　C．D　　　　　　D．a

7．根结点深度为 0，一棵深度为 h 的满 k(k＞1)叉树，即除最后一层无任何子结点外，每一层上的所有结点都有 k 个子结点的树，共有（　　　）个结点。
    A．$(k^{h+1}-1)/(k-1)$　　　　　　　B．k^h-1
    C．k^h　　　　　　　　　　　　　　D．$(k^{h-1})/(k-1)$

8．以下排序算法中，不需要进行关键字比较操作的算法是（　　　）。
    A．基数排序　　　B．冒泡排序　　　C．堆排序　　　　D．直接插入排序

9．给定一个含有 N 个不相同数字的数组，在最坏情况下，找出其中最大或最小的数，至少需要 N－1 次比较操作。则在最坏情况下，在该数组中同时找到最大与最小的数至少需要（　　　）次比较操作（⌈ ⌉表示向上取整，⌊ ⌋表示向下取整）。

A. $\lceil 3N/2 \rceil - 2$ B. $\lfloor 3N/2 \rfloor - 2$ C. $2N-2$ D. $2N-4$

10. 下面的故事与(　　)算法有着异曲同工之妙。从前有座山,山里有座庙,庙里有个老和尚在给小和尚讲故事:"从前有座山,山里有座庙,庙里有个老和尚在给小和尚讲故事:'从前有座山,山里有座庙,庙里有个老和尚给小和尚讲故事……'。"

    A. 枚举   B. 递归   C. 贪心   D. 分治

11. 由 4 个没有区别的点构成的简单无向连通图的个数是(　　)。

    A. 6   B. 7   C. 8   D. 9

12. 设含有 10 个元素的集合的全部子集数为 S,其中由 7 个元素组成的子集数为 T,则 T/S 的值为(　　)。

    A. 5/32   B. 15/128   C. 1/8   D. 21/128

13. 10000 以内,与 10000 互质的正整数有(　　)个。

    A. 2000   B. 4000   C. 6000   D. 8000

14. 为了统计一个非负整数的二进制形式中 1 的个数,代码如下:

```
int CountBit(int x)
{   int ret = 0;
    while (x)
    {   ret++;
        _____;
    }
    return ret;
}
```

则空格内要填入的语句是(　　)。

    A. x >>= 1   B. x &= x−1   C. x |= x >> 1   D. x <<= 1

15. 图 1-2 中所使用的数据结构是(　　)。

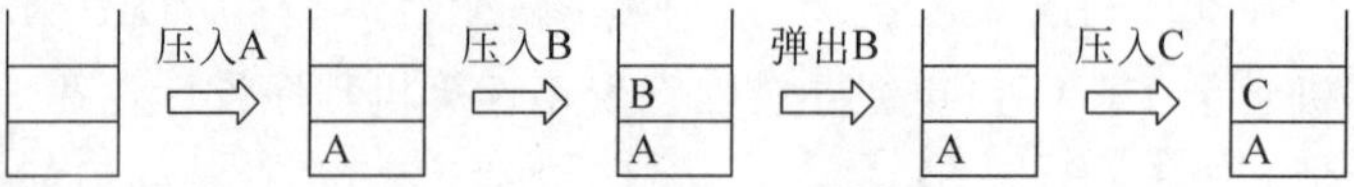

图 1-2

    A. 哈希表   B. 栈   C. 队列   D. 二叉树

二、问题求解(共 2 题,每题 5 分,共计 10 分)

1. 甲、乙、丙、丁 4 人在考虑周末要不要外出郊游。已知①如果周末下雨,并且乙不去,则甲一定不去;②如果乙去,则丁一定去;③如果丙去,则丁一定去;④如果丁不去,而且甲不去,则丙一定不去。如果周末丙去了,则甲_____(去了/没去)(1 分),乙_____(去了/没去)(1 分),丁_____(去了/没去)(1 分),周末_____(下雨/没下雨)(2 分)。

2. 从 1～2018 这 2018 个数中,共有_____个包含数字 8 的数。

包含数字 8 的数是指有某一位是"8"的数,例如"2018"与"188"。

三、阅读程序写结果(共 4 题,每题 8 分,共计 32 分)

1.

```
# include < cstdio >
char st[100];
```

```
int main(){
    scanf("%s", st);
    for (int i = 0;st[i];++i) {
        if ('A'<= st[i] && st[i]<= 'Z')st[i] += 1;
    }
    printf("%s\n", st);return 0;
}
```

输入：QuanGuoLianSai

输出：＿＿＿＿＿＿＿

2.

```
# include < cstdio >
int main(){
    int x;
    scanf("%d", &x);
    int res = 0;
    for (int i = 0;i < x;++i) {
        if (i * i % x == 1) {
            ++res;
        }
    }
    printf("%d", res);return 0;
}
```

输入：15

输出：＿＿＿＿＿＿＿

3.

```
# include < iostream >
using namespace std;
int n, m;
int findans(int n, int m) {
    if (n == 0)return m;
    if (m == 0)return n % 3;
    return findans(n - 1, m) - findans(n, m - 1) + findans(n - 1, m - 1);
}

int main(){
    cin >> n >> m;
    cout << findans(n, m)<< endl;
    return 0;
}
```

输入：5　6

输出：＿＿＿＿＿＿＿

4.

```
# include < cstdio >
int n, d[100];bool v[100];
```

```
int main(){
    scanf("%d", &n);
    for (int i = 0;i < n;++i) {
        scanf("%d", d + i);
        v[i] = false;
    }
    int cnt = 0;
    for (int i = 0;i < n;++i) {
        if (! v[i]) {
            for (int j = i ;! v[j];j = d[j]) {
                v[j] = true;
            }
            ++cnt;
        }
    }
    printf("%d\n", cnt);
    return 0;
}
```

输入：10 7 1 4 3 2 5 9 8 0 6

输出：_____

四、完善程序(共 2 题,每题 14 分,共计 28 分)

1. (**最大公约数之和**)下列程序想要求解整数的所有约数两两之间最大公约数的和对 10007 求余后的值,试补全程序。(第 1 空 2 分,其余 3 分)

举例来说,4 的所有约数是 1、2、4。1 和 2 的最大公约数为 1；2 和 4 的最大公约数为 2；1 和 4 的最大公约数为 1。于是答案为 1+2+1=4。

要求 getDivisor() 函数的复杂度为 $(\sqrt{n})$,gcd() 函数的复杂度为 $(\log \max(a, b))$。

```
# include < iostream >
using namespace std;
const int N = 110000, P = 10007;
int n;
int a[N], len;
int ans;
void getDivisor(){
    len = 0;
    for (int i = 1;   (1)    <= n;++i)
        if (n % i == 0) {
            a[++len] = i;
            if (   (2)   ! = i)a[++len] = n/i;
        }
}
int gcd(int a, int b) {
    if (b == 0) {
         (3)  ;
    }
    return gcd(b,   (4)   );
}
int main(){
    cin >> n;
```

```
    getDivisor();
    ans = 0;
    for (int i = 1;i <= len;++i) {
        for (int j = i + 1;j <= len;++j) {
            ans = (   (5)   ) % P;
        }
    }
    cout << ans << endl;
    return 0;
}
```

2. 对于一个 1~n 的排列 P(即 1~n 中每一个数在 P 中出现了恰好一次),令 q_i 为第 i 个位置之后第一个比 P_i 值更大的位置,如果不存在这样的位置,则 $q_i=n+1$。

举例来说,如果 n=5 且 P 为 1 5 4 2 3,则 q 为 2 6 6 5 6。

下列程序读入了排列 P,使用双向链表求解了答案。试补全程序。(第二空 2 分,其余 3 分)

数据范围:$1 \leqslant n \leqslant 10^5$。

```
# include < iostream >
using namespace std;
const int N = 100010;
int n;
int L[N], R[N], a[N];
int main(){
    cin >> n;
    for (int i = 1;i <= n;++i) {
        int x;
        cin >> x;
          (1)   ;
    }
    for (int i = 1;i <= n;++i) {
        R[i] =   (2)   ;
        L[i] = i - 1;
    }
    for (int i = 1;i <= n;++i) {
        L[   (3)   ] = L[a[i]];
        R[L[a[i]]] = R[   (4)   ];
    }
    for (int i = 1;i <= n;++i) {
        cout <<   (5)   << " ";
    }
    cout << endl;
    return 0;
}
```

1.3.2 2018 NOIP 普及组参考答案

一、单项选择题(共 15 题,每题 2 分,共计 30 分)

1	2	3	4	5	6	7	8	9	10	11	12	13	14	15
D	D	D	B	B	A	A	A	A	B	A	B	B	B	B

二、问题求解(共 2 题,每题 5 分,共计 10 分)

1. 去了　没去　没去　没下雨　(第 4 空 2 分,其余 1 分)

2. 544

三、阅读程序写结果(共 4 题,每题 8 分,共计 32 分)

1. RuanHuoMianTai

2. 4

3. 8

4. 6

四、完善程序(共计 28 分,以下各程序填空可能还有一些等价的写法,由各省赛区组织本省专家审定及上机验证,可以不上报 CCF NOI 科学委员会复核)

第 1 题				
(1) 2 分	(2) 3 分	(3) 3 分	(4) 3 分	(5) 3 分
i * i	n/i	return a	a % b	ans+gcd(a[i], a[j])
第 2 题				
(1) 3 分	(2) 2 分	(3) 3 分	(4) 3 分	(5) 3 分
a[x]=i	i+1	R[a[i]]	a[i]	R[i]

1.3.3　2018 NOIP 普及组部分试题分析

一、单项选择题

1. 扫描仪是属于输入设备,键盘和鼠标也都是输入设备。

5. 1984 年,中国科协和中国计算机学会一起举办了全国青少年程序设计大赛。

6. 在历年题目的基础上改了一下,本题思路如下。

方法一:

Caps Lock 为大小写切换(没有输出),所以默认按键 5 个(输出 4 个)为一轮。

$81=4\times20+1$,即从第 0 轮开始,求第 20 轮的第一个输出。

开始状态为小写,第 0 轮为大写,第 1 轮为小写,以此类推,第 20 轮为大写。

所以答案为大写状态的第一个字符'A'。

方法二:以 8 个输出为一轮,每轮都重复输出,则第 81 个字符与第 1 个字符相同。

7. 满 k 叉树特性。$\sum_{h=0}^{h}k^h=(k^{h+1}-1)/(k-1)$,用等比数列求和即可推出。但考试时如果不知道这个公式可以通过画几个满二叉树或满三叉树的简单例子来推导公式,例如一棵满三叉树(k=3),第 0 层有 1 个结点(h=0),第 1 层有 3 个结点(h=1),第 2 层有 9 个结点(h=2),以此类推,不难发现,第 h 层的结点数为 3^h 个,每层的结点数构成一个等比数列,先求得计算公式,然后代进去计算即可。算出来 A 选项正确。注意本题树根深度记作 0。

9. 前两个数比较,大的为最大值,小的为最小值,用掉一次比较;后面(N-2)个数,每两个比较,大的同最大值比较,小的同最小值比较,比较 $3\times(N-2)/2$ 次,共比较 $3\times(N-2)/2+1=3N/2-2$ 次。时间复杂度一般要考虑最坏情况,所以要向上取整。

11. 4 个点的连通图可以是由 3~6 条边组成的图。三条边的图有两个(路径长为 3 的线状图、星状图);四条边的图有两个(圈、三角形加一条边);五条边的图有一个(一条边的图的补图)；六条边的图有一个(即 4 个点的完全图)。

12. 由含有 10 个元素的全部子集数为 S＝2^10＝1024；又由组合数知识可知,由 7 个元素组成的子集数 T＝10×9×8/3×2×1＝120,所以可得 T/S＝120/1024＝15/128。

13. 小学奥数,分解质因数 10000＝2^4×5^4,2 的倍数有 4999 个,5 的倍数有 1999 个,除去 10 的倍数(2 和 5 的公倍数)999 个,加上 10000 这一个数,不互质的就是 6000 个,互质的就是 10000－6000＝4000 个。

14. 如果知道 x＝x&·(x－1)是二进制从后往前去掉 1 个 1 的话,自然知道答案是 B。

如果不知道的话,就自己模拟一下,例如,用一个数 5＝$(101)_2$ 模拟测试一下,结果为：
A 选项模拟,结果为 3；B 选项模拟,结果为 2；C、D 选项模拟,死循环。

二、问题求解

1. 小学奥数,从③推出丁不去,又从④推出甲去了,然后由①推出没下雨。

2. 方法一：首先个位数是 8 的个数是 2018/10＝201 加一个 2018 就是 202 个,然后十位数是 8 个位数不是 8 的个数是 2018/100×9＝180,最后百位数是 8,十位、个位都不是 8 的个数是 2018/1000×81＝162。加起来为 544。

方法二：

1～9 中：1 个

10～99 中：1×8＋10＝18 个

100～999 中：(1＋18)×8＋100＝252 个

1000～1999 中：1＋18＋252＝271 个

2000～2018 中：2 个

共 1＋18＋252＋271＋2＝544 个。

三、阅读程序写结果

1. 程序功能是令大写字母加 1,RuanHuoMianTai。

2. 1、4、6、14 这 4 个数。

3. 做表格,答案：8。

n/m	0	1	2	3	4	5	6
0	0	1	2	3	4	5	6
1	1	0	3	2	5	4	7
2	2	−1	4	1	6	3	8
3	0	1	2	3	4	5	6
4	1	0	3	2	5	4	7
5	2	−1	4	1	6	3	8

4. 其实 a_i 就是第 i 个点连向第 a_i 个点,求联通分量总数,答案：6。

四、完善程序

1. 最大公约数之和

(1) i＊i,其实就是枚举到$\sqrt{n}$。

(2) n/i,防止重复约数。

(3) return a,gcd 模板。

(4) a％b,同上。

(5) ans＋gcd(a[i],a[j]),根据题目描述枚举约数。

2. 双链表求解

(1) a[x]=i,标记每个值的位置。

(2) i+1,右指针当然指右边。

(3) R[a[i]],删除操作。

(4) a[i],删除操作。

(5) R[i],输出,不过要按原序输出,所以不要写成 R[a[i]]。

1.4 2017 第二十三届 NOIP 普及组初赛试题及解析

1.4.1 2017 NOIP 普及组试题

一、单项选择题(共 20 题,每题 1.5 分,共计 30 分;每题有且仅有一个正确选项)

1. 在 8 位二进制补码中,10101011 表示的数是十进制下的(　　)。

  A. 43   B. −85   C. −43   D. −84

2. 计算机存储数据的基本单位是(　　)。

  A. bit   B. Byte   C. GB   D. KB

3. 下列协议中与电子邮件无关的是(　　)。

  A. POP3   B. SMTP   C. WTO   D. IMAP

4. 分辨率为 800×600、16 位色的位图,存储图像信息所需的空间为(　　)。

  A. 937.5KB B. 4218.75KB C. 4320KB D. 2880KB

5. 计算机应用的最早领域是(　　)。

  A. 数值计算 B. 人工智能 C. 机器人   D. 过程控制

6. 下列不属于面向对象程序设计语言的是(　　)。

  A. C   B. C++   C. Java   D. C#

7. NOI 的中文意思是(　　)。

  A. 中国信息学联赛   B. 全国青少年信息学奥林匹克竞赛

  C. 中国青少年信息学奥林匹克竞赛 D. 中国计算机协会

8. 2017 年 10 月 1 日是星期日,1999 年 10 月 1 日是(　　)。

  A. 星期三   B. 星期日   C. 星期五   D. 星期二

9. 甲、乙、丙三位同学选修课程,从 4 门课程中,甲选修 2 门,乙、丙各选修 3 门,则不同的选修方案共有(　　)种。

  A. 36   B. 48   C. 96   D. 192

10. 设 G 是有 n 个结点、m 条边($n \leqslant m$)的连通图,必须删去 G 的(　　)条边,才能使得 G 变成一棵树。

  A. m−n+1 B. m−n   C. m+n+1 D. n−m+1

11. 对于给定的序列{a_k},我们把(i, j)称为逆序对当且仅当 i<j 且 a_i>a_j。那么序列 1,7,2,3,5,4 的逆序对数为(　　)个。

  A. 4   B. 5   C. 6   D. 7

12. 表达式 a＊(b＋c)＊d 的后缀形式是（ ）。

    A. abcd＊＋＊   B. abc＋＊d＊   C. a＊bc＋＊d   D. b＋c＊a＊d

13. 向一个栈顶指针为 hs 的链式栈中插入一个指针 s 指向的结点时,应执行（ ）。

    A. hs—＞next＝s;

    B. s—＞next＝hs;hs＝s;

    C. s—＞next＝hs—＞next;hs—＞next＝s;

    D. s—＞next＝hs;hs＝hs—＞next;

14. 若串 S＝"copyright",其子串的个数是（ ）。

    A. 72   B. 45   C. 46   D. 36

15. 十进制小数 13.375 对应的二进制数是（ ）。

    A. 1101.011   B. 1011.011   C. 1101.101   D. 1010.01

16. 对于入栈顺序为 a,b,c,d,e,f,g 的序列,下列（ ）不可能是合法的出栈序列。

    A. a，b，c，d，e，f，g   B. a，d，c，b，e，g，f

    C. a，d，b，c，g，f，e   D. g，f，e，d，c，b，a

17. 设 A 和 B 是两个长为 n 的有序数组,现在需要将 A 和 B 合并成一个排好序的数组,任何以元素比较作为基本运算的归并算法在最坏情况下至少要做（ ）次比较。

    A. n^2 B. n log n   C. 2n   D. 2n－1

18. 从（ ）年开始,NOIP 竞赛将不再支持 Pascal 语言。

    A. 2020   B. 2021   C. 2022   D. 2023

19. 一家 4 口人,至少两个人生日属于同一月份的概率是（ ）(假定每个人生日属于每个月份的概率相同且不同人之间相互独立)。

    A. 1/12   B. 1/144   C. 41/96   D. 3/4

20. 以下和计算机领域密切相关的奖项是（ ）。

    A. 奥斯卡奖   B. 图灵奖   C. 诺贝尔奖   D. 普利策奖

二、问题求解(共 2 题,每题 5 分,共计 10 分)

1. 一个人站在坐标(0,0)处,面朝 x 轴正方向。第一轮,他向前走 1 单位距离,然后右转;第二轮,他向前走 2 单位距离,然后右转;第三轮,他向前走 3 单位距离,然后右转……他一直这么走下去(图 1-3)。请问第 2017 轮后,他的坐标是:(_____,_____)。(请在答题纸上用逗号隔开两空答案)

2. 如图 1-4 所示,共有 13 个格子。对任何一个格子进行一次操作,会使得它以及与它上下左右相邻的格子中的数字改变(由 1 变 0,或由 0 变 1)。现在要使得所有格子中的数字都变为 0,至少需要_____次操作。

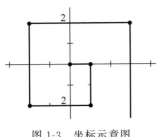

图 1-3 坐标示意图

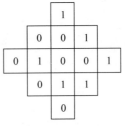

图 1-4 格子图

三、阅读程序写结果(共 4 题,每题 8 分,共计 32 分)

1.

```cpp
# include < iostream >
using namespace std;
int main(){
    int t[256];
    string s;
    int i;
    cin >> s;
    for (i = 0;i < 256;i++)
    {
        t[i] = 0;
    }
    for (i = 0;i < s.length();i++)
    {
        t[s[i]]++;
    }
    for (i = 0;i < s.length();i++)
    {
        if (t[s[i]] == 1)
        {
            cout << s[i]<< endl;return 0;
        }
    }
    cout <<"no"<< endl;
    return 0;
}
```

输入: xyzxyw

输出: _____

2.

```cpp
# include < iostream >
using namespace std;
int g(int m, int n, int x)
{
    int ans = 0;
    int i;
    if (n == 1)
    {
        return 1;
    }
    for (i = x;i <= m/n;i++)
    {
        ans += g(m - i, n - 1, i);
    }
    return ans;
}
int main()
{
    int t, m, n;
```

```
    cin >> m >> n;
    cout << g(m, n, 0) << endl;
    return 0;
}
```

输入：7 3

输出：_____

3.

```
#include < iostream >
using namespace std;
int main()
{
    string ch;
    int a[200];
    int b[200];
    int n, i, t, res;
    cin >> ch;
    n = ch.length();
    for (i = 0; i < 200; i++)
    {
        b[i] = 0;
    }
    for (i = 1; i <= n; i++){
        a[i] = ch[i - 1] - '0';
        b[i] = b[i - 1] + a[i];
    }
    res = b[n];
    t = 0;
    for (i = n; i > 0; i -- ){
        if (a[i] == 0){
            t++;
        }
        if (b[i - 1] + t < res){
            res = b[i - 1] + t;
        }
    }
    cout << res << endl;
    return 0;
}
```

输入：10011010110011011010111110001

输出：_____

4.

```
#include < iostream >
using namespace std;
int main(){
    int n, m;
    cin >> n >> m;
    int x = 1;
```

```
    int y = 1;
    int dx = 1;
    int dy = 1;
    int cnt = 0;
    while (cnt! = 2){
        cnt = 0;
        x = x + dx;
        y = y + dy;
        if (x == 1 || x == n){
            ++cnt;
            dx = - dx;
        }
        if (y == 1 || y == m){
            ++cnt;
            dy = - dy;
        }
    }
    cout << x <<" "<< y << endl;
    return 0;
}
```

输入 1：4　3

输出 1：_____(3 分)

输入 2：2017　1014

输出 2：_____(5 分)

四、完善程序(共 2 题,每题 14 分,共计 28 分)

1. (**快速幂**)请完善下面的程序,该程序使用分治法求 $x^p \bmod m$ 的值。(第 1 空 2 分,其余 3 分)

输入：3 个不超过 10000 的正整数 x,p,m。

输出：$x^p \bmod m$ 的值。

提示：若 p 为偶数,$x^p = (x^2)^{p/2}$；若 p 为奇数,$x^p = x * (x^2)^{(p-1)/2}$。

```
# include < iostream >
using namespace std;
int x, p, m, i, result;
int main(){
    cin >> x >> p >> m;
    result =  (1)  ;
    while (  (2)  ) {
        if (p % 2 == 1)    {
            result =  (3)  ;
        }
        p / = 2;
        x =  (4)  ;
    }
    cout <<  (5)  << endl;
    return 0;
}
```

2. (**切割绳子**)有 n 条绳子,每条绳子的长度已知且均为正整数。绳子可以以任意正整数长度切割,但不可以连接。现在要从这些绳子中切割出 m 条长度相同的绳段,求绳段的最大长度是多少。(第1、2 空 2.5 分,其余 3 分)

输入:第一行是一个不超过 100 的正整数 n,第二行是 n 个不超过 10^6 的正整数,表示每条绳子的长度,第三行是一个不超过 10^8 的正整数 m。

输出:绳段的最大长度,若无法切割,输出 Failed。

```
# include < iostream >
using namespace std;
int n, m, i, lbound, ubound, mid, count;
int len[100];            //绳子长度
int main(){
    cin >> n;
    count = 0;
    for (i = 0; i < n; i++) {
        cin >> len[i];
            (1)   ;
    }
    cin >> m;
    if (   (2)   ) {
        cout <<"Failed"<< endl;
        return 0;
    }
    lbound = 1;
    ubound = 1000000;
    while (   (3)   ) {
        mid =   (4)   ;
        count = 0;
        for (i = 0; i < n; i++)
        {
                (5)   ;
        }
        if (count < m)
        {
            ubound = mid - 1;
        }
        else
        {
            lbound = mid;
        }
    }
    cout << lbound << endl;
    return 0;
}
```

1.4.2　2017 NOIP 普及组参考答案

一、单项选择题(共 20 题,每题 1.5 分,共计 30 分)

1	2	3	4	5	6	7	8	9	10
B	B	C	A	A	A	B	C	C	A
11	12	13	14	15	16	17	18	19	20
B	B	B	C	A	C	D	C	C	B

二、问题求解(共 2 题,每题 5 分,共计 10 分,每题全部答对得 5 分,没有部分分)

1. 1009,1008

2. 3

三、阅读程序写结果(共 4 题,每题 8 分,共计 32 分)

1. z

2. 8

3. 11

4. 输出 1:1 3(3 分)

输出 2:2017 1(5 分)

四、完善程序(共计 28 分,以下各程序填空可能还有一些等价的写法,由各省赛区组织本省专家审定及上机验证,可以不上报 CCF NOI 科学委员会复核)

第1题				
(1) 2 分	(2) 3 分	(3) 3 分	(4) 3 分	(5) 3 分
1	p＞0 或 p!＝0 或 p	result * x ％ m	x * x ％ m	result

第2题				
(1) 2.5 分	(2) 2.5 分	(3) 3 分	(4) 3 分	(5) 3 分
count＝count＋len[i]或 count＋＝len[i]	count＜m 或 m＞count	lbound＜ubound 或 ubound＞lbound	(lbound＋ubound＋1)/2 或 (lbound＋ubound＋1)>>1 或 (lbound＋ubound)/2＋1	count＝count＋len[i]/mid 或 count＋＝len[i]/mid

1.4.3 2017 NOIP 普及组部分试题分析

一、单项选择题

1. 补码转原码,就是符号位不变,其他各位逐位求反再加1,原码为11010101。

2. 基本单位为 Byte,最小单位为 bit,切勿混淆。

3. WTO 是世界贸易组织(World Trade Organization),POP3 是 Post Office Protocol 3 的简称,即邮局协议的第 3 个版本;SMTP 的全称是"Simple Mail Transfer Protocol",即简单邮件传输协议;IMAP 的全称是 Internet Mail Access Protocol,即交互式邮件存取协议,它是与 POP3 类似的邮件访问标准协议之一。

SMTP 是一组用于从源地址到目的地址传输邮件的规范,通过它来控制邮件的中转方式。SMTP 属于 TCP/IP 协议簇,可帮助每台计算机在发送或中转信件时找到下一个目的地。SMTP 服务器就是遵循 SMTP 的发送邮件服务器。SMTP 认证,简单地说,就是要求必须在提供账户名和密码后才可以登录 SMTP 服务器,这就使得那些垃圾邮件的散播者无可乘之机。增加 SMTP 认证的目的是使用户避免受到垃圾邮件的侵扰。SMTP 已是事实上的 E-mail 传输的标准。

POP 协议负责从邮件服务器中检索电子邮件。它要求邮件服务器完成下面几种任务之一:从邮件服务器中检索邮件并从服务器中删除这个邮件;从邮件服务器中检索邮件但不删除它;不检索邮件,只是询问是否有新邮件到达。POP 协议支持多用户互联网邮件扩展,后者允许用户在电子邮件上附带二进制文件,如文字处理文件和电子表格文件等,实际上,这样就可以传输任何格式的文件,包括图片和声音文件等。在用户阅读邮件时,POP 命令所有的邮件信息立即下载到用户的计算机上,不在服务器上保留。POP3 是 Internet 电子邮件的第一个离线协议标准。

IMAP 是一种优于 POP 的新协议。与 POP 一样,IMAP 也能下载邮件,从服务器中删除邮件或询问是否有新邮件,但 IMAP 克服了 POP 的一些缺点。例如,它可以决定客户机请求邮件服务器提交所收到邮件的方式,请求邮件服务器只下载所选中的邮件而不是全部邮件。客户机可先阅读邮件信息的标题和发送者的名字再决定是否下载这个邮件。通过用户的客户机电子邮件程序,IMAP 可让用户在服务器上创建并管理邮件文件夹或邮箱、删除邮件、查询某封信的一部分或全部内容,完成所有这些工作时都不需要把邮件从服务器下载到用户的个人计算机上。

4. $800 \times 600 \times 16/8/1024 = 937.5 \text{KB}$

8. 方法一:平年 365 天,$365 \% 7 = 1$,所以正常来说,现在星期 x,则一年后为 $x+1$,闰年是 $x+2$。然后可以反推,找出变化的循环规律。1999—2017 年中,2000 年、2004 年、2008 年、2012 年、2016 年是闰年,其余年份是平年。18 年 $+5$ 个闰年 $=23$,反推 23 天即得解。

方法二:利用公式计算 $w = \left(\left[(y-1) + \left[\dfrac{y-1}{4}\right] - \left[\dfrac{y-1}{100}\right] + \left[\dfrac{y-1}{400}\right] + D \right] \right) \% 7$,其中,Y 是年份,D 为本年度的第几天,元旦为第 1 天,w 即为所求日的星期数。使用公式时要注意 2 月的总天数,每个分式只取整数。请读者尽量记住这个公式。

9. 基础的排列组合题。$C_4^2 \times C_4^3 \times C_4^3 = 96$。

10. n 个顶点的树只需要 $n-1$ 条边,所以需删除 $m-n+1$ 条边。

14. 子串的字符序列是连续的,需与子序列概念区分开来。然后依据子串长度分别求解子串数并相加即可,此处不能忘了空串。

19. 概率题。反推,就是求 $1-p$(4 个人中都不会有人存在同一个月)$= 1-(12 \times 11 \times 10 \times 9)/(12 \times 12 \times 12 \times 12) = 41/96$。

二、问题求解

1. 根据题意,模拟一下容易发现规律。以 4 为周期,容易看出 x 的变化规律是:

$1-3+5-7+\cdots+2013-2015+2017 = (1-3)+(5-7)+\cdots+(2013-2015)+2017$

∵ $2017/4 = 504$,有 504 个循环节

∴ $x = -2 \times 504 + 2017 = 1009$

同理可以求得:$y = 1008$。

2. 要想最少步地把所有归 0,那么就要把尽量多的 1 改变。

(1) 观察可得:操作第 3 行的第 4 个数,可以改变更多的 1。

(2) 把操作之后的图画出,继续观察,可得:操作第 3 行的第 3 个数,可以改变更多的 1。

(3) 把操作之后的图画出,继续观察,可得:操作第 1 行的第 1 个数,可以改变更多的 1。

然后便全部归 0,3 步结束。

三、阅读程序写结果

1. 输出 z

注意到 if 语句中的 return 0,即输出第一个字符后就退出。程序的功能是统计字符串中字符的出现次数,并且输出第一个只出现一次的字符,字符次数是按输入串而定,而非字

母次序。故此处输出的是 z 而非 w。

2. 输出 8。简单的递归程序,直接模拟执行即可。

$$g(7,3,0)=g(7,2,0)+g(6,2,1)+g(5,2,2)$$

分别计算各项如下:

$$g(7,2,0)=g(7,1,0)+g(6,1,1)+g(5,1,2)+g(4,1,3)=1+1+1+1=4$$

$$g(6,2,1)=g(5,1,1)+g(4,1,2)+g(3,1,3)=3$$

$$g(5,2,2)=g(3,1,2)=1$$

3. 输出 11。直接模拟即可。

4. 输出 1:1 3;输出 2:2017   1

经过输入 1 的尝试,可以发现一些规律:

x 的变化:1 2 3 4 3 2 1

y 的变化:1 2 3 2 1 2 3

x 和 y 的数据变化都有各自的周期,当恰好同时满足(x==1 or x==n)和(y==1 or y==m)时就输出。

所以输入 2 可以:

1 2 3 4   ⋯   2017

1 2 3 4 ⋯1014 1013 ⋯1

四、完善程序

1. 快速幂

学习过的人很快就能全部填出来。总体来说,都是比较好猜的,至少两个空是可以的。作为一名竞赛选手,快速幂是基本算法,读者必须学会。

2. 二分法

充分理解题意后还是比较好填的。二分法也是经典算法,普及组、提高组都很常见,所以读者要加强 NOIP 必备算法的学习。

1.5   2016 第二十二届 NOIP 普及组初赛试题及解析

1.5.1   2016 NOIP 普及组试题

一、单项选择题(共 **20** 题,每题 **1.5** 分,共计 **30** 分;每题有且仅有一个正确选项)

1. 以下不是微软公司出品的软件是(   )。

A. PowerPoint   B. Word   C. Excel   D. Acrobat Reader

2. 如果 256 种颜色用二进制编码来表示,至少需要(   )位。

A. 6   B. 7   C. 8   D. 9

3. 以下不属于无线通信技术的是(   )。

A. 蓝牙   B. Wi-Fi   C. GPRS   D. 以太网

4. 以下不是 CPU 生产厂商的是(   )。

A. Intel   B. AMD   C. Microsoft   D. IBM

5. 以下不是存储设备的是( )。

    A. 光盘   B. 磁盘   C. 固态硬盘   D. 鼠标

6. 如果开始时计算机处于小写输入状态,现在有一只小老鼠反复按照 Caps Lock、字母键 A、字母键 S 和字母键 D 的顺序循环按键,即 Caps Lock、A、S、D、Caps Lock、A、S、D、……屏幕上输出的第 81 个字符是字母( )。

    A. A   B. S   C. D   D. a

7. 二进制数 00101100 和 00010101 的和是( )。

    A. 00101000   B. 01000001   C. 01000100   D. 00111000

8. 与二进制小数 0.1 相等的八进制数是( )。

    A. 0.8   B. 0.4   C. 0.2   D. 0.1

9. 以下是 32 位机器和 64 位机器的区别的是( )。

    A. 显示器不同   B. 硬盘大小不同

    C. 寻址空间不同   D. 输入法不同

10. 以下关于字符串的判定语句中正确的是( )。

    A. 字符串是一种特殊的线性表   B. 串的长度必须大于零

    C. 字符串不可以用数组来表示   D. 空格字符组成的串就是空串

11. 一棵二叉树如图 1-5 所示,若采用顺序存储结构,即用一维数组元素存储该二叉树中的结点(根结点的下标为 1,若某结点的下标为 i,则其左孩子位于下标 2i 处、右孩子位于下标(2i＋1)处),则图中所有结点的最大下标为( )。

图 1-5 二叉树

    A. 6   B. 10

    C. 12   D. 15

12. 若有以下程序段,其中,s、a、b、c 均已定义为整型变量,且 a、c 均已赋值(c＞0)。

```
s = a;
for (b = 1;b <= c;b++)
    s = s + 1;
```

则与上述程序段修改 s 值的功能等价的赋值语句是( )。

    A. s＝a＋b;   B. s＝a＋c;   C. s＝s＋c;   D. s＝b＋c;

13. 有以下程序:

```
# include < iostream >
using namespace std;
int main(){
    int k = 4, n = 0;
    while (n < k) {
        n++;
        if (n % 3! = 0)
        {
            continue;
        }
        k -- ;
    }
cout << k <<","<< n << endl;
```

```
return 0;
}
```

程序运行后的输出结果是( )。

A. 2,2   B. 2,3   C. 3,2   D. 3,3

14. 给定含有 n 个不同的数的数组 $L = <x_1, x_2, \cdots, x_n>$。如果 L 中存在 $x_i (1 < i < n)$ 使得 $x_1 < x_2 < \cdots < x_{i-1} < x_i > x_{i+1} > \cdots > x_n$,则称 L 是单峰的,并称 x_i 是 L 的"峰顶"。现在已知 L 是单峰的,请把 a～c 3 行代码补全到算法中使得算法正确找到 L 的峰顶。

    a. Search(k + 1, n)
    b. Search(1, k - 1)
    c. return L[k]

```
Search(1, n)
k←[n/2]
if L[k] > L[k - 1] and L[k] > L[k + 1]
then _____
else if L[k] > L[k - 1] and L[k] < L[k + 1]
then _____
else _____
```

    正确的填空顺序是( )。

    A. c, a, b   B. c, b, a   C. a, b, c   D. b, a, c

15. 设简单无向图 G 有 16 条边且每个顶点的度数都是 2,则图 G 有( )个顶点。

    A. 10   B. 12   C. 8   D. 16

16. 有 7 个一模一样的苹果,放到 3 个一样的盘子中,一共有( )种放法。

    A. 7   B. 8   C. 21   D. 37

17. 图 1-6 表示一个果园灌溉系统,有 A、B、C、D 4 个阀门,每个阀门可以打开或关上,所有管道粗细相同。以下设置阀门的方法中,可以让果树浇上水的是( )。

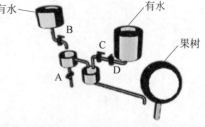

图 1-6

    A. B 打开,其他都关上

    B. A 和 B 都打开,C 和 D 都关上

    C. A 打开,其他都关上

    D. D 打开,其他都关上

18. Lucia 和她的朋友以及朋友的朋友都在某社交网站上注册了账号。图 1-7 是他们之间的关系图,两个人之间有边相连代表这两个人是朋友,没有边相连代表不是朋友。这个社交网站的规则是:如果某人 A 向他(她)的朋友 B 分享了某张照片,那么 B 就可以对该照片进行评论;如果 B 评论了该照片,那么他(她)的所有朋友都可以看见这个评论以及被评论的照片,但是不能对该照片进行评论(除非 A 也向他(她)分享了该照片)。现在 Lucia 已经上传了一张照片,但是她不想让 Jacob 看见这张照片,那么她可以向以下朋友( )分享该照片。

    A. Dana、Michael、Eve   B. Dana、Eve、Monica、Michael、Peter

C. Michael、Eve、Jacob　　　　　　D. Monica

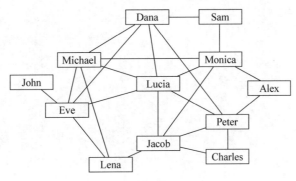

图 1-7

19. 周末小明和爸爸、妈妈 3 个人一起想动手做 3 道菜。小明负责洗菜、爸爸负责切菜、妈妈负责炒菜。假设做每道菜的顺序都是：先洗菜 10 分钟，然后切菜 10 分钟，最后炒菜 10 分钟。那么做一道菜需要 30 分钟。注意：两道不同的菜的相同步骤不可以同时进行。例如，第一道菜和第二道菜不能同时洗，也不能同时切。那么做完 3 道菜的最短时间需要(　　)分钟。

A. 90　　　　　　B. 60　　　　　　C. 50　　　　　　D. 40

20. 参加 NOI 比赛，以下不能带入考场的是(　　)。

A. 钢笔　　　　　B. 适量的衣服　　　C. U 盘　　　　　D. 铅笔

二、问题求解(共 **2** 题，每题 **5** 分，共计 **10** 分；第一题全部答对得 **5** 分，没有部分分；第二题第 **1** 空 **2** 分，第 **2** 空 **3** 分)

1. 从一个 4×4 的棋盘(不可旋转)中选取不在同一行也不在同一列上的两个方格，共有_____种方法。

2. 约定二叉树的根结点高度为 1。一棵结点数为 2016 的二叉树最少有_____个叶子结点；一棵结点数为 2016 的二叉树最小的高度值是_____。

三、阅读程序写结果(共 **4** 题，每题 **8** 分，共计 **32** 分)

1.

```cpp
# include < iostream >
using namespace std;
int main(){
    int max, min, sum, count = 0;
    int tmp;
    cin >> tmp;
    if (tmp == 0) {
        return 0;
    }
    max = min = sum = tmp;
    count++;
    while (tmp! = 0) {
        cin >> tmp;
        if (tmp! = 0) {
            sum += tmp;
            count++;
```

```
        if (tmp > max){
            max = tmp;
        }
        if (tmp < min){
            in = tmp;
        }
    }
}
cout << max <<","<< min <<","<< sum/count << endl;
return 0;
}
```

输入：1 2 3 4 5 6 0 7

输出：_____

2.

```
#include <iostream>
using namespace std;
int main(){
    int i = 100, x = 0, y = 0;
    while (i > 0) {
        i--;
        x = i % 8;
        if (x == 1){
            y++;
        }
    }
    cout << y << endl;
    return 0;
}
```

输出：_____

3.

```
#include <iostream>
using namespace std;
int main(){
    int a[6] = {1, 2, 3, 4, 5, 6};
    int pi = 0;
    int pj = 5;
    int t , i;
    while (pi < pj) {
        t = a[pi];
        a[pi] = a[pj];
        a[pj] = t;
        pi++;
        pj--;
    }
    for (i = 0; i < 6; i++){
        cout << a[i]<<",";
    }
```

```
    cout << endl;
    return 0;
}
```

输出：_____

4.

```
# include < iostream >
using namespace std;
int main(){
    int i, length1, length2;
    string s1, s2;
    s1 = "I have a dream.";
    s2 = "I Have A Dream.";
    length1 = s1.size();
    length2 = s2.size();
    for (i = 0;i < length1;i++){
        if (s1[i] >= 'a' && s1[i] <= 'z'){
            s1[i] -= 'a' - 'A';
        }
    }
    for (i = 0;i < length2;i++){
        if (s2[i] >= 'a' && s2[i] <= 'z'){
            s2[i] -= 'a' - 'A';
        }
    }
    if (s1 == s2){
        cout <<" = "<< endl;
    }
    else{
        if (s1 > s2){
            cout <<">"<< endl;
        }
        else{
            cout <<"<"<< endl;
        }
    }
    return 0;
}
```

输出：_____

四、完善程序(共 2 题,每题 14 分,共计 28 分)

1. **(读入整数)**请完善下面的程序,使得程序能够读入两个 int 范围内的整数,并将这两个整数分别输出,每行 1 个。(第 1、5 空 2.5 分,其余 3 分)

输入的整数之间和前后只会出现空格或者回车。输入数据保证合法。例如：

输入：123－789

输出：123

－789

```cpp
#include <iostream>
using namespace std;
int readint(){
    int num = 0;                    //存储读取到的整数
    int negative = 0;               //负数标识
    char c;                         //存储当前读取到的字符
    c = cin.get();
    while ((c<'0' || c>'9')&& c! = '-'){
        c =   (1)   ;
    }
    if (c == '-'){
        negative = 1;
    }
    else    {
          (2)   ;
    }
    c = cin.get();
    while (   (3)   ) {
          (4)   ;
        c = cin.get();
    }
    if (negative == 1){
          (5)   ;
    }
    return num;
}
int main(){
    int a, b;
    a = readint();
    b = readint();
    cout << a << endl << b << endl;
    return 0;
}
```

2. (郊游活动)有 n 名同学参加学校组织的郊游活动,已知学校给这 n 名同学的郊游总经费为 A 元,与此同时,第 i 名同学自己携带了 M_i 元。为了方便郊游,活动地点提供 B(≥n)辆自行车供人租用,租用第 j 辆自行车的价格为 C_j 元,每名同学可以使用自己携带的钱或者学校的郊游经费。为了方便账务管理,每名同学只能为自己租用自行车,且不会借钱给他人,他们想知道最多有多少名同学能够租用到自行车。(第 4、5 空 2.5 分,其余 3 分)

本题采用二分法。对于区间[l, r],取中间点 mid 并判断租用到自行车的人数能否达到 mid。判断的过程是利用贪心算法实现。

```cpp
#include <iostream>
using namespace std;
#define MAXN 1000000
int n, B, A, M[MAXN], C[MAXN], l, r, ans, mid;
bool check(int nn) {
    int count = 0, i, j;
    i =   (1)   ;
    j = 1;
```

```
    while (i < = n) {
        if (   (2)   ){
            count += C[j] - M[i];
        }
        i++;
        j++;
    }
    return   (3)   ;
}
void sort(int a[], int l, int r) {
    int i = l, j = r, x = a[(l + r)/ 2], y;
    while (i < = j) {
        while (a[i]< x){
            i++;
        }
            while (a[j]> x){
                j-- ;
            }
                if (i < = j) {
                    y = a[i];
                    a[i] = a[j];
                    a[j] = y;
                    i++;
                    j-- ;
                }
    }
    if (i < r){
        sort(a, i, r);
    }
    if (l < j){
        sort(a, l, j);
    }
}


int main(){
    int i;
    cin >> n >> B >> A;
    for (i = 1; i < = n; i++){
        cin >> M[i];
    }
    for (i = 1; i < = B; i++){
        cin >> C[i];
    }
    sort(M, 1, n);
    sort(C, 1, B);
    l = 0;
    r = n;
    while (l < = r) {
        mid = (l + r)/ 2;
        if (   (4)   ) {
            ans = mid;
            l = mid + 1;
        }
```

```
        else {
            r =    (5)   ;
        }
    }
    cout << ans << endl;
    return 0;
```

1.5.2   2016 NOIP 普及组参考答案

一、单项选择题(共 20 题,每题 1.5 分,共计 30 分)

1	2	3	4	5	6	7	8	9	10
D	C	D	C	D	C	B	B	C	A
11	12	13	14	15	16	17	18	19	20
D	B	D	A	D	B	A	A	C	C

二、问题求解(共 2 题,每题 5 分,共计 10 分,第一题全部答对得 5 分,没有部分分;第二题第 1 空 2 分,第 2 空 3 分)

1. 72

2. 1(2 分)

11(3 分)

三、阅读程序写结果(共 4 题,每题 8 分,共计 32 分)

1. 6,1,3

2. 13

3. 6,5,4,3,2,1

4. =

四、完善程序(共计 28 分,以下各程序填空可能还有一些等价的写法,由各省赛区组织本省专家审定及上机验证,可以不上报 CCF NOI 科学委员会复核)

第1题				
(1) 2.5 分	(2) 3 分	(3) 3 分	(4) 3 分	(5) 2.5 分
cin. get()或 c=getchar()	num=c−'0'或 num=c−48	c>='0'&&c<='9'或 c>=48&&c<=57	num=num*10+c− '0'或 num=num* 10+c−48	num=−num 或 return−num
第2题				
(1) 3 分	(2) 3 分	(3) 3 分	(4) 2.5 分	(5) 2.5 分
n−nn+1	M[i]< C[j]或 M[i]<=C[j]	count <= A	check(mid)	mid−1

1.5.3   2016 NOIP 普及组部分试题分析

一、单项选择题

14. 正确理解题目后本题并不难。首先理解"峰顶"的意思,第 2 行表示峰顶位置,故选 c,第 4 行表示顶峰左侧,选 a,否则选 b,所以本题选 c、a、b。

15. 数据结构基础题,考虑每条边对度之和的贡献均为2(一条边连接两个顶点),16条边的度之和为16×2=32。又由于每个点的度均为2,故有32/2=16个顶点。

16. 组合数学题。下面介绍用拆分法求解:

7拆分成3个数之和有:115,124,133,223。

7拆分成两个数之和有:16,25,34。

加上7个苹果放一个盘子中,故一共有8种情况。

18. 图论题中的路径寻找。Lucia要寻找到达Jacob的路径长度大于2的朋友分发,即3条边才可达。

19. 经典的最优化策略问题。考虑尽可能不让人闲着。即小明洗完一道菜,爸爸就可以开始切菜,切好一道菜,妈妈才可以炒菜,炒菜迟了20分钟开始,每道菜10分钟,故最少需要50分钟。

二、问题求解

1. 答案:72。

分析:简单的乘法原理。

首先第一个格子有4×4=16种放法。由于这两个格子不在同一列也不在同一行,所以第二个格子有(4-1)×(4-1)=9种选法。注意,通过常识发现,棋盘上任何两个格子都是相同的,所以还要除以2,即16×9/2=72种选法。

2. 1、11。利用二叉树基本性质构造符合要求的二叉树。

分析:构造一棵单分支结构二叉树,其叶子结点个数为1;构造一棵完全二叉树,其高度为$\log_2 2016 = 11$。

三、阅读程序写结果

1. 输出:6,1,3

分析:求最大最小数,并累加输入数据为sum,最后求出的是sum/count。有几个问题需注意:数据用","分隔;输入数据7是个无效数据;循环结束时count为7,而非6。

2. 输出13。求100以内有多少数％8后余1。

3. 输出:6 5 4 3 2 1,逆置数组元素然后输出。

4. 输出=。将s1和s2中的小写字母都转换成大写字母,然后比较大小。

四、完善程序

1. 读入整数

程序的功能是输入数字字符组成的字符串,并将该字符数据转换成数值数据输出。

(1) 显然是cin.get(),表示把字符c读入,前面已经有提示。

(2) 读入第一个数字字符,需要用它来初始化num。显然是num=c-'0',即num刚开始为c表示的数字。

(3) 要求的是数字字符,故应该为c>='0'＆＆c<='9'。

(4) 根据位值原理,这里应该填num=(num * 10)+(c-'0')。

(5) 如果标识位negative==1表明是负数,故要转换为负数,即num=-num。

2. 郊游活动

题目已经告知采用了二分及贪心算法。

(1) 贪心法,从第n-nn+1名学生开始拿自行车。之所以不从第1名开始拿,是因为根据排序原则,此时第 1 名的钱数一定比第 n−nn＋1 名学生的少,对于同样数量同样价格的自行车,显然要贪心地让 n−nn＋1 名学生先拿。

（2）如果某名学生自己的钱不够了,就用公共的钱。即应填 M[i]< C[j]。

（3）如果需要用的公共的钱不大于 A 元,这种情况可以用,否则不可以。故应填 count <＝A。

（4）根据后面的 ans＝mid 可以知道,mid 的情况是可以的,故填 check(mid)。

（5）根据二分的写法以及上文 l＝mid＋1 的对称提示,这里应填 mid−1。

1.6　2015 第二十一届 NOIP 普及组初赛试题及解析

1.6.1　2015 NOIP 普及组试题

一、单项选择题（共 20 题,每题 1.5 分,共计 30 分；每题有且仅有一个正确选项）

1. 1MB 等于（　　）。

　　A. 1000 字节　　　　B. 1024 字节　　　　C. 1000×1000 字节　　D. 1024×1024 字节

2. 在 PC 中,PENTIUM（奔腾）、酷睿、赛扬等是指（　　）。

　　A. 生产厂家名称　　B. 硬盘的型号　　　C. CPU 的型号　　　　D. 显示器的型号

3. 操作系统的作用是（　　）。

　　A. 把源程序译成目标程序　　　　　　　B. 便于进行数据管理

　　C. 控制和管理系统资源　　　　　　　　D. 实现硬件之间的连接

4. 在计算机内部用来传送、存储、加工处理的数据或指令都是以（　　）形式进行的。

　　A. 二进制码　　　　B. 八进制码　　　　C. 十进制码　　　　　D. 智能拼音码

5. 下列说法正确的是（　　）。

　　A. CPU 的主要任务是执行数据运算和程序控制

　　B. 存储器具有记忆能力,其中信息任何时候都不会丢失

　　C. 两个显示器屏幕尺寸相同,则它们的分辨率必定相同

　　D. 个人用户只能使用 Wi-Fi 的方式连接到 Internet

6. 二进制数 00100100 和 00010100 的和是（　　）。

　　A. 00101000　　　　B. 01011001　　　　C. 01000100　　　　　D. 00111000

7. 与二进制小数 0.1 相等的十六进制数是（　　）。

　　A. 0.8　　　　　　　B. 0.4　　　　　　　C. 0.2　　　　　　　　D. 0.1

8. 所谓的"中断"是指（　　）。

　　A. 操作系统随意停止一个程序的运行

　　B. 当出现需要时,CPU 暂时停止当前程序的执行转而执行处理新情况的过程

　　C. 因停机而停止一个程序的运行

　　D. 计算机死机

9. 计算机病毒是（　　）。

　　A. 通过计算机传播的危害人体健康的一种病毒

B. 人为制造的能够侵入计算机系统并给计算机带来故障的程序或指令集合

C. 一种由于计算机元器件老化而产生的对生态环境有害的物质

D. 利用计算机的海量高速运算能力而研制出来的用于疾病预防的新型病毒

10. FTP 可以用于(　　)。

　　A. 远程传输文件　B. 发送电子邮件　C. 浏览网页　　　D. 网上聊天

11. 下面哪种软件不属于即时通信软件?(　　)

　　A. QQ　　　　　　B. MSN　　　　　C. 微信　　　　　D. P2P

12. 6 个顶点的连通图的最小生成树,其边数为(　　)。

　　A. 6　　　　　　B. 5　　　　　　C. 7　　　　　　D. 4

13. 链表不具备的特点是(　　)。

　　A. 可随机访问任何一个元素

　　B. 插入、删除操作不需要移动元素

　　C. 无须事先估计存储空间大小

　　D. 所需存储空间与存储元素个数成正比

14. 线性表若采用链表存储结构,要求内存中可用存储单元地址(　　)。

　　A. 必须连续　　　　　　　　　B. 部分地址必须连续

　　C. 一定不连续　　　　　　　　D. 连续不连续均可

15. 今有一空栈 S,对下列待进栈的数据元素序列 a,b,c,d,e,f 依次进行进栈、进栈、出栈、进栈、进栈、出栈的操作,则此操作完成后,栈 S 的栈顶元素为(　　)。

　　A. f　　　　　　B. c　　　　　　C. a　　　　　　D. b

16. 前序遍历序列与中序遍历序列相同的二叉树为(　　)。

　　A. 根结点无左子树的二叉树

　　B. 根结点无右子树的二叉树

　　C. 只有根结点的二叉树或非叶子结点只有左子树的二叉树

　　D. 只有根结点的二叉树或非叶子结点只有右子树的二叉树

17. 如果根的高度为 1,具有 61 个结点的完全二叉树的高度为(　　)。

　　A. 5　　　　　　B. 6　　　　　　C. 7　　　　　　D. 8

18. 下列选项中不属于视频文件格式的是(　　)。

　　A. TXT　　　　　B. AVI　　　　　C. MOV　　　　　D. RMVB

19. 设某算法的计算时间表示为递推关系式 $T(n)=T(n-1)+n$(n 为正整数)及 $T(0)=1$,则该算法的时间复杂度为(　　)。

　　A. $O(\log n)$　　　B. $O(n \log n)$　　　C. $O(n)$　　　　　D. $O(n^2)$

20. 在 NOI 系列赛事中参赛选手必须使用由承办单位统一提供的设备。下列物品中不允许选手自带的是(　　)。

　　A. 鼠标　　　　　B. 笔　　　　　　C. 身份证　　　　D. 准考证

二、问题求解(共 **2** 题,每题 **5** 分,共计 **10** 分;每题全部答对得 **5** 分,没有部分分)

1. 重新排列 1234 使得每一个数字都不在原来的位置上,一共有_____种排法。

2. 一棵结点数为 2015 的二叉树最多有_____个叶子结点。

三、阅读程序写结果(共 4 题,每题 8 分,共计 32 分)

1.

```cpp
# include < iostream >
using namespace std;
int main(){
    int a, b, c;
    a = 1;
    b = 2;
    c = 3;
    if (a > b)
    {
        if (a > c){
            cout << a << ' ';
        }
        else{
            cout << b << ' ';
        }
    }
    cout << c << endl; return 0;
}
```

输出:_____

2.

```cpp
# include < iostream >
using namespace std;
struct point {
        int x;
        int y;
};
int main(){
    struct EX {
        int a;
        int b;
        point c;
    } e;
    e. a = 1;
    e. b = 2;
    e. c. x = e. a + e. b;
    e. c. y = e. a * e. b;
    cout << e. c. x << ',' << e. c. y << endl;
    return 0;
}
```

输出:_____

3.

```cpp
# include < iostream >
# include < string >
using namespace std;
int main(){
```

```
    string str;
    int i;
    int count;
    count = 0;
    getline(cin, str);
    for (i = 0;i < str.length();i++) {
        if (str[i]> = 'a' && str[i]< = 'z'){
            count++;
        }
    }
    cout <<"It has "<< count <<" lowercases"<< endl;
    return 0;
}
```

输入:NOI2016 will be held in Mian Yang.

输出:_____

4.

```
# include < iostream >
using namespace std;
void fun(char * a, char * b) {
    a = b;
    ( * a)++;
}
int main(){
    char c1, c2, * p1, * p2;
    c1 = 'A';
    c2 = 'a';
    p1 = &c1;
    p2 = &c2;
    fun(p1, p2);
    cout << c1 << c2 << endl;
    return 0;
}
```

输出:_____

四、完善程序(共 **2** 题,每题 **14** 分,共计 **28** 分)

1.(**打印月历**)输入月份 m(1≤m≤12),按一定格式打印 2015 年第 m 月的月历。(第 3、4 空 2.5 分,其余 3 分)

例如,2015 年 1 月的月历打印效果如下(第一列为周日):

S	M	T	W	T	F	S
				1	2	3
4	5	6	7	8	9	10
11	12	13	14	15	16	17
18	19	20	21	22	23	24
25	26	27	28	29	30	31

```
# include < iostream >
using namespace std;
```

```
const int dayNum[] = { -1, 31, 28, 31, 30, 31, 30, 31, 31, 30, 31, 30, 31};
int m, offset, i;
int main(){
    cin >> m;
    cout <<"S\tM\tT\tW\tT\tF\tS"<< endl;  //'\t'为 Tab 制表符
        (1)   ;
    for (i = 1;i < m;i++){
        offset =    (2)   ;
    }
    for (i = 0;i < offset;i++)     {
        cout <<'\t';
    }
    for (i = 1;i <=    (3)   ;i++) {
        cout <<   (4)   ;
        if (i == dayNum[m] ||   (5)   == 0){
            cout << endl;
        }
        else{
            cout <<'\t';
        }
    }
    return 0;
}
```

2. (**中位数**)给定 n(n 为奇数且小于 1000)个整数,整数的范围为 0~m(0 < m < 2^{31}),请使用二分法求这 n 个整数的中位数。所谓中位数,是指将这 n 个数排序之后,排在正中间的数。(第 5 空 2 分,其余 3 分)

```
# include < iostream >
using namespace std;
const int MAXN = 1000;
int n, i, lbound, rbound, mid, m, count;
int x[MAXN];
int main(){
    cin >> n >> m;
    for (i = 0;i < n;i++){
        cin >> x[i];
    }
    lbound = 0;
    rbound = m;
    while (   (1)   ) {
        mid = (lbound + rbound)/ 2;
            (2)   ;
        for (i = 0;i < n;i++){
            if (   (3)   ){
                    (4)   ;
            }
            if (count > n/2){
                lbound = mid + 1;
            }
            else{
                   (5)   ;
```

```
            }
        }
    }
    cout << rbound << endl;
    return 0;
}
```

1.6.2　2015 NOIP 普及组参考答案

一、单项选择题(共 20 题,每题 1.5 分,共计 30 分)

1	2	3	4	5	6	7	8	9	10
D	C	C	A	A	D	A	B	B	A
11	12	13	14	15	16	17	18	19	20
D	B	A	D	B	D	B	A	D	A

二、问题求解(共 2 题,每题 5 分,共计 10 分,每题全部答对得 5 分,没有部分分)

1. 9

2. 1008

三、阅读程序写结果(共 4 题,每题 8 分,共计 32 分)

1. 3

2. 3,2

3. It has 18 lowercases

4. Ab

四、完善程序(共计 28 分)

第1题				
(1) 3 分	(2) 3 分	(3) 2.5 分	(4) 2.5 分	(5) 3 分
offset＝4	(offset＋dayNum[i])％7	dayNum[m]	i	(offset＋i)％7

第2题				
(1) 3 分	(2) 3 分	(3) 3 分	(4) 3 分	(5) 2 分
lbound < rbound 或 rbound > lbound	count＝0	x[i] > mid 或 mid < x[i]	count＝count＋1 或 count++或 ++count	rbound＝mid

1.6.3　2015 NOIP 普及组部分试题分析

一、单项选择题

2. 考察计算机常识,全球两大个人计算机处理器厂商:Intel 和 AMD。奔腾、酷睿、赛扬都是 Intel 生产的处理器型号。性能:赛扬(低端)<奔腾(中低端)<酷睿(高端)。

10. 发送电子邮件的协议有 STMP 和 POP3,FTP 是文件传输协议。

11. 排除法。QQ、MSN、微信都是人们熟悉的即时通信软件。P2P(Peer to Peer)是对等网络。

16. 先序遍历是根左右,中序遍历是左根右,要想先序和中序相同,要么是只有根结点,要么是非叶子结点只有右子树。

17. 因为 $2^5-1<61<2^6-1$,所以 h=6。

19. $T(n)=T(n-1)+n=T(0)+1+2+3+\cdots+(n-1)+n=1+n(n+1)/2$。

二、问题求解

1. 9 种,还是组合数学问题,可以用错位排列方法;但本题范围小,也可以使用枚举法。

错位排列:首先考虑只有 1 位数字错位的情况有:$C_4^1\times C_2^1=8$。再看有 2 位数字错位的情况有:$C_4^2=6$。最后看 3 位数字错位,3 位数字错位其实就是 4 位数字全错位的情况,显然只有 1 种情况。4 位数字的全排列:$P_4^4=24$。结果:$24-8-6-1=9$。

枚举法:2143　2341　2413　3142　3412　3421　4123　4312　4321

2. 二叉树叶子结点最多为完全二叉树或满二叉树结构。又因为 $2^{11}-1=2047>2015$,所以叶子结点最多只能是完全二叉树。完全二叉树度为 1 的结点数最多为 1,又有 $n0=n2+1$ & $n1\leq1$,所以叶子结点数为 1008。

三、阅读程序写结果

2. e. c. x=e. a+e. b=1+2=3;e. c. y=e. a＊e. b=1＊2=2。

3. 统计输入字符串中小写字母的个数并输出。这里需要读者熟悉字符串的输入方式:get()、getchar()、getline()等。

4. 考核指针及地址的使用。这里 p1、p2、a、b 都是指针,a=b 只是将 a 指向 b 的地址,(＊a)++是将 a 指向的地址里的内容+1,此时,a 指向 c2 的地址,所以(＊a)++会使得 c2='a'+1='b'。

四、完善程序

1. 打印月历

熟悉该公式的考生应该很容易完成本题,$w=\left(\left(\left(y-1\right)+\left[\dfrac{y-1}{4}\right]-\left[\dfrac{y-1}{100}\right]+\left[\dfrac{y-1}{400}\right]+D\right]\right)\%7$。要打印月历,首先需要知道元旦是星期几,同时需要计算每月 1 日是星期几。

第 1、2 空暂时不管,第 3、4 空相对简单,输出月历应该把本月的每一天均输出一遍,所以第 3 空是 dayNum[m],那么第 4 空就是 i。再分析前两个空,不难发现,offset 是用来控制月历开始时要输出多少的空位,再参照题目给出的第一个月的月历就可以知道 offset 的初值为 4,然后加上小于 m 的每个月的天数再模 7,就是计算第 m 月的 1 日是星期几,由于每行输出 7 日,故最后 1 空应该是满 7 天就要换行,此处要注意不仅是当月的天数,还要加上 offset。

2. 中位数 median

还是二分题,这是一道经典的左闭右闭二分题。从 lbound=mid+1 可以看出[lbound,rbound]这个区间表示答案区间,所以 mid 不符合条件时,lbound 就跳到 mid+1。因此,第 1 空就是 lbound<rbound/rbound>lbound,最后 1 空与之对应 rbound=mid,中间的 3 空其实就是判断 mid 的合法性,如果小于 mid 的数已经超过一半,则 mid 就永远不可能是中位数。

第2章 NOIP提高组(CSP-S)历年试题分析

2.1 2020 CCF提高级(CSP-S)C++语言试题及分析

2.1.1 2020 CCF提高级(CSP-S)试题

一、单项选择题(共15题,每题2分,共计30分;每题有且仅有一个正确选项)

1. 请选出以下最大的数( )。

   A. $(556)_{10}$　　　B. $(777)_8$　　　C. 2^{10}　　　D. $(22F)_{16}$

2. 操作系统的功能是( )。

   A. 负责外设与主机之间的信息交换

   B. 控制和管理计算机系统的各种硬件和软件资源的使用

   C. 负责诊断机器的故障

   D. 将源程序编译成目标程序

3. 现有一段8分钟的视频文件,它的播放速度是每秒24帧图像,每帧图像是一幅分辨率为2048×1024像素的32位真彩色图像。请问要存储这段原始无压缩视频,需要多大的存储空间?( )

   A. 30GB　　　B. 90GB　　　C. 150GB　　　D. 450GB

4. 今有一空栈S,对下列待进栈的数据元素序列a,b,c,d,e,f依次进行:进栈、进栈、出栈、进栈、进栈、出栈的操作,则此操作完成后,栈底元素为( )。

   A. b　　　　B. a　　　　C. d　　　　D. c

5. 将(2,7,10,18)分别存储到某个地址区间为0～10的哈希表中,如果哈希函数h(x)=( ),将不会产生冲突,其中,a mod b表示a除以b的余数。

   A. $x^2 \bmod 11$　　　　　　　　B. $2x \bmod 11$

   C. $x \bmod 11$　　　　　　　　D. $\lfloor x/2 \rfloor \bmod 11$,其中$\lfloor x/2 \rfloor$表示x/2下取整

6. 下列哪些问题不能用贪心法精确求解?( )

   A. 哈夫曼编码　　　　　　　　B. 0-1背包问题

   C. 最小生成树　　　　　　　　D. 单源最短路问题

7. 具有n个顶点,e条边的图采用邻接表存储结构,进行深度优先遍历运算的时间复杂度为( )。

   A. $\Theta(n+e)$　　B. $\Theta(n^2)$　　C. $\Theta(e^2)$　　D. $\Theta(n)$

8. 二分图是指能将顶点划分成两部分,每部分内的顶点间没有边相连的简单无向图。那么,24个顶点的二分图至多有( )条边。

   A. 144　　　B. 19　　　C. 48　　　D. 122

9. 广度优先搜索时,一定需要用到的数据结构是( )。

    A. 栈   B. 二叉树   C. 队列   D. 哈希表

10. 一个班的学生分组做游戏,如果每组 3 人就多两人,每组 5 人就多 3 人,每组 7 人就多 4 人,问这个班的学生人数 n 在以下哪个区间?已知 n<60。( )

    A. 30<n<40   B. 40<n<50   C. 50<n<60   D. 20<n<30

11. 小明想通过走楼梯来锻炼身体,假设从第 1 层走到第 2 层消耗 10 卡热量,接着从第 2 层走到第 3 层消耗 20 卡热量,再从第 3 层走到第 4 层消耗 30 卡热量,以此类推,从第 k 层走到第 k+1 层消耗 10k 卡热量(k>1)。如果小明想从第 1 层开始,通过连续向上爬楼梯消耗 1000 卡热量,至少要爬到第几层楼?( )

    A. 14   B. 16   C. 15   D. 13

12. 表达式 a*(b+c)-d 的后缀表达形式为( )。

    A. abc*+d-   B. -+*abcd   C. abcd*+-   D. abc+*d-

13. 从一个 4×4 的棋盘中选取不在同一行也不在同一列上的两个方格,共有( )种方法。

    A. 68   B. 72   C. 86   D. 64

14. 对一个 n 个顶点、m 条边的带权有向简单图用 Dijkstra 算法计算单源最短路径时,如果不使用堆或其他优先队列进行优化,则其时间复杂度为( )。

    A. $\Theta((m+n^2)\log n)$ B. $\Theta(mn+n^3)$

    C. $\Theta((m+n)\log n)$ D. $\Theta(n^2)$

15. 1948 年,( )将热力学中的熵引入信息通信领域,标志着信息论研究的开端。

    A. 欧拉(Leonhard Euler)   B. 冯·诺依曼(John von Neumann)

    C. 克劳德·香农(Claude Shannon)   D. 图灵(Alan Turing)

二、阅读程序(程序输入不超过数组或字符串定义的范围;判断题正确填√,错误填×;除特殊说明外,判断题每题 1.5 分,单选题每题 3 分,共计 40 分)

1.

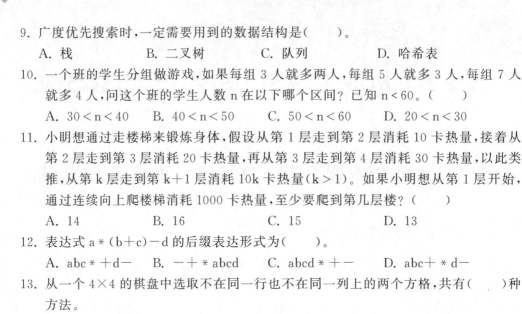

```cpp
01  # include <iostream>
02  using namespace std;
03
04  int n;
05  int d[1000];
06
07  int main(){
08      cin >> n;
09      for (int i = 0;i < n;++i){
10          cin >> d[i]; }
11  int ans = -1;
12  for (int i = 0;i < n;++i){
13      for (int j = 0;j < n;++j)
14          if (d[i] < d[j]){
15          ans = max(ans, d[i] + d[j] - (d[i]&d[j])); }}
16  cout << ans;
17  return 0;
18  }
```

假设输入的 n 和 d[i]都是不超过 10000 的正整数,完成下面的判断题和单选题。

判断题

(1) n 必须小于 1000,否则程序可能会发生运行错误。(   )

(2) 输出一定大于或等于 0。(   )

(3) 若将第 13 行的 j=0 改为 j=i+1,程序输出可能会改变。(   )

(4) 将第 14 行的 d[i]< d[j]改为 d[i]!=d[j],程序输出不会改变。(   )

单选题

(5) 若输入 n 为 100,且输出为 127,则输入的 d[i]中不可能有(   )。

    A. 127   B. 126   C. 128   D. 125

(6) 若输出的数大于 0,则下面说法正确的是(   )。

    A. 若输出为偶数,则输入的 d[i]中最多有两个偶数

    B. 若输出为奇数,则输入的 d[i]中至少有两个奇数

    C. 若输出为偶数,则输入的 d[i]中至少有两个偶数

    D. 若输出为奇数,则输入的 d[i]中最多有两个奇数

2.

```
01    # include < iostream >
02    # include < cstdlib >
03    using namespace std;
04
05    int n;
06    int d[10000];
07
08    int find( int L, int R, int k) {
09        int x = rand( )% (R－L＋1)＋L;
10        swap(d[L], d[x]);
11        int a = L＋1, b = R;
12        while (a < b) {
13            while (a < b && d[a]< d[L]){
14                ++a; }
15            while (a < b && d[b]>= d[L]){
16                -- b; }
17            swap(d[a], d[b]);
18        }
19        if (d[a]< d[L]){
20            ++a; }
21        if (a－L==k){
22            return d[L]; }
23        if (a－L<k){
24            return find(a, R, k-(a-L)); }
25        return find(L＋1, a－13, k);
26    }
27
28    int main(){
29        int k;
30        cin >> n;
31        cin >> k;
32        for (int i = 0; i < n;++i){
```

```
33          cin >> d[i]; }
34      cout << find(0, n - 1, k);
35      return 0;
36  }
```

假设输入的 n 和 k 都是不超过 100 的正整数,且 k 不超过 n,并假设 rand()函数产生的是均匀的随机数,完成下面的判断题和单选题。

判断题

(1) 第 9 行的"×"的数值范围是 L+1～R,即[L+1,R]。(   )

(2) 将第 19 行的"d[a]"改为"d[b]",程序不会发生运行错误。(   )

单选题

(3) (2.5 分)当输入的 d[i]是严格单调递增序列时,第 17 行的 swap()平均执行次数是(   )。

     A. $\Theta(n\log n)$ B. $\Theta(n)$ C. $\Theta(\log n)$ D. $\Theta(n^2)$

(4) (2.5 分)当输入的 d[i]是严格单调递减序列时,第 17 行的 swap()平均执行次数是(   )。

     A. $\Theta(n^2)$ B. $\Theta(n)$ C. $\Theta(n\log n)$ D. $\Theta(\log n)$

(5) (2.5 分)若输入的 d[i]为 i,此程序①平均的时间复杂度和②最坏情况下的时间复杂度分别是(   )。

     A. $\Theta(n)$,$\Theta(n^2)$ B. $\Theta(n)$,$\Theta(n\log n)$

     C. $\Theta(n\log n)$,$\Theta(n^2)$ D. $\Theta(n\log n)$,$\Theta(n\log n)$

(6) (2.5 分)若输入的 d[i]都为同一个数,此程序平均的时间复杂度是(   )。

     A. $\Theta(n)$ B. $\Theta(\log n)$ C. $\Theta(n\log n)$ D. $\Theta(n^2)$

3.

```
01  # include < iostream >
02  # include < queue >
03  using namespace std;
04
05  const int maxl = 20000000;
06
07  class Map {
08  struct item {
09          string key; int value;
10          } d[maxl];
11          int cnt;
12      public:
13      int find(string x) {
14          for (int i = 0; i < cnt; ++i){
15              if (d[i].key == x){
16                  return d[i].value;
17              }
18          }
19          return - 1;
20      }
21      static int end() {return - 1;}
```

```
22        void insert(string k, int v) {
23            d[cnt].key = k;d[cnt++].value = v;
24            }
25    } s[2];
26
27        class Queue {
28            string q[maxl];
29            int head, tail;
30        public:
31            void pop(){++head;}
32            string front(){return q[head + 1];}
33            bool empty(){return head == tail;}
34            void push(string x){q[++tail] = x; }
35        } q[2];
36
37        string st0, st1;
38        int m;
39
40        string LtoR(string s, int L, int R) {
41            string t = s;
42            char tmp = t[L];
43            for (int i = L;i < R;++i)
44            t[i] = t[i + 1];
45            t[R] = tmp;
46            return t;
47        }
48
49        string RtoL(string s, int L, int R) {
50            string t = s;
51            char tmp = t[R];
52            for (int i = R;i > L; -- i){
53                t[i] = t[i - 1]; }
54            t[L] = tmp;
55            return t;
56        }
57
58        bool check(string st , int p, int step) {
59            if (s[p].find(st)! = s[p].end()){
60                return false; }
61            ++step;
62            if (s[p ^ 1].find(st) == s[p].end()){
63                s[p].insert(st, step);}
64            q[p].push(st);
65            return false;
66            }
67            cout << s[p ^ 1].find(st) + step << endl;
68            return true;
69        }
70
71        int main(){
72            cin >> st0 >> st1;
73            int len = st0.length();
74            if (len! = st1.length()){
```

```
75              cout << -1 << endl;
76              return 0;
77          }
78          if (st0 == st1) {
79              cout << 0 << endl;
80              return 0;
81          }
82          cin >> m;
83          s[0].insert(st0, 0);s[1].insert(st1, 0);
84          q[0].push(st0);q[1].push(st1);
85          for ( int p = 0;
86          ! (q[0].empty()&& q[1].empty());
87          p ^ = 1 )){
88          string st = q[p].front();q[p].pop();
89          int step = s[p].find(st);
90          if (( p == 0 &&
91          ( check(LtoR(st, m, len-1), p, step)||
92           check(RtoL(st, 0, m), p, step) ))
93          ||
94          ( p == 1 &&
95          ( check(LtoR(st, 0, m), p, step)||
96          check(RtoL(st, m, len-1), p, step) )))
97              return 0;
98          }
99      cout << -1 << endl;
100         return 0;
101     }
```

判断题

(1) 输出可能为 0。(   )

(2) 若输入的两个字符串长度均为 101,则 m＝0 时的输出与 m＝100 时的输出是一样的。(   )

(3) 若两个字符串的长度均为 n,则最坏情况下,此程序的时间复杂度为 $O(n!)$。(   )

单选题

(4) (2.5 分)若输入的第一个字符串长度由 100 个不同的字符构成,第二个字符串是第一个字符串的倒序,输入的 m 为 0,则输出为(   )。

    A. 49   B. 50   C. 100   D. -1

(5) (4 分)已知当输入为 0123\n3210\n1 时输出为 4,当输入为 012345\n543210\n1 时输出为 14,当输入为 01234567 \n76543210 \n1 时输出为 28,则当输入为 0123456789ab\nba9876543210\n1 时输出为(   )。其中,\n 为换行符。

    A. 56   B. 84   C. 102   D. 68

(6) (4 分)若两个字符串的长度均为 n,且 0＜m＜n-1,且两个字符串的构成相同(即任何一个字符在两个字符串中出现的次数均相同),则下列说法正确的是(   )。

    提示:考虑输入与输出有多少对字符前后顺序不一样。

    A. 若 n、m 均为奇数,则输出可能小于 0

    B. 若 n、m 均为偶数,则输出可能小于 0

C. 若 n 为奇数、m 为偶数,则输出可能小于 0

D. 若 n 为偶数、m 为奇数,则输出可能小于 0

三、完善程序(单选题,每小题 3 分,共计 30 分)

1. (分数背包)小 S 有 n 块蛋糕,编号从 1~n。第 i 块蛋糕的价值是 w,体积是 v。他有一个大小为 B 的盒子来装这些蛋糕,也就是说,装入盒子的蛋糕的体积总和不能超过 B。他打算选择一些蛋糕装入盒子,他希望盒子里装的蛋糕的价值之和尽量大。为了使盒子里的蛋糕价值之和更大,他可以任意切割蛋糕。具体来说,他可以选择一个 $\alpha(0 < \alpha < 1)$,并将一块价值是 w,体积为 v 的蛋糕切割成两块,其中一块的价值是 $\alpha \cdot w$,体积是 $\alpha \cdot v$,另一块的价值是 $(1-\alpha) \cdot w$,体积是 $(1-\alpha) \cdot v$。他可以重复无限次切割操作。

现要求编程输出最大可能的价值,以分数的形式输出,例如,n=3,B=8,3 块蛋糕的价值分别是 4、4、2,体积分别是 5、3、2。那么最优的方案就是将体积为 5 的蛋糕切成两份,一份体积是 3,价值是 4;另一份体积是 2,价值是 1.6,然后把体积是 3 的那部分和后两块蛋糕打包进盒子。最优的价值之和是 8.4,故程序输出 42/5。

输入的数据范围:$1 \leqslant n \leqslant 1000$,$1 \leqslant B \leqslant 10^5$;$1 \leqslant w_i v_i \leqslant 100$。

提示:将所有的蛋糕按照性价比 w/v 从大到小排序后进行贪心选择。试补全程序。

```
01      # include < cstdio >
02      using namespace std;
03
04      const int maxn = 1005;
05
06      int n, B, w[maxn], v[maxn];
07
08      int gcd(int u, int v) {
09          if (v == 0){
10              return u; }
11          return gcd(v, u % v);
12      }
13
14      void print(int w, int v) {
15          int d = gcd(w, v);
16          w = w/d;
17          v = v/d;
18          if (v == 1)
19              printf("% d\n", w);
20          else
21              printf("% d/ % d\n", w, v);
22      }
23      void swap(int &x, int &y) {
24          int t = x; x = y; y = t;
25      }
26
27      int main(){
28          scanf("% d % d", &n, &B);
29          for (int i = 1; i <= n; i ++) {
30              scanf("% d % d", &w[i], &v[i]);
31          }
32          for (int i = 1; i < n; i ++)
```

```
33              for ( int j = 1; j < n; j ++)
34                  if (    ①    ) {
35                      swap(w[j], w[j+1]);
36                      swap(v[j], v[j+1]);
37                  }
38          int curV, curW;
39          if (    ②    ) {
40                  ③
41          } else {
42              print(B * w[1], v[1]);
43              return 0;
44          }
45          for ( int i = 2; i <= n; i ++)
46              if (curV + v[i] <= B) {
47                  curV += v[i];
48                  curW += w[i];
49              } else {
50                  print(    ④    );
51                  return 0;
52              }
53          print(    ⑤    );
54          return 0;
55      }
```

(1) ①处应填(　　)。

A. w[j]/v[j] < w[j+1]/v[j+1]　　　　B. w[j]/v[j] > w[j+1]/v[j+1]

C. v[j] * w[j+1] < v[j+1] * w[j]　　　D. w[j] * v[j+1] < w[j+1] * v[j]

(2) ②处应填(　　)。

A. w[1] <= B　　　B. v[1] <= B　　　C. w[1] >= B　　　D. v[1] >= B

(3) ③处应填(　　)。

A. print(v[1], w[1]); return 0;　　　B. curV = 0; curW = 0;

C. print(w[1], v[1]); return 0;　　　D. curV = v[1]; curW = w[1];

(4) ④处应填(　　)。

A. curW * v[i] + curV[i] * w[i], v[i]

B. (curW − w[i]) * v[i] + (B − curV) * w[i], v[i]

C. curW + v[i], w[i]

D. curW * v[i] + (B − curV) * w[i], v[i]

(5) ⑤处应填(　　)。

A. curW, curV　　　B. curW, 1　　　C. curV, curW　　　D. curV, 1

2. (最优子序列)取 $m=16$，给出长度为 n 的整数序列 $a_1, a_2, \cdots, a_n (0 \leqslant a_i < 2m)$。对于一个二进制数 x，定义其分值 $w(x)$ 为 $x + popcnt(x)$，其中，$popcnt(x)$ 表示 x 二进制表示中 1 的个数。对于一个子序列 $b_1, b_2, \cdots, b_k$，定义其子序列分值 S 为 $w(b_1 \oplus b_2) + w(b_2 \oplus b_3) + W(b_3 \oplus b_4) + \cdots + w(b_{k-1} \oplus b_k)$。其中，$\oplus$ 表示按位异或。对于空子序列，规定其子序列分值为 0。

求一个子序列，使得其子序列分值最大，输出这个最大值。

输入第一行包含一个整数 $n(1 \leqslant n \leqslant 40000)$。接下来一行包含 n 个整数 $a_1, a_2, \cdots, a_n$。

提示：考虑优化朴素的动态规划算法，将前位和后位分开计算，$Max[x][y]$ 表示当前的子序列下一个位置的高 8 位是 x、最后一个位置的低 8 位是 y 时的最大价值。

试补全程序。

```
01   # include < iostream >
02   using namespace std;
03   typedef long long LL;
04   const int MAXN = 40000, M = 16, B = M >> 1, MS = (1 << B) - 1;
05   const LL INF = 1000000000000000LL;
06   LL Max[MS + 4][MS + 4];
07   int w(int x)
08   {
09       int s = x;
10       while (x)
11       {
12           ___①___ ;
13           s++;
14       }
15       return s;
16   }
17
18   void to_max(LL &x, LL y)
19   {
20       if (x < y){
21           x = y;
22       }
23   }
24
25   int main()
26   {
27       int n;
28       LL ans = 0;
29       cin >> n;
30       for (int x = 0; x <= MS; x++){
31           for (int y = 0; y <= MS; y++){
32               Max[x][y] = - INF;
33           }
34       }
35       for (int i = 1; i <= n ; i++)
36       {
37           LL a;
38           cin >> a;
39           int x = ___②___ , y = a&MS;
40           LL v = ___③___ ;
41           for (int z = 0; z <= MS; z++){
42               to_max(v, ___④___ );
43           }
44           for (int z = 0; z <= MS; z++){
45               ___⑤___ ;
46           }
47           to_max(ans , v);
48       }
```

```
49      cout << ans << endl;
50      return 0;
51  }
```

(1) ①处应填(   )。

    A. x >>= 1   B. x^ = x & (x^(x+1))

    C. x−=x|−x   D. x^ = x & (x^(x−1))

(2) ②处应填(   )。

    A. (a & MS) << B   B. a >> B   C. a & (1 << B)   D. a & (Ms << B)

(3) ③处应填(   )。

    A. -INF   B. Max[y][x]   C. 0   D. Max[x][y]

(4) ④处应填(   )。

    A. Max[x][z]+w(y^z)   B. Max[x][z]+w(a^z)

    C. Max[x][z]+w(x^(z<<B))   D. Max[x][z]+w(x^z)

(5) ⑤处应填(   )。

    A. to_max(Max[y][z],v+w(a^(z<<B)))

    B. to_max(Max[z][y],v+w((x^z)<<B))

    C. to_max(Max[z][y],v+w(a^(z<<B)))

    D. to_max(Max[x][z],v+w(y^z))

2.1.2 2020 CCF 提高级(CSP-S)参考答案

一、单项选择题(共 15 题,每题 2 分,共计 30 分)

1	2	3	4	5	6	7	8	9	10	11	12	13	14	15
C	B	B	B	D	B	A	A	C	C	C	D	B	D	C

二、阅读程序(除特殊说明外,判断题每题 1.5 分,单选题每题 3 分,共计 40 分)

第1题	判断题(填√或×)				单选题	
	(1)	(2)	(3)	(4)	(5)	(6)
	×	×	√	√	C	C

第2题	判断题(填√或×)		单选题			
	(1)	(2)	(3)(2.5分)	(4)(2.5分)	(5)(2.5分)	(6)(2.5分)
	×	√	均对	B	A	D

第3题	判断题(填√或×)			单选题		
	(1)	(2)	(3)	(4)(2.5分)	(5)(4分)	(6)(4分)
	√	×	×	D	D	C

三、完善程序(单选题,每小题 3 分,共计 30 分)

第1题					第2题				
(1)	(2)	(3)	(4)	(5)	(1)	(2)	(3)	(4)	(5)
D	B	D	D	B	D	B	C	A	B

2.1.3 2020 CCF 提高级(CSP-S)部分试题分析

一、单项选择题

2. 概念性知识点。操作系统(Operating System,OS)是管理计算机硬件与软件资源的计算机程序。操作系统需要处理如管理与配置内存、决定系统资源供需的优先次序、控制输入设备与输出设备、操作网络与管理文件系统等基本事务。操作系统也提供一个让用户与系统交互的操作界面。

3. 一帧的空间为 $2048 \times 1024 \times 32 \div 8 \div 1024 \div 1024 = 8MB$。$8 \times 60 \times 24 \div 1024 \times 8 = 90GB$。

5. A 选项中各个数为 4、5、1、5;B 选项中各个数为 4、3、9、3;C 选项中各个数为 2、7、10、7;D 选项中各个数为 1、3、5、9。可见只有 D 选项中无冲突。

6. Huffman 算法、Prim 算法、Kruskal 算法、Dijkstra 算法等均为贪心算法。

7. 每个点每一条边均需要遍历一次,所以选 $\Theta(n+e)$。

8. 考虑最大情况,两边顶点个数都为 12,即 $12^2 = 144$。

11. 设爬到 x 层,则 $10 \times (1+2+3+\cdots+x-1) \geqslant 1000$,$x=15$。

15. 克劳德·艾尔伍德·香农(Claude Elwood Shannon)是美国数学家、信息论的创始人,1941 年进入贝尔实验室工作。香农提出了信息熵的概念,为信息论和数字通信奠定了基础。

二、阅读程序

1. 程序不难,其核心的功能在第 15 行的语句上,找出两个数的和与其按位与的差的最大值。这里分清楚"&"与"&&"的差别就可以。

(1) 代码下标从 0 开始,若 n=1000,程序不会运行错误。

(2) 因为 ans 初值为 -1,当所有 d[i] 相同时,第 14 行条件永远不成立,ans 不会改变。

(3) 当只枚举 i 后面的数时会少枚举在 i 之前的比 i 大的数,例如一个降序排列序列,d[i]<d[j] 永远不成立,输出变为 -1,而实际上问题是有解的。

(4) 改完后,d[i]>d[j] 的情况也会执行,只是多执行了一遍计算而已,但是对 ans 结果没影响。

(5) 因为 $0 \leqslant d[i] \& d[j] \leqslant \min(d[i],d[j])$,当 d[i]=d[j] 时,d[i] & d[j]=d[i],所以如果输出是 127,即 $d[i]+d[j]- d[i] \& d[j] \leqslant 127$,$\max(d[i],d[j]) \leqslant 127$。

(6) 用奇偶性判断。首先 A 选项和 D 选项明显不对。如果两个数为偶数,相与完还是偶数。如果两个数一奇一偶,相与完是偶数。如果两个数为奇数,相与完还是奇数。所以,若结果为奇数,偶+奇-(偶 & 奇)=奇,奇+奇-(奇 & 奇)=奇。所以 B 选项不对。再看 C 选项,偶+偶-(偶 & 偶)=偶。

2. 题目的意思是要用快排的思想找前 k 小数。

(1) 快排查找的范围为 [L,R],第 9 行代码随机生成区间范围内轴值的位置,第 10 行就是先把轴值换到最左边即 swap(d[1],d[x]),并将 a,b 设为左右指针。

(2) 第 19 行 d[a] 换成 d[b] 不会改变前面的划分,因为 while 循环结束 a<b 的条件不成立,所以此时有两种可能:a=b 或 a>b。若 a=b,显然 d[a]=d[b],不会发生错误。再

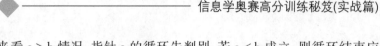

来看 a>b 情况,指针 a 的循环先判别,若 a<b 成立,则循环结束应该是 d[a]>=d[L];若一开始或循环过程中发生 a=b,则指针 a 的循环就会停止,故 a>b 其实是不会发生的。指针 b 循环后判别,所以对指针 b 的循环来说,a>b 的情况应该也不会发生,所以指针 b 一定会停在 a=b 的位置上。所以,d[a] 改 d[b] 不会发生程序运行错误。

(3) 按照程序的说明及假设,问题规模 n,k 不超过 n,d[i] 等均为 10000 以内的正整数即均为常规数,且 rand() 产生的是均匀随机数,d[i] 严格单调递增。依据快速排序算法,对问题规模为 n 的数据进行排序,其递归的深度为 log n,时间复杂度为 $\Theta(n \log n)$,由于 d[i] 是严格递增的,所以每次递归 swap 语句只执行一次,即递归深度即为 swap 语句执行的次数。此外,本算法的递归次数又是多少呢?查找前 k 小数,每次只需对划分的局部(左边或右边)数据进行再度划分即可,也就是说,算法的递归次数与递归深度相同,也是 log n,故本题的正确答案应该是 $\Theta(\log n * \log n)$,即 $\Theta((\log n)^2)$。

另外,本题的问题规模也是逐次缩小的,均匀随机可理解为每次将问题规模也缩小一半。由于本题无正确选项,所以就变成是送分题。

(4) 当输入的 d[i] 为严格单调递减时,rand() 均匀随机时,即 d[a]<d[L]、d[b]>=d[L] 每次都是一开始就满足,即 a、b 每前进一步就需要执行一次 swap(d[a],d[b]),故第 1 次划分需交换次数为 n/2,因此 T(n)=n/2+n/4+n/8+…=n/2(1+1/2+1/4+…)≤n,故平均交换次数为 $\Theta(n)$。

(5) 每一个区间期望选择的是中点,那么算法比较次数就是 T(n)=(n+n/2+n/4+n/8+…)=n×(1+1/2+1/4+1/8+…)≤2n,所以平均时间复杂度为 $\Theta(n)$。最坏情况显然是随机划分极度不均衡,即 T(n)=(n+n-1+n-2+n-3+…)=n×(n+1)/2,故有最坏情况下时间复杂度为 $\Theta(n^2)$ 的。

第(5)问的疑点在于输入 d[i]=i,如此一来,又成为严格单调递增的问题,不知道这个条件的用意是否画蛇添足。

(6) 若输入 d[i] 均相同,则每次划分就是极度不均衡划分,故时间复杂度为 $\Theta(n^2)$。

3. 第三个程序有些奇怪,共 101 行代码,还涉及面向对象程序设计,这是第一次出现了 C++中的类 class,既然出现 class,自然也就需要明白 public,private,static 等,考生至少要明白大意才能顺利解答本题。public 表示公共对外接口,程序中定义了两个对象 s[2] 和 q[2],对象中的操作需通过对象名的引用来实现。private 在程序中没出现,其代表私有的,即作用域在其对象内部。static 表示静态,也可以理解为不变的、不可更改的。此外,本题还涉及按位异或操作(^),尽管比较简单,但也需要明白其功能及用法才行。程序中有 p^=1,那么 p 就会从 0 或 1 进行变换,相同得 0,不同得 1。

题目的功能就是给一个 m 为中间点和一个起始串与一个目标串,有两个基本操作。LtoR:将起始串的[0,m]位循环右移。RtoL:将起始串的[m,len-1]位循环左移。求从起始串转换成目标串的最少操作次数,采用双向广搜。很显然,若起始串与目标串长度不等,问题无解,输出-1;若起始串与目标串相等,操作次数为 0。

(1) 从 main() 中不难发现,若 st0=st1,则第 79 行会输出一个 0。

(2) 若输入的两个字符串长度均为 101 时,由于一个是循环左移,另一个则是循环右移,则 m=0 时的输出与 m=100 时的输出可能是不一样的。

(3) 最坏情况下复杂度应该为 $\Theta(n! \times n!)$。算法的时间复杂度精确分析相当困难,

main()中的循环看似很简单,但其循环中的调用关系相当复杂:main()中的 for 循环→check()→LtoR()或 RtoL()→ find()→insert()等。

(4)人工模拟一下可知,m 为 0 时输出为−1,两个倒序的字符串无论如何通过上述操作都不能互相转换,故选 D。

(5)方法一:构造一个比较简单的耗费 $\Theta(n^2)$ 步的操作序列,于是可以猜想当 n 足够大时答案为关于 n 的二次多项式,用给出的 3 个值进行插值即可得到答案为 68。发现字符串长度为 4 时答案为 4,长度为 6 时答案为 14,长度为 8 时答案为 28,差分别为 10、14。于是猜测接下来的两个差分别为 18、22,于是长度为 12 时答案为 28+18+22=68。

方法二:观察可知,此耗费非简单线性关系,则可假设如下关系式。

$$ans=a \times n^b+c$$

将已知数代入可得方程组:

$$\begin{cases} 4=a \times 4^b+c \\ 14=a \times 6^b+c \\ 28=a \times 8^b+c \end{cases}$$

解方程组可得:$\begin{cases} a=1/2 \\ b=2 \\ c=-4 \end{cases}$

故有:$ans=n^2/2-4$

$ans=144/2-4=68$

(6)输出小于 0 就是问题无解。C 中,凑偶数,就有可能无法凑成奇数。

假设现在第 m 个位置的数在[0,m−1]有 x 个比它小的数,那么就有 m−x 个不比它小的数,这样假如它旋到了第 0 个位置,原来 x 个比它小的数就成为逆序数,相反的就称为非逆序数,即逆序对数的变化为 2x−m 个。同样,如果它旋到了第 n−1 个位置,假设[m+1,n−1]中有 y 个比它小的数,那么比它大的数有 n−1−m−y 个,那么逆序对的变化为 n−1−m−2y 个。由上述分析可知,2x−m 与 m+2y 的奇偶性一致。假如 n 是奇数,m 是偶数,发现 m−2x 与 n−1−m−2x 都是偶数,那么该序列逆序对个数的奇偶性永远不会改变。这时只需要让目标串与起始串的逆序对个数奇偶性不一样就可以输出−1。

三、完善程序

1. 分数背包

背包问题是一个经典的问题。此处的分数背包程序用的是贪心算法,由于数组 w[]、v[]均定义为整数,所以性价比排序依据不能用 w[i]/v[i]直接相除,相除容易产生误差,故要用交叉相乘后进行比较。

(1)按照提示排序,但是因为不是 double,所以要转换为乘法。选 D。

(2)第 1 个是性价比最高的,所以 v[1]≤B 时,v[1]全选,无须切割。选 B。

(3)下面的 for 循环是从 2 开始的,已经判断过,第 1 件物品全部都要。故此处应有 curV=v[1];curW=w[1]。

(4)curV+v[i]>B 时,v[i]这个物品只能被分成 B−curV 个单位体积。此时 $\alpha = \dfrac{B-curV}{V[i]}$,

$$ans = curW + \alpha \times w[i] = curW + \frac{(B - curV) \times w[i]}{v[i]} = \frac{curW \times v[i] + (B - curV) \times w[i]}{v[i]}$$

$(B - curV)$ 的目的是求这块蛋糕切成几份。$curW \times v[i]$ 是使这部分已经求好的整块蛋糕的价值和,即分子和分母一起扩大。最后结果不受分母影响。选 D。

(5) 循环结束后没有任何蛋糕再被切掉。$curV = B$,$curW$ 为价值最大值,所以分母为 1。选 B。

2. 最优子序列

经典的平衡规划问题。平衡规划的基本思想就是将原数分为前半部分和后半部分,即前后各 m/2 的分治策略,用动态规划的基本方法求解某数据二进制表示中 1 的个数。程序初值 B = 8,MS = 15。设 f[x][y] 表示当前新加入的数高 8 位为 x,以之前某一个后 8 位为 y 的数为序列结尾的最大价值。先转移:$v = \max \{f[x][z] + w(y\hat{\ }z)\}$,初值当然为 0。更新:用 $v + (w(x\hat{\ }z) << 8)$ 去更新 f[z][y]。

(1) 手动模拟一下可以发现,$x\hat{\ } = x \& (x\hat{\ }(x - 1))$ 就是 lowbit,选 D。

(2) 根据题目中 x 的定义,x 应为 a 的高 B(8) 位的数,选 x = a >> 8。

(3) 此时 Max 并未赋值。空串的值为 0。

(4) 根据 Max[x][z] 可得,这次是在变换 y。而 $y\hat{\ }z$ 就是补充 z 剩下的 1 的贡献。选 A。

(5) 易得,这次是固定 y,变换 x。故排除 A 和 D。变换 x 值也时时更新。和上一题一样,$x\hat{\ }z$ 是补充 z 剩下的 1 的贡献。再回题目看概念,下一个位置的高 8 位是 x。所以,x 需要恢复到高位的贡献,再与 v 相加。选 B。

2.2 2019 CCF 提高级(CSP-S)C++语言试题 A 卷及解析

2.2.1 2019 CCF 提高级(CSP-S)试题

一、单项选择题(共 15 题,每题 2 分,共计 30 分;每题有且仅有一个正确选项)

1. 若有定义:int a = 7; float x = 2.5, y = 4.7; 则表达式 x + a%3 * (int)(x + y)%2 的值是(　　)。

　　A. 0.000000　　　　B. 2.750000　　　　C. 2.500000　　　　D. 3.500000

2. 下列属于图像文件格式的有(　　)。

　　A. WMV　　　　　B. MPEG　　　　　C. JPEG　　　　　D. AVI

3. 二进制数 11 1011 1001 0111 和 01 0110 1110 1011 进行逻辑或运算的结果是(　　)。

　　A. 11 1111 1111 1101　　　　　　　B. 11 1111 1111 1101

　　C. 10 1111 1111 1111　　　　　　　D. 11 1111 1111 1111

4. 编译器的功能是(　　)。

　　A. 将源程序重新组合

　　B. 将一种语言(通常是高级语言)翻译成另一种语言(通常是低级语言)

　　C. 将低级语言翻译成高级语言

D. 将一种编程语言翻译成自然语言

5. 设变量 x 为 float 型且已赋值,则以下语句中能将 x 中的数值保留到小数点后两位,并将第三位四舍五入的是( )。

A. X=(x * 100+0.5)/100.0;　　　　　　B. x=(int)(x * 100+0.5)/100.0;

C. x=(x/100+0.5) * 100.0;　　　　　　D. x=x * 100+0.5/100.0;

6. 由数字 1,1,2,4,8,8 所组成的不同的 4 位数的个数是( )。

A. 104　　　　　　B. 102　　　　　　C. 98　　　　　　D. 100

7. 排序的算法很多,若按排序的稳定性和不稳定性分类,则( )是不稳定排序。

A. 冒泡排序　　　　B. 直接插入排序　　　　C. 快速排序　　　　D. 归并排序

8. G 是一个非连通无向图(没有重边和自环),共有 28 条边,则该图至少有( )个顶点。

A. 10　　　　　　B. 9　　　　　　C. 11　　　　　　D. 8

9. 一些数字可以颠倒过来看,例如 0、1、8 颠倒过来看还是本身,6 颠倒过来是 9,9 颠倒过来看还是 6,其他数字颠倒过来都不构成数字。类似地,一些多位数也可以颠倒过来看,例如 106 颠倒过来是 901。假设某个城市的车牌只有 5 位数字,每一位都可以取 0~9。请问这个城市有多少个车牌倒过来恰好还是原来的车牌,并且车牌上的 5 位数能被 3 整除?( )

A. 40　　　　　　B. 25　　　　　　C. 30　　　　　　D. 20

10. 一次期末考试,某班有 15 人数学得满分,有 12 人语文得满分,并且有 4 人语、数都是满分,那么这个班至少有一门得满分的同学有多少人?( )

A. 23　　　　　　B. 21　　　　　　C. 20　　　　　　D. 22

11. 设 A 和 B 是两个长为 n 的有序数组,现在需要将 A 和 B 合并成一个排好序的数组,请问任何以元素比较作为基本运算的归并算法,在最坏情况下至少要做多少次比较?( )

A. n^2　　　　　　B. n log n　　　　　　C. 2n　　　　　　D. 2n-1

12. 以下哪个结构可以用来存储图?( )

A. 栈　　　　　　B. 二叉树　　　　　　C. 队列　　　　　　D. 邻接矩阵

13. 以下哪些算法不属于贪心算法?( )

A. Dijkstra 算法　　B. Floyd 算法　　C. Prim 算法　　D. Kruskal 算法

14. 有一个等比数列,共有奇数项,其中第一项和最后一项分别是 2 和 118098,中间一项是 486,请问以下哪个数是可能的公比?( )

A. 5　　　　　　B. 3　　　　　　C. 4　　　　　　D. 2

15. 由正实数构成的数字三角形排列形式如图 2-1 所示。第一行的数为 a(1,1),第二行的数为 a(2,1),a(2,2),第 n 行的数为 a(n,1),a(n,2),…,a(n,n)。从 a(1,1) 开始,每一行的数 a(i,j) 只有两条边可以分别通向下一行的两个数 a(i+1,j) 和 a(i+1,j+1)。用动态规划算法找出一条从 a(1,1) 向下通到 a(n,1),a(n,2),…,a(n,n) 中某个数的路径,使得该路径上的数之和最大。

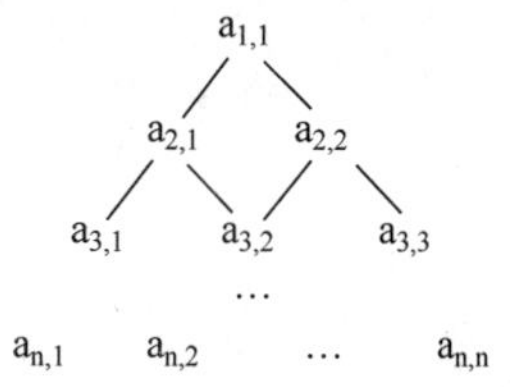

图 2-1

令 C[i][j]是从 a(1,1)到 a(i,j)的路径上的数的最大和,并且 C[i][0]＝ C[0][j]＝0,则 C[i][j]＝(　　)。

A. max{C[i−1][j−1],C[i−1][j]}＋a(i,j)

B. C[i−1][j−1]＋C[i−1][j]

C. max{C[i−1][j−1],C[i−1][j]}＋1

D. max{C[i][j−1],C[i−1][j]}＋a(i,j)

二、阅读程序(程序输入不超过数组或字符串定义的范围;判断题正确填√,错误填×;除特殊说明外,判断题 1.5 分,单选题 3 分,共计 40 分)

1.

```
01    # include < cstdio >
02    using namespace std;
03    int n;
04    int a[100];
05
06    int main(){
07        scanf(" % d", &n);
08        for (int i = 1;i < = n;++i){
09            scanf(" % d", &a[i]);}
10        int ans = 1;
11        for (int i = 1;i < = n;++i){
12            if (i > 1 && a[i] < a[i − 1]){
13                ans = i; }
14        while (ans < n && a[i] > = a[ans + 1]){
15            ++ans; }
16        printf(" % d\n", ans);
17        }
18        return 0;
19    }
```

判断题

(1) (1 分)第 16 行输出 ans 时,ans 的值一定大于 i。(　　)

(2) (1 分)程序输出的 ans 小于或等于 n。(　　)

(3) 若将第 12 行的"<"改为"!=",程序输出的结果不会改变。(　　)

(4) 当程序执行到第 16 行时,若 ans−i > 2,则 a[i+1] ≤ a[i]。(　　)

单选题

(5) 若输入的 a 数组是一个严格单调递增的数列,此程序的时间复杂度为(　　)。

A. $O(\log n)$　　　　B. $O(n^2)$　　　　C. $O(n\log n)$　　　　D. $O(n)$

(6) 最坏情况下,此程序的时间复杂度是(　　)。

A. $O(n^2)$　　　　B. $O(\log n)$　　　　C. $O(n)$　　　　D. $O(n\log n)$

2.

```
01    # include < iostream >
02    using namespace std;
03
04    const int maxn = 1000;
```

```
05    int n;
06    int fa[maxn], cnt[maxn];
07
08    int getRoot(int v){
09        if (fa[v] == v)return v;{
10            return getRoot(fa[v]); }
11    }
12
13    int main(){
14        cin >> n;
15        for (int i = 0;i < n;++i){
16            fa[i] = i;
17            cnt[i] = 1;
18        }
19        int ans = 0;
20        for (int i = 0;i < n−1;++i){
21            int a, b, x, y;
22            cin >> a >> b;
23            x = getRoot(a);
24            y = getRoot(b);
25            ans += cnt[x] * cnt[y];
26            fa[x] = y;
27            cnt[y] += cnt[x];
28        }
29        cout << ans << endl;
30        return 0;
31    }
```

判断题

(1) (1分)输入的 a 和 b 值应在[0,n−1]范围内。(   )

(2) (1分)第 16 行改成"fa[i]＝0;",不影响程序运行结果。(   )

(3) 若输入的 a 和 b 值均在[0,n−1]范围内,则对于任意 0≤i<n,都有 0≤fa[i]<n。(   )

(4) 若输入的 a 和 b 值均在[0,n−1]范围内,则对于任意 0≤i<n 都有 1≤cnt[i]≤n。(   )

单选题

(5) 当 n＝50 时,若 a、b 的值都在[0,49]范围内,且在第 25 行时 x 总是不等于 y,那么输出为(   )。

　　A. 1276　　　　　B. 1176　　　　　C. 1225　　　　　D. 1250

(6) 此程序的时间复杂度是(   )。

　　A. $O(n)$　　　　B. $O(\log n)$　　　　C. $O(n^2)$　　　　D. $O(n\log n)$

3. t 是 s 的子序列的意思是:从 s 中删去若干个字符,可以得到 t;特别的,如果 s＝t, 那么 t 也是 s 的子序列;空串是任何串的子序列。例如,"acd"是"abcde"的子序列,"acd" 是"acd"的子序列,但"adc"不是"abcde"的子序列。

s[x..y]表示 s[x]…s[y] 共 y−x+1 个字符构成的字符串,若 x > y,则 s[x..y]是空 串。t[x..y]同理。

```
01    ♯ include < iostream >
02    ♯ include < string >
03    using namespace std;
04    const int max1 = 202;
05    string s, t;
06    int pre[max1], suf[max1];
07
08    int main(){
09        cin >> s >> t;
10        int slen = s.length(), tlen = t.length();
11        for (int i = 0, j = 0;i < slen;++i){
12            if (j < tlen && s[i] == t[j])++j;{
13                pre[i] = j; }              // t[0..j-1] 是 s[0..i] 的子序列
14        }
15        for (int i = slen - 1 , j = tlen - 1;i >= 0; -- i){
16            if (j >= 0 && s[i] == t[j]){ -- j;}
17            suf[i] = j;                    // t[j+1..tlen-1] 是 s[i..slen-1] 的子序列
18        }
19        suf[slen] = tlen - 1;
20        int ans = 0;
21        for (int i = 0, j = 0, tmp = 0;i <= slen;++i){
22            while (j <= slen && tmp >= suf[j] + 1)++j;{
23                ans = max(ans, j - i - 1); }
24            tmp = pre[i];
25        }
26        cout << ans << endl;
27        return 0;
28    }
```

提示：t[0..pre[i]-1]是s[0..i]的子序列；t[suf[i]+1..tlen-1]是s[i..slen-1]的子序列。

判断题

(1)(1分)程序输出时,suf数组满足：对任意0≤i<slen,suf[i]≤suf[i+1]。(   )

(2)(2分)当t是s的子序列时,输出一定不为0。(   )

(3)(2分)程序运行到第23行时,"j-i-1"一定不小于0。(   )

(4)(2分)当t是s的子序列时,pre数组和suf数组满足：对任意0≤i<slen,pre[i]>suf[i+1]+1。(   )

单选题

(5)若tlen=10,输出为0,则slen最小为(   )。

A. 10   B. 12   C. 0   D. 1

(6)若tlen=10,输出为2,则slen最小为(   )。

A. 0   B. 10   C. 12   D. 1

三、完善程序(单选题,每小题3分,共计30分)

1.(**匠人的自我修养**)一个匠人决定要学习n个新技术。要想成功学习一个新技术,他不仅要拥有一定的经验值,而且还必须要先学会若干个相关的技术。学会一个新技术之后,他的经验值会增加一个对应的值。给定每个技术的学习条件和习得后获得的经验值,给定他已有的经验值,请问他最多能学会多少个新技术?

输入第一行有两个数,分别为新技术个数 n($1 \leqslant n \leqslant 10^3$),以及已有经验值($\leqslant 10^7$)。

接下来 n 行,第 i 行的两个正整数,分别表示学习第 i 个技术所需的最低经验值($\leqslant 10^7$),以及学会第 i 个技术后可获得的经验值($\leqslant 10^7$)。

接下来 n 行,第 i 行的第一个数 m_i($0 \leqslant m_i < n$),表示第 i 个技术的相关技术数量。接着 m 个两两不同的数,表示第 i 个技术的相关技术编号。

输出最多能学会的新技术个数。

下面的程序以 $O(n^2)$ 的时间复杂度完成这个问题,试补全程序。

```
01    # include < cstdio >
02    using namespace std;
03    const int maxn = 1001;
04
05    int n;
06    int cnt[maxn];
07    int child [maxn][maxn];
08    int unlock[maxn];
09    int threshold[maxn], bonus[maxn];
10    int points;
11
12    bool find(){
13        int target = − 1;
14        for (int i = 1;i < = n;++i){
15            if (   ①   &&   ②   ){
16                target = i;
17                break; }
18        }
19        if (target == − 1){
20            return false; }
21        unlock[target] = − 1;
22            ③
23        for (int i = 0;i < cnt[target];++i){
24            ④   }
25        return true;
26    }
27
28    int main(){
29        scanf("% d % d", &n, &points);
30        for (int i = 1;i < = n;++i){
31            cnt[i] = 0;
32            scanf("% d % d", &threshold[i], &bonus[i]);
33        }
34        for (int i = 1;i < = n;++i){
35            int m;
36            scanf("% d", &m);
37            ⑤
38            for (int j = 0;j < m;++j){
39                int fa;
40                scanf("% d", &fa);
41                child[fa][cnt[fa]] = i;
42                ++cnt[fa];
43            }
```

```
44        }
45        int ans = 0;
46        while (find()){
47            ++ans; }
48        printf("% d\n", ans);
49        return 0;
50    }
```

(1) ①处应填（   ）。

    A. unlock[i]<=0   B. unlock[i]>=0

    C. unlock[i]==0   D. unlock[i]==−1

(2) ②处应填（   ）。

    A. threshold[i]>points   B. threshold[i]>=points

    C. points>threshold[i]   D. points>=threshold[i]

(3) ③处应填（   ）。

    A. target=−1   B. --cnt[target]

    C. bonus[target]=0   D. points+=bonus[target]

(4) ④处应填（   ）。

    A. cnt[child[target][i]]−=1   B. cnt[child[target][i]]=0

    C. unlock[child[target][i]]−=1   D. unlock[child[target][i]]=0

(5) ⑤处应填（   ）。

    A. unlock[i]=cnt[i]   B. unlock[i]=m

    C. unlock[i]=0   D. unlock[i]=−1

2.（**取石子**）Alice 和 Bob 两个人在玩取石子游戏。他们制定了 n 条取石子的规则，第 i 条规则为：如果剩余石子的个数大于或等于 $a[i]$ 且大于或等于 $b[i]$，那么他们可以取走 $b[i]$ 个石子。他们轮流取石子。如果轮到某个人取石子，而他无法按照任何规则取走石子，那么他就输了。一开始有 m 个石子。请问先取石子的人是否有必胜的方法？

输入第一行有两个正整数，分别为规则个数 $n(1 \leqslant n \leqslant 64)$，以及石子个数 $m(\leqslant 10^7)$。

接下来 n 行，第 i 行有两个正整数 $a[i]$ 和 $b[i]$（$1 \leqslant a[i] \leqslant 10^7$，$1 \leqslant b[i] \leqslant 64$）。

如果先取石子的人必胜，那么输出"Win"，否则输出"Loss"。

提示：

使用动态规划可以解决这个问题。由于 $b[i]$ 不超过 64，所以可以使用 64 位无符号整数去压缩必要的状态。

status 是胜负状态的二进制压缩，trans 是状态转移的二进制压缩。

试补全程序。

代码说明：

"∼"表示二进制补码运算符，它将每个二进制位的 0 变为 1、1 变为 0。

而"^"表示二进制异或运算符，它将两个参与运算的数中的每个对应的二进制位一一进行比较，若两个二进制位相同，则运算结果的对应二进制位为 0，反之为 1。

ull 标识符表示它前面的数字是 unsigned long long 类型。

```
01    # include < cstdio >
02    # include < algorithm >
03    using namespace std;
04    const int maxn = 64;
05    int n, m;
06    int a[maxn], b[maxn];
07    unsigned long long status, trans;
08    bool win;
09    int main(){
10        scanf("% d % d", &n, &m);
11        for (int i = 0; i < n; ++i){
12            scanf("% d % d", &a[i], &b[i]); }
13        for (int i = 0; i < n; ++i){
14            for (int j = i + 1; j < n; ++j)
15                if (a[i] > a[j]){
16                    swap(a[i], a[j]);
17                    swap(b[i], b[j]); }
18        }
19        status = ____①____ ;
20        trans = 0;
21        for (int i = 1, j = 0; i < = m; ++i) {
22            while (j < n &&  ___②___ ) {
23                 ___③___ ;
24                ++j;
25            }
26            win = ___④___ ;
27             ___⑤___ ;
28        }
29
30        puts(win?"Win":"Loss");
31
32        return 0;
33    }
```

（1）①处应填（　　）。

　　A. 0　　　　　　　B. ~0ull　　　　C. ~0ull^1　　　D. 1

（2）②处应填（　　）。

　　A. a[j] < i　　　　B. a[j] == i　　C. a[j] ! = i　　　D. a[j] > 1

（3）③处应填（　　）。

　　A. trans |= 1ull << (b[j] − 1)　　　B. status |= 1ull << (b[j] − 1)

　　C. status += 1ull << (b[j] − 1)　　　D. trans += 1ull << (b[j] − 1)

（4）④处应填（　　）。

　　A. ~status | trans　　　　　　　　B. status & trans

　　C. status | trans　　　　　　　　　D. ~status & trans

（5）⑤处应填（　　）。

　　A. trans = status | trans ^ win　　　B. status = trans >> 1 ^ win

　　C. trans = status ^ trans | win　　　D. status = status << 1 ^ win

2.2.2　2019 CCF 提高级(CSP-S)参考答案

一、单项选择题(共 15 题,每题 2 分,共计 30 分)

1	2	3	4	5	6	7	8	9	10	11	12	13	14	15
D	C	D	B	B	B	C	B	B	A	D	D	B	B	A

二、阅读程序(除特殊说明外,判断题每题 1.5 分,单选题每题 3 分,共计 40 分)

	判断题(填√或×)				单选题	
第 1 题	(1)	(2)	(3)	(4)	(5)	(6)
	×	√	√	√	D	A

	判断题(填√或×)				单选题	
第 2 题	(1)	(2)	(3)	(4)	(5)	(6)
	√	×	√	×	C	C

	判断题(填√或×)				单选题	
第 3 题	(1)	(2)	(3)	(4)	(5)	(6)
	√	×	×	×	D	C

三、完善程序(单选题,每小题 3 分,共计 30 分)

第 1 题					第 2 题				
(1)	(2)	(3)	(4)	(5)	(1)	(2)	(3)	(4)	(5)
C	D	D	C	B	C	B	A	D	D

2.2.3　2019 CCF 提高级(CSP-S)部分试题解析

一、单项选择题

1. 基础,考察数据类型和算术优先级。

2. 计算机基础知识,其他 3 个是视频格式。

3. 位运算基本知识,两位上有一位为 1 的时候结果就为 1。$0|0=0$；$1|0=1$；$0|1=1$；$1|1=1$。

4. 编译器是将高级语言(如 C++)编译成计算机能够理解的二进制 0 和 1(机器语言、低级语言)。

5. 主要考察强制类型转换,加 0.5 再转为 int 是四舍五入常用操作。

6. 排列组合问题,也可以用穷举算。

若由 4 种不同数字即 1、2、4、8 有 A(4,4)＝24 种；若有且只有两个数一样,共有 1124、1128、1148、1288、1488、2488 六类,共 6×A(4,4)/A(2,2)＝72 种；若 1、1、8、8 组合有 A(4,4)/(A(2,2)×2)＝6 种。

7. 排序的稳定性特点是排序完成后,之前相同的元素排序不会改变。快速排序在排序时在交换中间元素时可能会打乱顺序。如 3、1、1、2、1、6、7、8、9,在一开始 3 与中间的 1 交换后,稳定性已被打破。

8. 要求最小的点就是要尽可能占用边,n 个点的完全无向图最多占用 n×(n＋1)/2 条边,n＝8 的时候是 8×7/2＝28,意味着 8 个顶点最多有 28 条边。由于题目是求非连通图,

则再加上单独第 9 个点。

9. 第 1、2 位有(0、1、8、6、9)五个数字,第 3 位有(0、1、8)三个数字,第 4、5 位由第 1、2 位决定。由于 0,1,8 模 3 正好余 0,1,2,所以其他位确定则第 3 位自然确定,共 $5 \times 5 =$ 25 种。

10. 容斥原理,至少一门满分人数=数学满分+语文满分-语文数学满分=15+12-4=23。

11. 两个数组从小到大依次比较,哪边小哪边入数组,当某一数组全部计入结果数组后,剩下的也依次进入。最好的情况是数组 A 中的所有数都比数组 B 第一个数小,只要比较 n 次。最坏情况是全部比较完,最后 A、B 只剩最后一个数比较,总比较次数就是 2n-1。

12. 数据结构基础。

13. Floyd 算法枚举了全部情况自然不是贪心,其他算法均有取最小值。

14. 直接代入看是否整除可以快速求得答案。可令公比为 q,$2 \times q^{(2n-2)} = 118098$,得 $q^{(n-1)} = 243$,4 个选项中只有 3 是 243 的约数。

15. 每个点只能从上方两个点过来,自然取最大的加 a(i,j)。

二、阅读程序

1. 基础模拟题。观察第 12 行的 if 判断,如 a[i]比前一位小,则从 i 开始,否则从上次位置开始。第 14 行 while 循环找 ans 即为向后找第一个大于 a[i]的数。第 12 行的判断的意思是,如果后项(a[i])小于前项(a[i-1]),则重新开始,否则从上项(ans)开始移动。

整个程序的含义是找每个 a[i]后第一个大于 a[i]的位置。

(1)解析:错。如果第 12 行 if 成立,第 14 行 while 就不成立,则第 16 行 ans==i。

(2)解析:对。ans=i<=n,当(ans<n && a[i] >= a[ans+1])时 ans 才会自增,所以 ans<n 一定成立。

(3)解析:对。改成!=,无非是多了一些无用的比较,最后结果不变。其实第 12 行直接删掉,结果也不会变,只是速度变慢而已。

(4)解析:对。第 14 行,由于 a[ans]是第一个大于 a[i]的值,所以 a[i+1]..a[ans-1]都不超过 a[i],结论成立。

(5)解析:选 D。单调增,则第 12 行 if 不会成立,也就是 ans 只增不减,所以复杂度为 O(n)。

(6)解析:选 A。最坏情况下,第 12 行 if 总是成立(a 单调降),此时第 14 行也会一直运行到 ans=n,复杂度为 $1+2+\cdots+n=O(n^2)$。

2. 本题属于并查集题。每次合并两个集合,同时统计合并产生的分数。所以 fa[]指的是所在集合,cnt[]指的是集合大小。

(1)解析:对。从初始化看,下标范围为 0~n-1,所以合并范围也在此范围内。

(2)解析:错。findRoot 里用到 fa[v]==v 表示集合的代表元素。改成 0,一开始它们都被加入同一个集合了,会影响整个程序的功能。

(3)解析:对。fa[i]表示 i 同组的父亲节点编号,若 fa[i]==i,则表示 i 节点为该集合的代表元素。因此下标一定在 0~n-1 范围内。

(4)解析:错。按理说集合大小不可能超过 n 的。但是如果 a 和 b 所在的集合是同一个,那就是同一个集合合并两次。所以有可能会大于 n。

(5)解析:选 C。每两次合并 x 和 y 都不同,表示每次都是单独一个去和整体合并。此时 cnt[y]增加 cnt[x]的值,也就是加 1。1 * 1+1 * 2+…+1 * 49=50 * 49/2=1225。

（6）解析：选 C。并查集 getRoot 函数没有路径压缩，合并会形成一条链，单次查找最坏为 O(n)。总时间复杂度为：O(n²)。

3. 本题属于字符串处理题。求 s 中连续删除至多几个字母后 t 仍然是 s 的子序列。

（1）解析：对。suf[i]是满足 t[suf[i]+1..tlen-1]为 s[i..slen-1]子序列的最小值，那么 t[suf[i+1]+1..tlen-1]是 s[i+1..slen-1]的子序列，=> t[suf[i+1]+1..tlen-1]也是 s[i..slen-1]的子序列，但不是最小值(最小值是 suf[i])，因此 suf[i+1]>=suf[i]。

单独看第 15 行到第 19 行程序也可以直接得出这个结论。在循环中，可以看出随着 i 的减少，j 从未递增，故判对。

（2）解析：错。可以理解题目的输出：s 中删去连续多少个字母后 t 仍然是 s 的子序列；或者直接用特例：s=t='a'代入，结果是 0，即找到一个题目描述的反例。

（3）解析：错。第一轮执行第 22 行时 tmp=0，j=0 不执行，因此这轮 j-i-1 就可能是负数。

（4）解析：错。可以用简单的样例(特例如 t=s='a')代入检验，也可以根据 pre 和 suf 的定义：如果 t 是 s 的子序列，那么 0～pre[i]-1，suf[i+1]+1～lent-1 这部分分别是 s[0~i]，s[i+1~lens-1]的子序列，不会重叠，所以有 pre[i]-1 < suf[i+1]+1，也就是 pre[i]<=suf[i+1]+1。

（5）解析：选 D。当 slen 是 s 的长度，至少需要输入 1 个长度的字符串，如果 t 不是 s 子序列那输出一定是 0。

（6）解析：选 C。输出是 2 说明 s 串删去两个连续元素后 t 仍是 s 的子序列，因删去后长度至少为 10，则删前至少为 12。

三、完善程序

1. 程序分析：(拓扑排序)points 为已有经验值，threshold[i]为第 i 项技能所需的最低经验，bonus[i]为第 i 项技能可获得的经验，unlock 数组为对应技能学习前需学习的其他相关技能数，大于 0 说明有技能要求，-1 表示已学习，每次都先学习一个已经符合学习条件但还未学习过的技能，学习后更新经验值与技能有关的学习条件，不断重复直至无技能可学。

（1）解析：unlock 的作用是看是否有可学习的技能。根据对问题(5)的分析，在未解锁前它的值表示还有几个相关技能要先学习。那么解锁条件当然是 0 个相关技能，因此本题应该选 C，unlock[i]==0。

（2）解析：解锁条件二，经验点要大于或等于某技能的需求点，故选 D，points >= threshold[i]。

（3）解析：技能学习后，更新经验值。经验点增加。A 肯定不对，因 target 后面还要用。B 不对，因为 cnt[i]与 i 相关。C 也不对，bonus 是只读的。选 D，points += bonus[target]。

（4）解析：从前面分析看出，unlock 是与还没学习的技能数相关的，学习一个技能，所有与该技能相关的 unlock 值都要减 1，故选 C，unlock[child[target][i]] -= 1。

（5）解析：m 是初始化任务数，从前面代码看出，当 unlock[i]为-1 时表示解锁成功，那么 D 不对。A 的话，cnt[i]此时还没完成赋值，也不对。C 有迷惑性，认为 unlock 是布尔值，但看题目 m 个相关技能学习完成才能解锁该任务，所以不是单纯的布尔值问题，需要每解锁一个技能学习要求就将 unlock 减 1,直到其值为 0。所以选 B,unlock[i] =m。

2. 分析:(状压 DP 题)首先使用 bool 数字 f[i]表示有 i 个石子时,是否有必胜策略。若对于 i 个石子有先手必胜策略,则存在 j(a[j]<=i 且 b[j]<=i)使得 i−b[j]个石子先手无必胜策略,所以 f[i]=(!f[i−b[j1] or !f[i−b[j2]] ...) (a[j]<=i 且 b[j]<=i),即状态转移方程为:f[i]=OR{!f[i−b[j]]} (a[j]<=i 且 b[j]<=i)。因为策略数和数组 b 数字均不超过 64,所以仅考虑 f[i−1]..f[i−64],可以将转态压缩至一个 ull(64 位)数中,其中 status 用于记录对于 i 个石子,i−1,i−2,…,i−64 是否有先手必胜策略。二进制右起第 j 位的值表示[i−j]个石子是否有必胜策略。

代码第 16～21 行,以 a[i]为关键字做冒泡,对规则进行升序排列,在后续操作中,就可以把 n 条规则用状态压缩,固定在 trans 变量内,使得枚举的总时间均摊成 O(n)。

(1) 解析:初始状态,0ull 表示 64 个 0 的 64 位二进制数,~0ull 表示 64 个 1,~0ull^1 表示先手必败,对于第 0 位,答案 A 和 C 均可。但是,前 63 位的选择,看后续操作中有取反操作,因此要先取 1,认为必胜。故选 C。

(2) 解析:选 B。根据条件 a[j]必须大于或等于 i,因此只要在 a[j]==i 时,更新 trans 和 j 即可。

(3) 解析:选 A。题目中将所有当前可以影响 i 的 b[j]都压缩在 trans 里面,那么只需要将 trans 的第(b[j]−1)位做一次按位或运算即可。

(4) 解析:选 D。status 表示先手必胜的状态;~status 表示先手必败的状态,从先手必败的状态转移过来;~status & trans 将当前状态和转移做一次与运算,二进制 &,是按位做与运算。注意 win 是一个布尔类型变量,其值只有 0 或 1,也就是之前运算结果的每一位都是 0,win 的值才为 0,只要有一个位置是必胜态,就会赢。

(5) 解析:选 D。把当下状态的结果添加到 status 的右起第一位,i 个石子,必胜或者必败,添加到 status 中。

2.3 2018 第二十四届 NOIP 提高组初赛试题及解析

2.3.1 2018 第二十四届 NOIP 提高组初赛试题

一、单项选择题(共 10 题,每题 2 分,共计 20 分;每题有且仅有一个正确选项)

1. 下列四个不同进制的数中,与其他三项数值上不相等的是(   )。

  A. $(269)_{16}$ B. $(617)_{10}$ C. $(1151)_8$ D. $(1001101011)_2$

2. 下列属于解释执行的程序设计语言是(   )。

  A. C   B. C++   C. Pascal   D. Python

3. 中国计算机学会于(   )年创办全国青少年计算机程序设计竞赛。

  A. 1983   B. 1984   C. 1985   D. 1986

4. 设根结点深度为 0,一棵深度为 h 的满 k(k>1)叉树,即除最后一层无任何子结点外,每一层上的所有结点都有 k 个子结点的树,共有(   )个结点。

  A. $(k^{h+1}−1)/(k−1)$ B. $k^{h−1}$

C. k^h D. $(k^{h-1})/(k-1)$

5. 设某算法的时间复杂度函数的递推方程是 $T(n)=T(n-1)+n(n$ 为正整数)及 $T(0)=1$,则该算法的时间复杂度为(　　)。

    A. $O(\log n)$ B. $O(n \log n)$ C. $O(n)$ D. $O(n^2)$

6. 表达式 $a*d-b*c$ 的前缀形式是(　　)。

    A. $a d * b c *-$ B. $-*a d * b c$ C. $a*d-b*c$ D. $-**a d b c$

7. 在一条长度为 1 的线段上随机取两个点,则以这两个点为端点的线段的期望长度是(　　)。

    A. 1/2   B. 1/3   C. 2/3   D. 3/5

8. 关于 Catalan 数 $Cn=(2n)!/(n+1)!/n!$,下列说法中错误的是(　　)。

    A. Cn 表示有 $n+1$ 个结点的不同形态的二叉树的个数

    B. Cn 表示含 n 对括号的合法括号序列的个数

    C. Cn 表示长度为 n 的入栈序列对应的合法出栈序列个数

    D. Cn 表示通过连接顶点而将 $n+2$ 边的凸多边形分成三角形的方法个数

9. 假设一台抽奖机中有红、蓝两色的球,任意时刻按下抽奖按钮,都会等概率获得红球或蓝球之一。有足够多的人每人都用这台抽奖机抽奖,假如他们的策略均为:抽中蓝球则继续抽球,抽中红球则停止。最后每个人都把自己获得的所有球放到一个大箱子里,最终大箱子里的红球与蓝球的比例接近于(　　)。

    A. 1∶2   B. 2∶1   C. 1∶3   D. 1∶1

10. 为了统计一个非负整数的二进制形式中 1 的个数,代码如下:

```
int CountBit(int x)
{
    int ret = 0; while (x)
    {
        ret++;
        _____;
    }
    return ret;
}
```

    则空格内要填入的语句是(　　)。

    A. x>>=1   B. x &= x−1   C. x|=x>>1   D. x<<=1

二、不定项选择题(共 5 题,每题 2 分,共计 10 分;每题有一个或多个正确选项,多选或少选均不得分)

1. NOIP 初赛中,选手可以带入考场的有(　　)。

    A. 笔   B. 橡皮   C. 手机(关机)   D. 草稿纸

2. 2-3 树是一种特殊的树,它满足两个条件:

    (1) 每个内部结点有两个或三个子结点;

    (2) 所有的叶结点到根的路径长度相同。

    如果一棵 2-3 树有 10 个叶结点,那么它可能有(　　)个非叶结点。

    A. 5   B. 6   C. 7   D. 8

3. 下列关于最短路算法的说法正确的有(　　)。
　　A. 当图中不存在负权回路但是存在负权边时,Dijkstra 算法不一定能求出源点到所有点的最短路径
　　B. 当图中不存在负权边时,调用多次 Dijkstra 算法能求出每对顶点间的最短路径
　　C. 图中存在负权回路时,调用一次 Dijkstra 算法也一定能求出源点到所有点的最短路径
　　D. 当图中不存在负权边时,调用一次 Dijkstra 算法不能用于每对顶点间的最短路径计算

4. 下列说法中,是树的性质的有(　　)。
　　A. 无环
　　B. 任意两个结点之间有且只有一条简单路径
　　C. 有且只有一个简单环
　　D. 边的数目恰是顶点数目减 1

5. 下列关于图灵奖的说法中,正确的有(　　)。
　　A. 图灵奖是由电气和电子工程师协会(IEEE)设立的
　　B. 目前获得该奖项的华人学者只有姚期智教授一人
　　C. 其名称取自计算机科学的先驱、英国科学家艾伦·麦席森·图灵
　　D. 它是计算机界最负盛名、最崇高的一个奖项,有"计算机界的诺贝尔奖"之称

三、问题求解(共 2 题,每题 5 分,共计 10 分)

1. 甲、乙、丙、丁 4 人在考虑周末要不要外出郊游。已知:①如果周末下雨,并且乙不去,则甲一定不去;②如果乙去,则丁一定去;③如果丙去,则丁一定不去;④如果丁不去,而且甲不去,则丙一定不去。如果周末丙去了,则甲_____(去了/没去)(1分),乙_____(去了/没去)(1分),丁_____(去了/没去)(1分),周末_____(下雨/没下雨)(2分)。

2. 方程 a * b = (a or b) * (a and b),在 a,b 都取[0, 31]中的整数时,共有_____组解。(* 表示乘法;or 表示按位或运算;and 表示按位与运算。)

四、阅读程序写结果(共 4 题,每题 8 分,共计 32 分)

1.

```
#include <cstdio> int main(){
    int x;
    scanf("%d", &x);
    int res = 0;
    for (int i = 0; i < x; ++i) {
        if (i * i % x == 1) {
            ++res;
        }
    }
    printf("%d", res);
    return 0;
}
```

输入:15
输出:_____

2.

```cpp
# include < cstdio >
int n, d[100];bool v[100];
int main(){
    scanf("%d", &n);
    for (int i = 0;i < n;++i){
        scanf("%d", d + i);
        v[i] = false;
    }
    int cnt = 0;
    for (int i = 0;i < n;++i){
        if (! v[i]){
            for (int j = i;! v[j];j = d[j]){
                v[j] = true;
            }
            ++cnt;
        }
    }
    printf("%d\n", cnt);
    return 0;
}
```

输入：10 7 1 4 3 2 5 9 8 0 6

输出：_____

3.

```cpp
# include < iostream >
using namespace std;
string s;
long long magic(int l, int r){
    long long ans = 0;
    for (int i = l;i < = r;++i){
        ans = ans * 4 + s[i] - 'a' + 1;
    }
    return ans;
}

int main(){
    cin >> s;
    int len = s. length();
    int ans = 0;
    for (int l1 = 0;l1 < len;++l1){
        for (int r1 = l1;r1 < len;++r1){
            bool bo = true;
            for (int l2 = 0;l2 < len;++l2){
                for (int r2 = l2;r2 < len;++r2){
                    if (magic(l1, r1) == magic(l2, r2)&&(l1! = l2 || r1! = r2)){
                    bo = false;
                    }
                }
            }
```

```
        if (bo){
            ans += 1;
        }
    }
}
cout << ans << endl;
return 0;
}
```

输入：abacaba

输出：_____

4.

```
# include < cstdio >
using namespace std;
const int N = 110;
bool isUse[N];
int n, t;
int a[N], b[N];
bool isSmall(){
    for (int i = 1;i <= n;++i){
        if (a[i]! = b[i]){
            return a[i]< b[i];
        }
    }
    return false;
}

bool getPermutation(int pos){
    if (pos > n){
        return isSmall();
    }
    for (int i = 1;i <= n;++i){
        if (! isUse[i]){
            b[pos] = i;
            isUse[i] = true;
            if (getPermutation(pos + 1)){
                return true;
            }
            isUse[i] = false;
        }
    }
    return false;
}

void getNext(){
    for (int i = 1;i <= n;++i){
        isUse[i] = false;
    }
    getPermutation(1);
    for (int i = 1;i <= n;++i){
        a[i] = b[i];
```

```
    }
}

int main(){
    scanf("%d%d", &n, &t);
    for (int i = 1;i <= n;++i){
        scanf("%d", &a[i]);
    }
    for (int i = 1;i <= t;++i){
        getNext();
    }
    for (int i = 1;i <= n;++i){
        printf("%d", a[i]);
        if (i == n)
            putchar('\n');
        else
            putchar(' ');
    }
    return 0;
}
```

输入 1：6 10 1 6 4 5 3 2

输出 1：_____(3 分)

输入 2：6 200 1 5 3 4 2 6

输出 2：_____(5 分)

五、完善程序(共 2 题,每题 14 分,共计 28 分)

1. 对于一个 $1 \sim n$ 的排列 P(即 $1 \sim n$ 中每一个数在 P 中出现了恰好一次),令 q_i 为第 i 个位置之后第一个比 p_i 值更大的位置,如果不存在这样的位置,则 $q_i = n+1$。举例来说,如果 $n=5$ 且 p 为 1 5 4 2 3,则 q 为 2 6 6 5 6。

下列程序读入了排列 p,使用双向链表求解了答案。试补全程序。(第 2 空 2 分,其余 3 分)

数据范围 $1 \leqslant n \leqslant 10^5$。

```
# include < iostream >
using namespace std;
const int N = 100010;
int n;
int L[N], R[N], a[N];
int main(){
    cin >> n;
    for (int i = 1;i <= n;++i){
        int x;
        cin >> x;
        ___(1)___ ;
    }
    for (int i = 1;i <= n;++i){
        R[i] = ___(2)___ ;
        L[i] = i - 1;
    }
    for (int i = 1;i <= n;++i){
```

```
            L[   (3)   ] = L[a[i]];
            R[L[a[i]]] = R[   (4)   ];
    }
    for ( int i = 1 ; i <= n ; ++i ){
        cout <<   (5)   << " ";
    }
    cout << endl;
    return 0;
}
```

2. 一只小猪要买 N 件物品(N 不超过 1000)。它要买的所有物品在两家商店里都有卖。第 i 件物品在第一家商店的价格是 a[i],在第二家商店的价格是 b[i],两个价格都不小于 0 且不超过 10000。如果在第一家商店买的物品的总额不少于 50000,那么在第一家店买的物品都可以打 95 折(价格变为原来的 0.95 倍)。

求小猪买齐所有物品所需最少的总额。

输入:第一行一个数 N。接下来 N 行,每行两个数。第 i 行的两个数分别代表 a[i],b[i]。

输出:输出一行一个数,表示最少需要的总额,保留两位小数。试补全程序。(第 1 空 2分,其余 3 分)

```
# include < cstdio >
# include < algorithm >
using namespace std;
const int Inf = 1000000000;
const int threshold = 50000;
const int maxn = 1000;
int n, a[maxn], b[maxn];
bool put_a[maxn];
int total_a, total_b;
double ans;
int f[threshold];

int main(){
    scanf(" % d", &n);
    total_a = total_b = 0;
    for ( int i = 0 ; i < n ; ++i ){
        scanf(" % d % d", a + i, b + i);
        if ( a[i] <= b[i]){
            total_a += a[i]; }
        else{
            total_b += b[i]; }
    }
    ans = total_a + total_b;
    total_a = total_b = 0;
    for ( int i = 0 ; i < n ; ++i ){
        if (   (1)   ){
            put_a[i] = true;
            total_a += a[i];
        }
        else{
            put_a[i] = false;
```

```
            total_b += b[i];
        }
    }
    if ( __(2)__ ){
        printf("%.2f", total_a * 0.95 + total_b);
        return 0;
    }
    f[0] = 0;
    for (int i = 1; i < threshold; ++i){
        f[i] = Inf;
    }
    int total_b_prefix = 0;
    for (int i = 0; i < n; ++i){
        if (! put_a[i]){
            total_b_prefix += b[i];
            for (int j = threshold - 1; j >= 0; -- j){
                if ( __(3)__ >= threshold && f[j] != Inf){
                    ans = min(ans, (total_a + j + a[i]) * 0.95
                    + __(4)__ );
                    f[j] = min(f[j] + b[i], j >= a[i] ? __(5)__ : Inf);
                }
            }
        }
    }
    printf("%.2f", ans);
    return 0;
}
```

2.3.2　2018 第二十四届 NOIP 提高组参考答案

一、单项选择题(共 10 题,每题 2 分,共计 20 分)

1	2	3	4	5	6	7	8	9	10
D	D	B	A	D	B	B	A	D	B

二、不定项选择题(共 5 题,每题 2 分,共计 10 分;每题有一个或多个正确选项,多选或少选均不得分)

1	2	3	4	5
AB	CD	ABD	ABD	BCD

三、问题求解(共 2 题,每题 5 分,共计 10 分)

1.　去了　没去　没去　没下雨(第 4 空 2 分,其余 1 分)

2.　454

四、阅读程序写结果(共 4 题,每题 8 分,共计 32 分)

1.　4

2.　6

3.　16

4.　输出 1:2 1 3 5 6 4(3 分)输出 2:3 2 5 6 1 4(5 分)

五、完善程序(共计 **28 分**，以下各程序填空可能还有一些等价的写法，由各省赛区组织本省专家审定及上机验证，可以不上报 **CCF NOI** 科学委员会复核)

1.

(1) a[x]＝i(3 分)

(2) i＋1(2 分)

(3) R[a[i]](3 分)

(4) a[i](3 分)

(5) R[i](3 分)

2.

(1) a[i] * 0.95 <= b[i] 或 b[i]>=a[i] * 0.95(2 分)

(2) total_a >= threshold 或 threshold <= total_a 或 total_a >=50000 或 50000 <= total_a(3 分)

(3) total_a＋j＋a[i](3 分)

(4) f[j]＋total_b-total_b_prefix(3 分)

(5) f[j－a[i]](3 分)

2.3.3　2018 第二十四届 NOIP 提高组试题分析

一、单项选择题

1. 基础题，考查进制转换，从解题速度点的角度分析，可考虑把 A 选项和 C 选项的最低位转换为二进制来分析，D 选项与其他几个选项不一样。

2. 基础 Python 是交互式的，也是解释性语言。

3. 信息学奥赛开始于 1984 年。

4. 数据结构基础，等比数列求和$(k^{h+1}-1)/(k-1)$。

5. $T(n)＝T(n-1)＋n$ 把递归式还原即：$T(n)＝1＋2＋3＋\cdots＋n＝n×(n＋1)/2$。

6. 数据结构基础，先建一棵表达式树，其先序遍历就是前缀表达式。

7. 数学概率期望题，难题。按常规理解，中点被选为其中端点之一的概率最大，则下一端点会在[0,0.5]或[0.5,1]之间，同理推知下一端点在两个区间的中点的概率最大，在 0 或 1 的概率最小，所以，随机意义下的期望长度应为 1/4≤L≤1/2。这是一种估测方法，并非正解。

下面介绍一下本题的正解。随机数据的概率密度函数：表示瞬时幅值落在某指定范围内的概率，因此是幅值的函数。它随所取范围的幅值而变化。

密度函数 f(x) 具有下列性质。

① $f(x)\geqslant 0$

② $\int_{-\infty}^{\infty} f(x)dx=1$

③ $p(a < x \leqslant b)=\int_{a}^{b} f(x)dx$

最简单的概率密度函数是均匀分布的密度函数。连续型均匀分布的概率密度函数(图 2-2)，对于一个取值在区间[a,b]上的均匀分布函数 I[a,b]，它的概率密度函数：

$$f_{I[a,b]}(x) = \frac{1}{b-a}I[a,b]。$$

设 x,y 为[0,1]区间内的两个随机点,令 $Z = |x-y|$,$E(Z) = E(|x-y|)$。

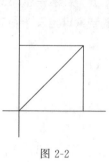

$$\because f(x) = \begin{cases} 1 & (0 \leqslant x \leqslant 1) \\ 0 & \text{其他} \end{cases}$$

$$\therefore f(x,y) = \begin{cases} 1 & 0 \leqslant x,y \leqslant 1 \\ 0 & \text{其他} \end{cases}$$

图 2-2

$$E(Z) = \iint\limits_0^1 f(x,y)|x-y|dxdy = \iint\limits_D |x-y|dxdy = 2\iint\limits_{y \leqslant x}(x-y)dxdy$$

$$= 2\int_0^1 dx \int_0^x (x-y)dy = 2\int_0^1 \left(x^2 - \frac{1}{2}x^2\right)dx = \int_0^1 x^2 dx = \frac{1}{3}$$

8. 综合题,本题提供选项中涉及的知识点较多。

Catalan 数 $C_n = (2n)!/(n+1)!/n!$ 是一个组合数学问题。Catalan 数列有许多的应用。此处是一种简化写法,原式为 $C_{2n}^n = \frac{(2n)!}{(n+1)!n!}$。在数的计数问题中有:

含有 n 个结点的互不相似的二叉树有 $\frac{1}{n+1}C_{2n}^n$ 棵,含有 n 个结点有不同形态树的数目和具有 n−1 个结点的互不相似的二叉树的数目相同。故 A 选项是错误的,B 选项中的括号序列、C 选项中的出栈序列和 D 选项中的凸多边形三角形剖分数等都是 Catalan 数列的应用。

不熟悉上述知识的考生,也可以对本题用简单数代入验证。如对于 A 选项,令 n=1,2 个结点的二叉树形态有 2 种,但是 C1=1,显然错误。

9. 一个人在第 i 轮可以得到的红球期望数量为 $\sum\limits_{i=1}^{\infty} \frac{1}{2^i} = 1$,所以每个人得到红球期望数量为 1,而得到蓝球数量必定为 1,所以为 1:1。

10. C 基础题,使用排除法+模拟。

二、不定项选择题

1. 笔和橡皮可以带,草稿纸是不允许带的,手机更不用说。考生进入考场时,只许携带笔、橡皮等非电子文具入场。禁止携带任何电子产品或机器设备入场,无存储功能的手表除外;手机(关机)、U 盘或移动硬盘、键盘、鼠标、闹钟、计算器、书籍、草稿纸及背包等物品必须存放在考场外。如有违规带入的,一经发现,NOI 各省特派员可直接取消违规选手的参赛资格。

2. 数据结构基础。把最底层的结点都画出来向上连,先在符合条件的前提下把每 2 个点连到一起,这样发现有 8 个点,可以发现这是上界。同理,把尽量多的 3 个点连在一起,答案是 7,可以发现这是下界,故选 C 和 D。

3. 数据结构基础。Dijkstra 算法不适用于负权图,而且它用于求单点到其他点的最短路。对于熟悉图论的考生这是一个常识题。Dijkstra 算法是单源最短路算法,因此多次调用必然能够得到所有点对的最短路径。如果图中出现负环,那么 Dijkstra 算法就会在这个环里不断地转,因此无法求出最短路径。

4. 树的概念。

5. 图灵奖是由 ACM 设立的。

三、问题求解

1. 简单推理题：条件 3、4 是突破口。

2. 由于点数很小，手动模拟下。从条件 3 开始找，即可找到答案。

首先如果 b 是 a 的子集，那么条件必然成立。然后简单模拟，发现只有 1 位和 2 位情况存在特例。手动找到这些答案即可。

科学的解释是：设 a and b＝x，a xor x＝y，b xor x＝z，则(x＋y)(x＋z)＝x(x＋y＋z)，即 yz＝0，即 a and b＝a 或 a and b＝b，0～31 就是 5 位二进制数，然后，满足这个等式的 a，b 两数满足如下关系：一个数中是 1 的位，在另一个数中也都是 1。

举例：3 和 7，分别是 00011 和 00111，3 的两位 1 在 7 中也是 1；3 和 5，分别是 00011 和 00101，就不满足这个关系。然后，只要根据其中一个数中 1 的位数进行分类，用组合数求出每一类的个数，然后乘以每一类对应的满足关系的数字个数，就可以得到结果。

例如，有 1 位 1 的数，有 C(5,1)＝5 个，对应的满足关系的数有两种情况：这一位是 1，另外 4 位任意，有 2^4＝16 个；另外 4 位是 0，这一位任意，有 2^1＝2 个；再减去重复计算的两数相等的 1 种情况；最终得到这类数字对应的满足等式的数字对有 C(5,1)×(16＋2－1)＝85 个。

以下是完整的计算式：

C(5,0)×(32＋1－1)＋C(5,1)×(16＋2－1)＋C(5,2)×(8＋4－1)＋C(5,3)×(4＋8－1)＋C(5,4)×(2＋16－1)＋C(5,5)×(1＋32－1)

四、阅读程序写结果

1. 求 15 以内的自然数的平方有几个是 %15 余 1 的。简单模拟即可。这种题非常需要细心、耐心。结果是 1、4、11、14 的平方数符合要求，故答案是 4。

2. 读入一个序列，cnt 统计的是这组序列依据规则所产生的闭环数。即找环的个数，手动模拟一下可知：(0,7,8)(1)(2,4)(3)(5)(6,9)共 6 个环，括号内为数组的下标。

3. 概念上有两个 ans，输出的 main()中 ans，magic 中的 ans 的作用类似求 s[1,r]的哈希值。核心语句：if (magic(l1, r1)＝＝magic(l2, r2)&&(l1!＝l2 ||r1!＝r2)){bo＝false}；是枚举寻找字符串中是否存在相同子串，但由于此时的 bo 定义为 false，故程序实际要统计求解的是不存在相同子串即不重复出现的子串个数。由于样例 abacaba 中只有三种，简单分析并可知，这样的子串只要包含字符 c 就可以，因此手动数一下就可以。如 c，ac，ca 等，总共 16 个。

4. isSmall()函数的作用是判断排列 a 是否大于排列 b(定义两个排列的大小为：两个排列顺序第一个不同的数的大小)。getPermutation()函数的作用是枚举所有排列，找到第一个大于排列 a 的排列为 b。getNext()函数的作用是找到排列 a 的下一个排列并赋给 a。因此，程序的功能是找到给定排列后面的第 t 个排列。几个函数的主要作用就是找到字典序大于它的下一个排列，对于第一个询问可以手动找到下 10 个排列。对于第二个询问，可以把后几位带在一起算，每次看把某一位更新成下一个值需要加上多少。本题正解是康拓展开和逆康拓展开。知识点详见基础篇 4.23～4.24 节。

五、完善程序

1. 分析：本题是一个有点怪异的双向链表，考生在学习数据结构时多用结构体来表示

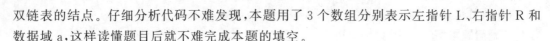

双链表的结点。仔细分析代码不难发现,本题用了 3 个数组分别表示左指针 L、右指针 R 和数据域 a,这样读懂题目后就不难完成本题的填空。

(1) 如果 a[i]＝x,cin >> a[i] 即可,由样例分析可知,输入的是排列 p,所以必然是 a[x]＝i,意思是 x 是在第几个位置。

(2) i＋1,建立链右指针。先根据下标次序建立双向链表。

(3) 熟悉链表的考生应该不难依据对称性推出第 3 空填 R[a[i]]。

(4) a[i]。

(5) 题目既然要求第 i 个数后面最近的一个比它大的,那么必然是 i 的后继,即 R[i]。当然已经做出前几空把题面的那组数据带进去就会发现的确是 R[i]。

如果不懂原理也可以画图进行模拟。

2. 分析:如果第一家便宜肯定先选第一家。考虑程序后半段的思路,大致就是假设能够在第一家买够 50000,最少花多少钱。如果打九五折后第一家更优,那么必然会选择第一家。否则选第二家。剩下的称为"中间物品"。尽可能选择其中一些"中间物品"在 A 买,凑足 50000 元,使得比 B 便宜,但是尽可能的少。这是一个背包问题。设 f[i,j] 表示前 i 个物品,额外在 A 店花了 j 元的情况下,购买 B 店"中间物品"的最小值。并利用滚动数组实现空间降维。

考虑为什么要先进行这个贪心,如果直接进行正常的背包,背包的大小将会是物品个数×物品大小,如果先进行贪心,背包的大小会减小到 50000,这样就可以接受。

(1) 如果直接 a[i]<=b[i] 的话上文就算过了,没必要单独循环一次。考虑贪心那么必然是看加了优惠之后 a[i] 是否优于 b[i],即 a[i] * .95 <=b[i]。

(2) 如果 a 的总和已经满足优惠,直接优惠掉即可,如 total_a >= threshold。

(3) 仿写 min 里面的部分,那么肯定是当前枚举的优惠幅度超过了 50000。这是考虑如果要买第 i 件,还额外花了 j 元在"中间物品"上的情况,即 total_a＋j＋a[i]。

(4) 计算总价,第一店所有东西打折后,加上所有第二店需要购买的东西;f[j]＋total_b－total_b_prefix

(5) 背包问题转移:f[j-a[i]]。

2.4 2017 第二十三届 NOIP 提高组初赛试题及解析

2.4.1 2017 第二十三届 NOIP 提高组初赛试题

一、单项选择题(共 15 题,每题 1.5 分,共计 22.5 分;每题有且仅有一个正确选项)

1. 从( )年开始,NOIP 竞赛将不再支持 Pascal 语言。

    A. 2020   B. 2021   C. 2022   D. 2023

2. 在 8 位二进制补码中,10101011 表示的数是十进制下的( )。

    A. 43   B. －85   C. －43   D. －84

3. 分辨率为 1600×900、16 位色的位图,存储图像信息所需的空间为( )。

    A. 2812.5KB   B. 4218.75KB   C. 4320KB   D. 2880KB

4. 2017 年 10 月 1 日是星期日,1999 年 10 月 1 日是(　　　)。

　　A. 星期三　　　　　B. 星期日　　　　　C. 星期六　　　　　D. 星期二

5. 设 G 是有 n 个结点、m 条边(n≤m)的连通图,必须删去 G 的(　　　)条边,才能使得 G 变成一棵树。

　　A. m－n+1　　　　B. m－n　　　　　C. m+n+1　　　　D. n－m+1

6. 若某算法的计算时间表示为递推关系式:

　　$T(N)=2T(N/2)+N \log N$

　　$T(1)=1$

　　则该算法的时间复杂度为(　　　)。

　　A. $O(N)$　　　　　B. $O(N \log N)$　　　C. $O(N \log^2 N)$　　　D. $O(N^2)$

7. 表达式 a*(b+c)*d 的后缀形式是(　　　)。

　　A. abcd*+*　　B. abc+*d*　　C. a*bc+*d　　D. b+c*a*d

8. 由四个不同的点构成的简单无向连通图的个数是(　　　)。

　　A. 32　　　　　　B. 35　　　　　　C. 38　　　　　　D. 41

9. 将 7 个名额分给 4 个不同的班级,允许有的班级没有名额,有(　　　)种不同的分配方案。

　　A. 60　　　　　　B. 84　　　　　　C. 96　　　　　　D. 120

10. 若 f[0]=0, f[1]=1, f[n+1]=(f[n]+f[n−1])/2,则随着 i 的增大,f[i]将接近于(　　　)。

　　A. 1/2　　　　　B. 2/3　　　　　C. $(\sqrt 5−1)/2$　　　D. 1

11. 设 A 和 B 是两个长为 n 的有序数组,现在需要将 A 和 B 合并成一个排好序的数组,请问任何以元素比较作为基本运算的归并算法最坏情况下至少要做(　　　)次比较。

　　A. n^2　　　　　B. n log n　　　　　C. 2n　　　　　D. 2n−1

12. 在 n(n≥3)枚硬币中有一枚质量不合格的硬币(质量过轻或质量过重),如果只有一架天平可以用来称重且称重的硬币数没有限制,下面是找出这枚不合格的硬币的算法。请把 a~c 三行代码补全到算法中。

　　a. A←X∪Y

　　b. A←Z

　　c. n←|A|

　　算法 Coin(A,n)

　　1.　k←⌊n/3⌋

　　2.　将 A 中硬币分成 X,Y,Z 三个集合,使得 |X| = |Y| = k,|Z| = n−2k

　　3.　　if　W(X)<>W(Y)　　　　//W(X), W(Y)分别为 X 或 Y 的重量

　　4.　　then _____

　　5.　　else _____

　　6.　　_____

　　7.　if n > 2 then goto 1

　　8.　if n = 2 then 任取 A 中 1 枚硬币与拿走硬币比较,若不等,则它不合格;

　　　　　若相等,则 A 中剩下的硬币不合格

　　9.　if n = 1 then A 中硬币不合格

　　正确的填空顺序是(　　　)。

A. b,c,a   B. c,b,a   C. c,a,b   D. a,b,c

13. 本题与 2019 CSP-S 组第 15 题相同。

14. 小明要去南美洲旅游,一共乘坐 3 趟航班才能到达目的地,其中第 1 个航班准点的概率是 0.9,第 2 个航班准点的概率为 0.8,第 3 个航班准点的概率为 0.9。如果存在第 i(i=1,2)个航班晚点,第 i+1 个航班准点,则小明将赶不上第 i+1 个航班,旅行失败;除了这种情况,其他情况下旅行都能成功。请问小明此次旅行成功的概率是( )。

  A. 0.5   B. 0.648   C. 0.72   D. 0.74

15. 欢乐喷球(图 2-3):儿童游乐场有个游戏叫"欢乐喷球",正方形场地中心能不断喷出彩色乒乓球,以场地中心为圆心还有一个圆形轨道,轨道上有一列小火车在匀速运动,火车有 6 节车厢。假设乒乓球等概率落到正方形场地的每个地点,包括火车车厢。小朋友玩这个游戏时,只能坐在同一个火车车厢里,可以在自己的车厢里捡落在该车厢内的所有乒乓球,每个人每次游戏有 3 分钟时间,则一个小朋友独自玩一次游戏期望可以得到( )个乒乓球。假设乒乓球喷出的速度为 2 个/秒,每节车厢的面积是整个场地面积的 1/20。

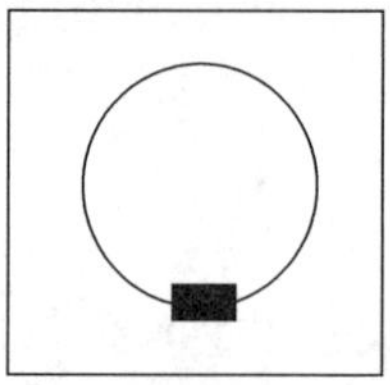

图 2-3

  A. 60   B. 108   C. 18   D. 20

二、不定项选择题(共 5 题,每题 1.5 分,共计 7.5 分;每题有一个或多个正确选项,多选或少选均不得分)

1. 以下排序算法在最坏情况下时间复杂度最优的有( )。

  A. 冒泡排序   B. 快速排序   C. 归并排序   D. 堆排序

2. 对于入栈顺序为 a,b,c,d,e,f,g 的序列,下列( )不可能是合法的出栈序列。

  A. a,b,c,d,e,f,g   B. a,d,c,b,e,g,f

  C. a,d,b,c,g,f,e   D. g,f,e,d,c,b,a

3. 下列算法中,( )是稳定的排序算法。

  A. 快速排序   B. 堆排序   C. 希尔排序   D. 插入排序

4. 以下是面向对象的高级语言的有( )。

  A. 汇编语言   B. C++   C. FORTRAN   D. Java

5. 以下和计算机领域密切相关的奖项有( )。

  A. 奥斯卡奖   B. 图灵奖   C. 诺贝尔奖   D. 王选奖

三、问题求解(共 2 题,每题 5 分,共计 10 分)

1. 如图 1-4 所示,共有 13 个格子。对任何一个格子进行一次操作,会使得它自己以及与它上下左右相邻的格子中的数字改变(由 1 变 0,或由 0 变 1)。现在要使得所有的格子中的数字都变为 0,至少需要_____次操作。

2. 如图 2-4 所示,A 到 B 是连通的。假设删除一条细的边的代价是 1,删除一条粗的边的代价是 2,要让 A、B 不连通,最小代价是_____(2 分),最小代价的不同方案数是_____(3 分)。(只要有一条删除的边不同,就是不同的方案)

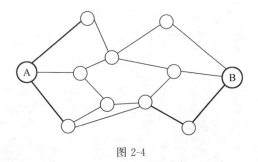

图 2-4

四、阅读程序写结果(共 **4** 题,每题 **8** 分,共计 **32** 分)

1.

```
# include < iostream >
using namespace std;
int g(int m, int n, int x) {
    int ans = 0;
    int i;
    if (n == 1){
        return 1;
    }
    for (i = x;i < = m/n;i++){
        ans += g(m - i, n - 1, i);
    }
    return ans;
}
int main(){
    int t, m, n;
    cin >> m >> n;
    cout << g(m, n, 0)<< endl;
    return 0;
}
```

输入: 8   4

输出: _____

2.

```
# include < iostream >
using namespace std;
int main(){
    int n, i, j, x, y, nx, ny;
    int a[40][40];
    for (i = 0;i < 40;i++){
        for (j = 0;j < 40;j++){
            a[i][j] = 0;
        }
    }
    cin >> n;
    y = 0;
    x = n - 1;
    n = 2 * n - 1;
```

```
    for (i = 1;i <= n * n;i++){
        a[y][x] = i;
        ny = (y - 1 + n) % n;
        nx = (x + 1) % n;
        if ((y == 0 && x == n - 1) || a[ny][nx]! = 0){
            y = y + 1;
        }
        else{
            y = ny;
            x = nx;
        }
    }
    for (j = 0;j < n;j++){
        cout << a[0][j]<<" ";
    }
    cout << endl;
    return 0;
}
```

输入：3

输出：_____

3.

```
# include < iostream >
using namespace std;
int n, s, a[100005], t[100005], i;
void mergesort(int l, int r){
    if (l == r)return;
    int mid = (l + r) / 2;
    int p = l;
    int i = l;
    int j = mid + 1;
    mergesort(l, mid);
    mergesort(mid + 1, r);
    while (i <= mid && j <= r){
        if (a[j]< a[i]){
            s += mid - i + 1;
            t[p] = a[j];
            p++;
            j++;
        }
        else{
            t[p] = a[i];
            p++;
            i++;
        }
    }
    while (i <= mid){
        t[p] = a[i];
        p++;
        i++;
    }
```

```
    while (j <= r){
        t[p] = a[j];
        p++;
        j++;
    }
    for (i = 1;i <= r;i++){
        a[i] = t[i];
    }
}

int main(){
    cin >> n;
    for (i = 1;i <= n;i++){
        cin >> a[i];
    }
    mergesort(1, n);
    cout << s << endl;
    return 0;
}
```

输入：6 2 6 3 4 5 1

输出：_____

4.

```
# include < iostream >
using namespace std;
int main(){
    int n, m;
    cin >> n >> m;
    int x = 1;
    int y = 1;
    int dx = 1;
    int dy = 1;
    int cnt = 0;
    while (cnt! = 2){
        cnt = 0;
        x = x + dx;
        y = y + dy;
        if (x == 1 || x == n){
            ++cnt;
            dx = - dx;
        }
        if (y == 1 || y == m){
            ++cnt;
            dy = - dy;
        }
    }
    cout << x <<" "<< y << endl;
    return 0;
}
```

输入 1：4   3

输出 1：_____(2 分)

输入 2：2017　1014

输出 2：_____(3 分)

输入 3：987　321

输出 3：_____(3 分)

五、完善程序(共 2 题,每题 14 分,共计 28 分)

1. (**大整数除法**)给定两个正整数 p 和 q,其中 p 不超过 10100,q 不超过 100000,求 p 除以 q 的商和余数。(第 1 空 2 分,其余 3 分)

输入：第一行是 p 的位数 n,第二行是正整数 p,第三行是正整数 q。

输出：两行,分别是 p 除以 q 的商和余数。

```cpp
# include < iostream >
using namespace std;
int p[100];
int n, i, q, rest;
char c;
int main(){
    cin >> n;
    for (i = 0; i < n; i++){
        cin >> c;
        p[i] = c - '0';
    }
    cin >> q;
    rest =    (1)   ;
    i = 1;
    while (   (2)    && i < n){
        rest = rest * 10 + p[i];
        i++;
    }
    if (rest < q){
        cout << 0 << endl;
    }
    else{
        cout <<   (3)   ;
        while (i < n){
            rest =    (4)   ;
            i++;
            cout << rest/q;
        }
        cout << endl;
    }
    cout <<   (5)   << endl;
    return 0;
}
```

2. (**最长路径**)给定一个有向无环图,每条边长度为 1,求图中的最长路径长度。(第 5 空 2 分,其余 3 分)

输入：第一行是结点数 n(不超过 100)和边数 m,接下来 m 行,每行两个整数 a,b,表示从结点 a 到结点 b 有一条有向边。结点标号从 0 到(n−1)。

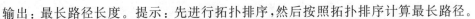

输出：最长路径长度。提示：先进行拓扑排序,然后按照拓扑排序计算最长路径。

```cpp
# include < iostream >
using namespace std;
int n, m, i, j, a, b, head, tail, ans;
int graph[100][100];                          //用邻接矩阵存储图
int degree[100];                              //记录每个结点的入度
int len[100];                                 //记录以各结点为终点的最长路径长度
int queue[100];                               //存放拓扑排序结果
int main(){
    cin >> n >> m;
    for (i = 0; i < n; i++){
        for (j = 0; j < n; j++){
            graph[i][j] = 0;
        }
    }
    for (i = 0; i < n; i++){
        degree[i] = 0;
    }
    for (i = 0; i < m; i++){
        cin >> a >> b;
        graph[a][b] = 1;
          (1)   ;
    }
    tail = 0;
    for (i = 0; i < n; i++)
        if (   (2)   ){
            queue[tail] = i;
            tail++;
        }
    head = 0;
    while (tail < n - 1){
        for (i = 0; i < n; i++)
            if (graph[queue[head] ][i] == 1){
                  (3)   ;
                if (degree[i] == 0){
                    queue[tail] = i;
                    tail++;
                }
            }
          (4)   ;
    }
    ans = 0;
    for (i = 0; i < n; i++){
        a = queue[i];
        len[a] = 1;
        for (j = 0; j < n; j++){
            if (graph[j][a] == 1 && len[j] + 1 > len[a]){
                len[a] = len[j] + 1;
            }
        }
        if (   (5)   ){
            ans = len[a];
```

```
        }
    }
    cout << ans << endl;
    return 0;
}
```

2.4.2   2017 第二十三届 NOIP 提高组参考答案

一、单项选择题(共 15 题,每题 1.5 分,共计 22.5 分)

1	2	3	4	5	6	7	8	9	10	11	12	13	14	15
C	B	A	C	A	C	B	C	D	B	D	D	A	D	C

二、不定项选择题(共 5 题,每题 1.5 分,共计 7.5 分;每题有一个或多个正确选项,多选或少选均不得分)

1	2	3	4	5
CD	C	D	BD	BD

三、问题求解(共 2 题,每题 5 分,共计 10 分)

1. 3

2. 4(2 分)

   9(3 分)

四、阅读程序写结果(共 4 题,每题 8 分,共计 32 分)

1. 15

2. 17 24 1 8 15

3. 8

4. 输出 1:1 3(2 分)输出 2:2017 1 (3 分)输出 3:1 321(3 分)

五、完善程序(共计 28 分,以下各程序填空可能还有一些等价的写法,由各省赛区组织本省专家审定及上机验证,可以不上报 CCF NOI 科学委员会复核)

1.

(1) p[0](2 分)

(2) rest < q 或 q > rest(3 分)

(3) rest/q(3 分)

(4) rest % q * 10+p[i](3 分)

(5) rest % q(3 分)

2.

(1) degree[b]=degree[b]+1 或 degree[b]++ 或 ++degree[b](3 分)

(2) degree[i]==0 或 !degree[i](3 分)

(3) degree[i]=degree[i]−1 或 degree[i]-- 或--degree[i](3 分)

(4) head=head+1 或 head++ 或 ++head(3 分)

(5) ans < len[a] 或 len[a] > ans(2 分)

2.4.3 2017 第二十三届 NOIP 提高组试题分析

一、单项选择题

1. 2022 年开始，NOIP 竞赛将不再支持 Pascal 语言。

2. 基础题：首位 0、1 分别表示正数、负数，正数的反码是它本身，负数的反码是它原码除符号位外按位取反；正数的补码是它本身，负数的补码是它的反码＋1，所以题目中补码的原码为 11010101，符号位为 1 表示这是个负数。

3. 基础题：$1600 \times 900 \times 16 / 8 / 1024 = 2812.5 \text{KB}$

4. 一年有 52 周＝$52 \times 7 = 364$ 天，所以每过一个平年就过了 52 周零 1 天，每过一个闰年就过了 52 周零 2 天，而中间有$(2017 - 1949) / 4 = 17$ 个闰年，所以除了 n 个整周外多了$(2017 - 1949) + 17 = 85$ 天＝12 周……1 天，多过了 1 天是周日，所以 1949－10－1 是周六。用下面的公式计算也许更简单：
$$W = ([Y-1] + [(Y-1)/4] - [(Y-1)/100] + [(Y-1)/400] + D) \% 7$$
其中，Y 是年份数；D 是这一天在这一年中的累积天数，也就是这一天在这一年中是第几天；W 就代表星期数。

5. 树有且仅有 $n-1$ 条边。设要删 k 条边，则 $m-k = n-1$，所以 $k = m-n+1$。

6. $T(N) = 2T\left(\dfrac{N}{2}\right) + N \log N$

$$= 2(2T(N/2 \times 2) + \frac{N}{2} \log \frac{N}{2}) + N \log N$$

$$= 2\left(2\left(2T(N/2 \times 2 \times 2) + \frac{N}{4} \log \frac{N}{4}\right) + \frac{N}{2} \log \frac{N}{2}\right) + N \log N$$

$$= \cdots$$

$$= 2^k T\left(\frac{N}{2^k}\right) + N \log \frac{N}{2^k} + \cdots + N \log \frac{N}{2} + N \log N$$

∵ $T(1) = 1$，设 $N = 2^k$

∴ $T(N) = NT(1) + N \times \left(\log \frac{N}{2^{k-1}} + \cdots + \log \frac{N}{4} + \log \frac{N}{2} + \log N\right)$

$$= N + N \times \log^2 N - N \times (\log 2^{k-1} + \cdots + \log 2)$$

$$= N \times \log^2 N - N \times (\log 2^{k-1} + \cdots + \log 4 + \log 2)$$

$$\leqslant N \times \log^2 N$$

$$\leqslant N \times \log^2 N（括号内每个因子都小于 \log N，故有 \sum_{1}^{k-1} \log 2^i \leqslant \log^2 N）。$$

$$= O(N \times \log^2 N)$$

7. 基础题，选 B。

8. 4 个不同点构成简单无向连通图，最多有 $4 \times (4-1)/2 = 6$ 条边（强连通图），最少有 $4-1 = 3$ 条边（树）。但注意，不是所有的任选 3 条边都满足条件，有一种情况是 3 个点形成一个三角形而孤立一个点，这种情况共有 4 种。所以 $ans = C(6,3) - 4 + C(6,4) + C(6,5) + C(6,6) = 38$。

9. 一个组合数的经典题,隔板法:C(10,3)。因为可能有的班级没有名额,相当于两个隔板直接相邻,中间没有任何元素。因为 4 个班需要 3 块板,所以把 3 块板和 7 个元素合并起来(共 10 个元素)进行排列组合,再选取 3 块板的位置,即 C10 取 3,两块板之间以及板和边界之间的元素个数即为各班名额数,就能够代表题目的意思。

10. 使 f[n]和 f[n−1]的系数相同,就可以写成比例的形式:

$$f[n]=\frac{1}{2}f[n-1]+\frac{1}{2}f[n-2]$$

$$f[n]+xf[n-1]=\frac{1}{2}f[n-1]+\frac{1}{2}f[n-2]+xf[n-1]$$

$$\frac{1}{\frac{1}{2}+x}=\frac{x}{\frac{1}{2}}$$

$$x1=-1,\quad x2=\frac{1}{2}$$

分别代入,就成了等比数列的形式:

$$f[n]-f[n-1]=-\frac{1}{2}f[n-1]-f[n-2]=\left(\frac{1}{2}\right)^{n-1}(f[0]+f[1])$$

$$2f[n]-f[n-1]=2f[n-1]+f[n-2]=2$$

$$f[n]=\frac{2+(-\frac{1}{2})^{n-1}}{3}$$

$$\lim_{n\to\infty}f[n]=\frac{2}{3}$$

11. 数据结构基础题。

12. 判定树。看懂注释就很简单了。if W(X)<>W(Y)说明不合格的不是在 X 就是在 Y,所以是 a。不合格的在 Z 里,所以是 b。A 已经更新,所以下一步更新 n,故选 C。

13. 分析选项可知,本题采用的是顺推方法,故选 A。

14. 最重要的就是第一个晚了同时第二个也晚了是可以的,所以只有第一个晚了,第二个准点,第二个晚了,第三个准点是不行的,所以就是 1−(0.1×0.8)−(0.2×0.9)=0.74。

15. 3min=180s,共发 180×2=360 个球。每个球 1/20 的概率到车厢中,故有 360/20=18(个)。

二、不定项选择题

1. 数据结构基础:归并和堆排序的效率一致,一般不存在最坏情况。

2. 栈的特点是先进后出,如果出现 c,a,b 这样的先逆后顺次序即为不可能,如 C 选项中的 d,b,c。

3. 一般而言,基于相邻元素比较的排序算法是稳定的排序方法。故选 D。

4. 汇编语言是早期的符号化语言,不属于高级语言,FORTRAN 属早期的高级语言,主要用于科学计算,不属于面向对象语言。

5. 图灵奖是国际计算机界的最高奖项,王选奖是我国以北京大学王选院士之名而设的计算机界的奖项。

三、问题求解

1. 要使得所有的格子中的数字都变为 0,至少需要 3 次操作。

第一次:第三排右数第二个。

第二次:第三排中间那个。

第三次:最上面那个。

2. 求方案数时,先求将 B 点单独选择的方案数,之后求将 B 点和其他点一起择出来的方案数。想让 AB 不连通的最小代价只要把直接连 B 的三条边断掉就行(1+1+2=4),不同方案的话就拿着 4 去试就行,去掉其他的边。总共有 9 条对于单线的路线,可以采用缩点的方法降低难度。

四、阅读程序写结果

1. 直接模拟即可。

$g(8,4,0)=g(8,3,0)+g(7,3,1)+g(6,3,2)=10+4+1=15$

$g(8,3,0)=g(8,2,0)+g(7,2,1)+g(6,2,2)=5+3+2=10$

$g(8,2,0)=g(8,1,0)+g(7,1,1)+g(6,1,2)+g(5,1,3)+g(4,1,4)=5$

$g(7,2,1)=g(6,1,1)+g(5,1,2)+g(4,1,3)=3$

$g(6,2,2)=g(4,1,2)+g(3,1,3)=2$

$g(7,3,1)=g(6,2,1)+g(5,2,2)=3+1=4$

$g(6,2,1)=g(5,1,1)+g(4,1,2)+g(3,1,3)=3$

$g(5,2,2)=g(3,1,2)=1$

$g(6,3,2)=g(4,2,2)=g(2,1,2)=1$

2. 奇数阶幻阵

这就是一个奇数阶幻方,知道算法的确认方向后直接写即可,看不出来的按照它给的规则写:第一行中间是 1,下一个数写在上一个数的右上面那个格(第一行的上一行是最后一行,最后一列的右面是第一列),如果右上面那个格已经填过就填它下面那个(能填右上填右上,填不了右上就填右面那个)。输出为幻方的第一行数。输入:3。输出:17 24 1 8 15。

3. 归并排序求逆序对数,看懂程序就很简单了。

输入:6 个数的序列 2 6 3 4 5 1,总共有 8 个逆序对。

4. 矩阵内 45°反弹,到哪个角就是那个,重点体会以下程序段:

```
if (x == 1 || x == n){++cnt;dx = - dx;}
if (y == 1 || y == m){++cnt;dy = - dy;}
```

五、完善程序

1. 高精度整数除法题。基本还是属于模板题。

(1) 注意指针是从 1 开始的,填 p[0]。

(2) 第二问实在没思路的话可以找两个数除一下试试条件也可以出来,实际上就是在模拟人们做竖式的时候除不了就往后错一位的过程,边界当然是能除就行,rest < q 或 q > rest 难度不大。理解了算法思想就不难填余下各项。

(3) rest/q。

(4) rest % q * 10+p[i]。

(5) rest % q。

2. 相当于送分的一道题,每一步都非常明确,第一问是更新入度,第二问是将入度为 0 的入队,第三问是删边更新入度,第四问是头指针后移,第五问是更新答案,注意求的是最长路径。

2.5 2016 第二十二届 NOIP 提高组初赛试题及解析

2.5.1 2016 第二十二届 NOIP 提高组初赛试题

一、单项选择题(共 15 题,每题 1.5 分,共计 22.5 分;每题有且仅有一个正确选项)

1. 以下不是微软公司出品的软件是( )。
   A. PowerPoint   B. Word   C. Excel   D. Acrobat Reader

2. 如果开始时计算机处于小写输入状态,现在有一只小老鼠反复按照 Caps Lock、字母键 A、字母键 S 和字母键 D 的顺序循环按键,即 Caps Lock、A、S、D、Caps Lock、A、S、D…屏幕上输出的第 81 个字符是字母( )。
   A. A   B. S   C. D   D. a

3. 二进制数 00101100 和 01010101 异或的结果是( )。
   A. 00101000   B. 01111001   C. 01000100   D. 00111000

4. 与二进制小数 0.1 相等的八进制数是( )。
   A. 0.8   B. 0.4   C. 0.2   D. 0.1

5. 以比较作为基本运算,在 N 个数中找最小数的最少运算次数为( )。
   A. N   B. N−1   C. N^2 D. log N

6. 表达式 a*(b+c)−d 的后缀表达形式为( )。
   A. abcd*+−   B. abc+*d−   C. abc*+d−   D. −+*abcd

7. 一棵二叉树如图 1-5 所示,若采用二叉树链表存储该二叉树(各个结点包括结点的数据、左孩子指针、右孩子指针),如果没有左孩子或者右孩子,则对应的为空指针。那么该链表中空指针的数目为( )。
   A. 6   B. 7   C. 12   D. 14

8. G 是一个非连通简单无向图,共有 28 条边,则该图至少有( )个顶点。
   A. 10   B. 9   C. 8   D. 7

9. 某计算机的 CPU 和内存之间的地址总线宽度是 32 位(bit),这台计算机最多可以使用( )的内存。
   A. 2GB   B. 4GB   C. 8GB   D. 16GB

10. 有以下程序:

```
# include < iostream >
using namespace std;
int main(){
    int k = 4, n = 0;
    while (n < k){
```

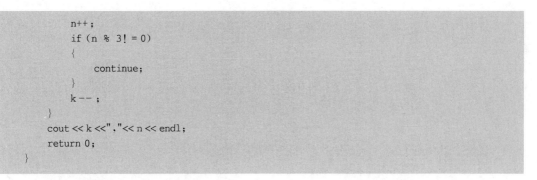

```
        n++;
        if (n % 3! = 0)
        {
            continue;
        }
        k--;
    }
    cout << k <<","<< n << endl;
    return 0;
}
```

程序运行后的输出结果是( )。

A. 2,2   B. 2,3   C. 3,2   D. 3,3

11. 有 7 个一模一样的苹果,放到 3 个一样的盘子中,一共有( )种放法。

A. 7   B. 8   C. 21   D. 3^7

12. Lucia 和她的朋友以及朋友的朋友都在某社交网站上注册了账号。图 1-7 是他们之间的关系图,两个人之间有边相连代表这两个人是朋友,没有边相连代表不是朋友。这个社交网站的规则是:如果某人 A 向他(她)的朋友 B 分享了某张照片,那么 B 就可以对该照片进行评论;如果 B 评论了该照片,那么他(她)的所有朋友都可以看见这个评论以及被评论的照片,但是不能对该照片进行评论(除非 A 也向他(她)分享了该照片)。现在 Lucia 已经上传了一张照片,但是她不想让 Jacob 看见这张照片,那么她可以向以下朋友( )分享该照片。

A. Dana、Michael、Eve

B. Dana、Eve、Monica、Micheal、Peter

C. Michael、Eve、Jacob

D. Monica

13. 周末小明和爸爸、妈妈 3 个人一起想动手做 3 道菜。小明负责洗菜、爸爸负责切菜、妈妈负责炒菜。假设做每道菜的顺序都是:先洗菜 10 分钟,然后切菜 10 分钟,最后炒菜 10 分钟。那么做一道菜需要 30 分钟。注意:两道不同的菜的相同步骤不可以同时进行。例如,第一道菜和第二道菜不能同时洗,也不能同时切。那么做完 3 道菜的最短时间需要( )分钟。

A. 90   B. 60   C. 50   D. 40

14. 假设某算法的计算时间表示为递推关系式:

$$T(n) = 2T\left(\frac{n}{4}\right) + \sqrt{n}$$

$$T(1) = 1$$

则算法的时间复杂度为( )。

A. $O(n)$ B. $O(\sqrt{n})$ C. $O(\sqrt{n}\log n)$ D. $O(n^2)$

15. 给定含有 n 个不同的数的数组 $L = < x_1, x_2, \cdots, x_n >$。如果 L 中存在 $x_i (1 < i < n)$ 使得 $x_1 < x_2 < \cdots < x_{i-1} < x_i > x_{i+1} > \cdots > x_n$,则称 L 是单峰的,并称 x_i 是 L 的"峰顶"。现在已知 L 是单峰的,请把 a~c 三行代码补全到算法中使得算法正确找到 L 的峰顶。

```
a.  Search(k + 1, n)
b.  Search(1, k − 1)
c.  return L[k]
Search(1, n)
1.  k ← ⌈n/2⌉
2.  if L[k] > L[k − 1] and L[k] > L[k + 1]
3.  then _____
4.  else if L[k] > L[k − 1] and L[k] < L[k + 1]
5.  then _____
6.  else _____
```

正确的填空顺序是(　　　)。

    A. c，a，b   B. c，b，a   C. a，b，c   D. b，a，c

二、不定项选择题(共 5 题,每题 1.5 分,共计 7.5 分;每题有一个或多个正确选项,多选或少选均不得分)

1. 以下属于无线通信技术的有(　　　)。

    A. 蓝牙   B. Wi-Fi   C. GPRS   D. 以太网

2. 可以将单个计算机接入到计算机网络中的网络接入通信设备有(　　　)。

    A. 网卡   B. 光驱   C. 鼠标   D. 显卡

3. 下列算法中运用分治思想的有(　　　)。

    A. 快速排序   B. 归并排序   C. 冒泡排序   D. 计数排序

4. 图 1-6 表示一个果园灌溉系统,有 A、B、C、D 四个阀门,每个阀门可以打开或关上,所有管道粗细相同。以下设置阀门的方法中,可以让果树浇上水的是(　　　)。

    A. B 打开,其他都关上   B. AB 都打开,CD 都关上

    C. A 打开,其他都关上   D. D 打开,其他都关上

5. 参加 NOI 比赛,以下不能带入考场的是(　　　)。

    A. 钢笔   B. 适量的衣服   C. U 盘   D. 铅笔

三、问题求解(共 2 题,每题 5 分,共计 10 分;每题全部答对得 5 分,没有部分分)

1. 一个 1×8 的方格图形(不可旋转)用黑、白两种颜色填涂每个方格。如果每个方格只能填涂一种颜色,且不允许两个黑格相邻,共有_____种填涂方案。

2. 某中学在安排期末考试时发现,有 7 个学生要参加 7 门课程的考试,表 2-1 列出了哪些学生参加哪些考试(用√表示要参加相应的考试)。最少要安排_____个不同的考试时间段才能避免冲突?

表 2-1

考　　试	学生 1	学生 2	学生 3	学生 4	学生 5	学生 6	学生 7
通用技术	√				√		√
物理	√	√					√
化学		√		√			
生物	√				√	√	
历史			√	√		√	
地理			√	√			√
政治			√		√		

四、阅读程序写结果（共 4 题，每题 8 分，共计 32 分）

1.

```cpp
#include <iostream>
using namespace std;
int main(){
    int a[6] = {1, 2, 3, 4, 5, 6};
    int pi = 0;
    int pj = 5;
    int t , i;
    while (pi < pj) {
        t = a[pi];
        a[pi] = a[pj];
        a[pj] = t;pi++;
        pj -- ;
    }
    for (i = 0;i < 6;i++){
        cout << a[i]<<",";
    }
    cout << endl;
    return 0;
}
```

输出：_____

2.

```cpp
#include <iostream>
using namespace std;
int main(){
    char a[100][100], b[100][100];
    string c[100];
    string tmp;
    int n, i = 0, j = 0, k = 0, total_len[100], length[100][3];

    cin >> n;
    getline(cin, tmp);
    for (i = 0;i < n;i++) {
        getline(cin, c[i]);
        total_len[i] = c[i].size();
    }
    for (i = 0;i < n;i++) {
        j = 0;
        while (c[i][j]! = ':') {
            a[i][k] = c[i][j];
            k = k + 1;
            j++;
        }
        length[i][1] = k - 1;
        a[i][k] = 0;
        k = 0;
        for (j = j + 1;j < total_len[i];j++) {
            b[i][k] = c[i][j];
```

```
            k = k + 1;
        }
        length[i][2] = k - 1;
        b[i][k] = 0;
        k = 0;
    }
    for (i = 0;i < n;i++) {
        if (length[i][1] > = length[i][2])
            cout << "NO,";
        else {
            k = 0;
            for (j = 0;j < length[i][2];j++) {
                if (a[i][k] == b[i][j])
                    k = k + 1;
                if (k > length[i][1])
                    break;
            }
            if (j == length[i][2]){
                cout << "NO,"; }
            else{
                cout << "YES,"; }
        }
    }
    cout << endl;
    return 0;
}
```

输入：3

AB：ACDEbFBkBD

AR：ACDBrT

SARS：Severe Atypical Respiratory Syndrome

输出：_____

（注：输入各行前后均无空格）

3.

```
# include < iostream >
using namespace std;
int lps(string seq, int i, int j) {
    int len1, len2;
    if (i == j){
        return 1;
    }
    if (i > j){
        return 0;
    }
    if (seq[i] == seq[j]){
        return lps(seq, i + 1, j - 1) + 2;
    }
    len1 = lps(seq, i, j - 1);
    len2 = lps(seq, i + 1, j);
```

```
        if (len1 > len2){
            return len1;
        }
        return len2;
}

int main(){
        string seq = "acmerandacm";
        int n = seq.size();
        cout << lps(seq, 0, n - 1)<< endl;
        return 0;
}
```

输出：_____

4.

```
# include < iostream >
# include < cstring >
using namespace std;
int map[100][100];
int sum[100], weight[100];
int visit[100];
int n;

void dfs(int node) {
        visit[node] = 1;
        sum[node] = 1;
        int v, maxw = 0;
        for (v = 1;v <= n;v++) {
            if (! map[node][v] || visit[v]){
                continue;
            }
            dfs(v);
            sum[node] += sum[v];
            if (sum[v]> maxw){
                maxw = sum[v];
            }
        }
        if (n - sum[node]> maxw){
            maxw = n - sum[node];
        }
        weight[node] = maxw;
}

int main(){
        memset(map, 0, sizeof(map));
        memset(sum, 0, sizeof(sum));
        memset(weight, 0, sizeof(weight));
        memset(visit, 0, sizeof(visit));
        cin >> n;
```

```
    int i, x, y;
    for (i = 1; i < n; i++) {
        cin >> x >> y;
        map[x][y] = 1;
        map[y][x] = 1;
    }
    dfs(1);
    int ans = n, ansN = 0;
    for (i = 1; i <= n; i++) {
        if (weight[i] < ans) {
            ans = weight[i];
            ansN = i;
        }
    }
    cout << ansN << " " << ans << endl;
    return 0;
}
```

输入：11
1 2
1 3
2 4
2 5
2 6
3 7
7 8
7 11
6 9
9 10
输出：_____

五、完善程序(共 2 题,每题 14 分,共计 28 分)

1.(**交朋友**)根据社会学研究表明,人们都喜欢找和自己身高相近的人做朋友。现在有 n 名身高两两不相同的同学依次走入教室,调查人员想预测每个人在走入教室的瞬间最想和已经进入教室的哪个同学做朋友。当有两名同学和这名同学的身高差一样时,这名同学会更想和高的那个人做朋友。例如,一名身高为 1.80m 的同学进入教室时,有一名身高为 1.79m 的同学和一名身高为 1.81m 的同学在教室里,那么这名身高为 1.80m 的同学会更想和身高为 1.81m 的同学做朋友。对于第一个走入教室的同学不做预测。

由于知道所有人的身高和走进教室的次序,所以可以采用离线的做法来解决这样的问题。用排序加链表的方式帮助每个人找到在他之前进入教室的并且和他身高最相近的人。(第 1 空 2 分,其余 3 分)

```
# include < iostream >
using namespace std;
# define MAXN 200000
```

```
#define infinity 2147483647
int answer[MAXN], height[MAXN], previous[MAXN], next[MAXN];
int rank[MAXN];
int n;

void sort(int l, int r) {
    int x = height[rank[(l + r) / 2]], i = l, j = r, temp;
    while (i <= j){
        while (height[rank[i]]< x)i++;
        while (height[rank[j]]> x)j--;
        if (  (1)   ){
            temp = rank[i];
            rank[i] = rank[j];
            rank[j] = temp;
            i++;j--;
        }
    }
    if (i < r){
        sort(i, r);
    }
    if (l < j){
        sort(l, j);
    }
}

int main(){
    cin >> n;
    int i, higher, shorter;
    for (i = 1;i <= n;i++){
        cin >> height[i];
        rank[i] = i;
    }
    sort(1, n);
    for (i = 1;i <= n;i++){
        previous[rank[i]] = rank[i - 1];
          (2)  ;
    }
    for (i = n;i >= 2;i-- ){
        higher = shorter = infinity;
        if (previous[i] != 0){
            shorter = height[i] - height[previous[i]];
        }
        if (next[i]! = 0){
              (3)  ;
        }
        if (  (4)   ){
            answer[i] = previous[i];
        }
        else{
            answer[i] = next[i];
        }
        next[previous[i]] = next[i];
          (5)  ;
```

```
        }
        for (i = 2;i <= n;i++){
            cout << i <<";"<< answer[i];
        }
        return 0;
}
```

2.（**交通中断**）有一个小国家,国家内有 n 座城市和 m 条双向的道路,每条道路连接着两座不同的城市。其中,1 号城市为国家的首都。由于地震频繁可能导致某一个城市与外界交通全部中断。这个国家的首脑想知道,如果只有第 i(i > 1)个城市因地震而导致交通中断时,首都到多少个城市的最短路径长度会发生改变。如果因为无法通过第 i 个城市而导致从首都出发无法到达某个城市,也认为到达该城市的最短路径长度改变。

对于每一个城市 i,假定只有第 i 个城市与外界交通中断,输出有多少个城市会因此导致到首都的最短路径长度改变。

采用邻接表的方式存储图的信息,其中,head[x]表示顶点 x 的第一条边的编号,next[i]表示第 i 条边的下一条边的编号,point[i]表示第 i 条边的终点,weight[i]表示第 i 条边的长度。（第 1 空 2 分,其余 3 分）

```
# include < iostream >
# include < cstring >
using namespace std;
# define MAXN 6000
# define MAXM 100000
# define infinity 2147483647
int head[MAXN], next[MAXM], point[MAXM], weight[MAXM];
int queue[MAXN], dist[MAXN], visit[MAXN];
int n, m, x, y, z, total = 0, answer;

void link(int x,int y,int z){
    total++;
    next[total] = head[x];
    head[x] = total;
    point[total] = y;
    weight[total] = z;
    total++;
    next[total] = head[y];
    head[y] = total;
    point[total] = x;
    weight[total] = z;
}
int main(){
    int i, j, s, t;
    cin >> n >> m;
    for (i = 1;i <= m;i++){
        cin >> x >> y >> z;
        link(x, y, z);
    }
    for (i = 1;i <= n;i++){
        dist[i] = infinity;
    }
```

```
    (1)    ;
queue[1] = 1;
visit[1] = 1;
s = 1;
t = 1;
//使用 SPFA 求出第一个点到其余各点的最短路径长度
while (s <= t){
    x = queue[s % MAXN];
    j = head[x];
    while (j! = 0){
        if (   (2)   ){
            dist[point[j]] = dist[x] + weight[j];
            if (visit[point[j]] == 0){
                t++;
                queue[t % MAXN] = point[j];
                visit[point[j]] = 1;
            }
        }
        j = next[j];
    }
      (3)    ;
    s++;
}
for (i = 2;i <= n;i++){
    queue[1] = 1;
    memset(visit, 0, sizeof(visit));
    visit[1] = 1;
    s = 1;
    t = 1;
    while (s <= t){                //判断最短路径长度是否不变
        x = queue[s];
        j = head[x];
        while (j! = 0){
            if (point[j]! = i &&   (4)   &&visit[point[j]] == 0){
                  (5)   ;
                t++;
                queue[t] = point[j];
            }
            j = next[j];
        }
        s++;
    }
    answer = 0;
    for (j = 1;j <= n;j++){
        answer += 1 - visit[j];
    }
    cout << i <<":"<< answer - 1 << endl;
}
return 0;
}
```

2.5.2 2016 第二十二届 NOIP 提高组参考答案

一、单项选择题(共 15 题,每题 1.5 分,共计 22.5 分)

1	2	3	4	5	6	7	8	9	10	11	12	13	14	15
D	A	B	B	B	B	B	B	B	D	B	A	C	C	A

二、不定项选择题(共 5 题,每题 1.5 分,共计 7.5 分;每题有一个或多个正确选项,多选或少选均不得分)

1	2	3	4	5
ABC	A	AB	A	ABD

三、问题求解(共 2 题,每题 5 分,共计 10 分)

1. 55

2. 3

四、阅读程序写结果(共 4 题,每题 8 分,共计 32 分)

1. 6,5,4,3,2,1

2. YES,NO,YES

3. 5

4. 2 5

五、完善程序(共计 28 分,以下各程序填空可能还有一些等价的写法,由各省赛区组织本省专家审定及上机验证,可以不上报 CCF NOI 科学委员会复核)

1.

(1) i<=j(2 分)

(2) next[rank[i]]=rank[i+1](3 分)

(3) higher=height[next[i]]−height[i](3 分)

(4) shorter<higher(3 分)

(5) previous[next[i]]=previous[i](3 分)

2.

(1) dist[1]=0(2 分)

(2) dist[x]+weight[j]<dist[point[j]](3 分)

(3) visit[x]=0(3 分)

(4) dist[x]+weight[j]==dist[point[j]](3 分)

(5) visit[point[j]]=1(3 分)

2.5.3 2016 第二十二届 NOIP 提高组试题分析

一、单项选择题

1. 选项 D 是 Adobe 公司的产品,其他为微软公司 Office 产品。

2. 不难看出,按键的顺序是 5 个一循环,于是可以求出共有多少个循环,进而求出按了多少次 Caps Lock 键,最后就可以得出答案。

8. 注意是非连通图,完全图的边数是 $n\times(n-1)/2$;所以 $n=8$;所以非连通,至少 9 个点。

9. CPU 有 32 位的宽度,即为 2^{32} 的寻址空间,也即 $2^{32}/2^{10}/2^{10}/2^{10}\,\mathrm{GB}=4\mathrm{GB}$。

10. 手动模拟即可。

11. 也是手动模拟,注意形如 $(1,2,4)$ 和 $(4,2,1)$ 算同一种方法。

各种可能的放置情况如下:

$(7,0,0),(6,1,0),(5,2,0),(5,1,1),(4,3,0),$

$(4,2,1),(3,3,1),(3,2,2)$,共 8 种。

12. 就是找图中没有与 Jacob 连线的人。就看 Jacob 和哪个相连,就绝对不能让他看见照片,就是不管怎么传都不能连上他们。

13. 手动模拟。

14. 即使不会使用主定理,也可以列举一些特殊数值,并根据 $O()$ 记号的含义得出答案。

$$T(n)=2T\left(\frac{n}{4}\right)+\sqrt{n}$$

$$=2\left(2T\left(\frac{n}{16}\right)+\sqrt{\frac{n}{16}}\right)+\sqrt{n}$$

$$=2\left(2\left(2T\left(\frac{n}{64}\right)\right)\right)+2\sqrt{n}=\cdots$$

$$=2^{k}T(1)+k\times\sqrt{n}=n+\sqrt{n}\times\log n=\sqrt{n}\times\log n$$

15. 第一个空表示第 k 个数就是峰顶,第二个空表示峰顶在 $[k+1,n]$,第三个空表示峰顶在 $[1,k-1]$,理解程序就不难做对。

二、不定项选择题

1. GPRS(General Packet Radio Service)是通用分组无线服务技术的简称,它是 GSM 移动电话用户可用的一种移动数据业务,属于第二代移动通信中的数据传输技术。

2. 选项中网络接入设备是网卡,其他是单个计算机的基本输入/输出设备。

3. 考核排序的基本策略。

4. 图的连通性判定。

5. 常识题。

三、问题求解

1. 很简单的斐波那契数列。考试的时候可以把 1×1 到 1×5 的方格都模拟一下,规律就不难找到了。也可以用动态规划的思想求递推式。设 $f[n]$ 表示 $1\times n$ 的满足条件的方格的数量,则当前格只有两个选择:涂白或涂黑。第 i 个格子只和第 $i-1$ 个格子有关系,所以如果第 n 个格子涂白,那么第 $n-1$ 个格子怎么涂都行,如果第 n 个格子涂黑,那么第 $n-1$ 个格子只能涂白,但是第 $n-2$ 个格子可以任意涂,所以 $f[n]=f[n-1]+f[n-2]$。

2. 手动模拟。

四、阅读程序写结果

1. 倒序输出:6,5,4,3,2,1,。但是不细心的会漏掉最后一个逗号。

2. 输出:YES,NO,YES,。关键是程序的理解,判断冒号前的字母是否在字符串中出现,大小写要区分。逗号依然是个陷阱,不细心还是会惨痛失分。

3. 输出:5,递归模拟不难求解。

4. 求树的重心。输出 2 5。

五、完善程序

1. 基本功测试,考核快速排序的基本功。

(1) 按快排的思路写 i<=j。

(2) 模仿上面的 previous 的写法。next[rank[i]]=rank[i+1]。

(3) 模仿上面的 shorter 写,但顺序要调一下。higher=height[next[i]]−height[i]。

(4) shorter 是与矮的人的身高差,higher 是与高的人的身高差,然后根据题目就可以看出来了。shorter<higher。

(5) 模仿上面的 next 写。previous[next[i]]=previous[i]。

2. 还是数据结构基本算法的考核测试,单元最短路径算法。熟悉算法的考生就没有什么问题,会了就不难。考生需要掌握 Dijkstra 算法、Floyed 算法、Bellman-Ford 算法等。

2.6 2015 第二十一届 NOIP 提高组初赛试题及解析

2.6.1 2015 第二十一届 NOIP 提高组初赛试题

一、单项选择题(共 15 题,每题 1.5 分,共计 22.5 分;每题有且仅有一个正确选项)

1. 在计算机内部用来传送、存储、加工处理的数据或指令都是以(   )形式进行的。

  A. 二进制码   B. 八进制码   C. 十进制码   D. 智能拼音码

2. 下列说法正确的是(   )。

  A. CPU 的主要任务是执行数据运算和程序控制

  B. 存储器具有记忆能力,其中的信息任何时候都不会丢失

  C. 两个显示器屏幕尺寸相同,则它们的分辨率必定相同

  D. 个人用户只能使用 Wi-Fi 的方式连接到 Internet

3. 与二进制小数 0.1 相等的十六进制数是(   )。

  A. 0.8   B. 0.4   C. 0.2   D. 0.1

4. 下面有四个数据组,每个组各有三个数据,其中第一个数据为八进制数,第二个数据为十进制数,第三个数据为十六进制数。这四个数据组中三个数据相同的是(   )。

  A. 120 82 50   B. 144 100 68

  C. 300 200 C8   D. 1762 1010 3F2

5. 线性表若采用链表存储结构,要求内存中可用存储单元地址(   )。

  A. 必须连续   B. 部分地址必须连续

  C. 一定不连续   D. 连续不连续均可

6. 今有一空栈 S,对下列待进栈的数据元素序列 a,b,c,d,e,f 依次进行进栈、进栈、出栈、进栈、进栈、出栈的操作,则此操作完成后,栈 S 的栈顶元素为(   )。

  A. f   B. c   C. a   D. b

7. 前序遍历序列与后序遍历序列相同的二叉树为(   )。

  A. 非叶子结点只有左子树的二叉树 B. 只有根结点的二叉树

  C. 根结点无右子树的二叉树   D. 非叶子结点只有右子树的二叉树

8. 如果根的高度为 1,具有 61 个结点的完全二叉树的高度为(   )。

   A. 5   B. 6   C. 7   D. 8

9. 6 个顶点的连通图的最小生成树,其边数为(   )。

   A. 6   B. 5   C. 7   D. 4

10. 设某算法的计算时间表示为递推关系式 $T(n)=T(n-1)+n$(n 为正整数)及 $T(0)=1$,则该算法的时间复杂度为(   )。

    A. $O(\log n)$ B. $O(n \log n)$ C. $O(n)$ D. $O(n^2)$

11. 具有 n 个顶点,e 条边的图采用邻接表存储结构,进行深度优先遍历和广度优先遍历运算的时间复杂度均为(   )。

    A. $\Theta(n^2)$ B. $\Theta(e^2)$ C. $\Theta(ne)$ D. $\Theta(n+e)$

12. 在数据压缩编码的应用中,哈夫曼(Huffman)算法是一种采用(   )思想的算法。

    A. 贪心   B. 分治   C. 递推   D. 回溯

13. 双向链表中有两个指针域:llink 和 rlink,分别指回前驱及后继。设 p 指向链表中的一个结点,q 指向一待插入结点,现要求在 p 前插入 q,则正确的插入为(   )。

    A. p-> llink=q;q-> rlink=p;p-> llink-> rlink=q;q-> llink=p-> llink;

    B. q-> llink=p-> llink;p-> llink-> rlink=q;q-> rlink=p;p-> llink=q-> rlink;

    C. q-> rlink=p;p-> rlink=q;p-> llink-> rlink=q;q-> rlink=p;

    D. p-> llink-> rlink=q;q-> rlink=p;q-> llink=p-> llink;p-> llink=q;

14. 对图 G 中各个结点分别指定一种颜色,使相邻结点颜色不同,则称为图 G 的一个正常着色。正常着色图 G 所必需的最少颜色数称为 G 的色数。那么图 2-5 的色数是(   )。

    A. 3

    C. 5

    B. 4

    D. 6

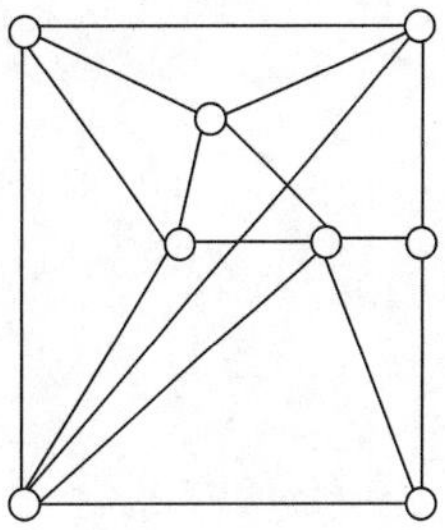

图 2-5

15. 在 NOI 系列赛事中,参赛选手必须使用由承办单位统一提供的设备。下列物品中不允许选手自带的是(   )。

    A. 鼠标   B. 笔   C. 身份证   D. 准考证

二、不定项选择题(共 5 题,每题 1.5 分,共计 7.5 分;每题有一个或多个正确选项,多选或少选均不得分)

1. 以下属于操作系统的有(   )。

   A. Windows XP   B. UNIX

   C. Linux   D. Mac OS

2. 下列属于视频文件格式的有(   )。

   A. AVI   B. MPEG   C. WMV   D. JPEG

3. 下列选项不是正确的 IP 地址的有(   )。

   A. 202.300.12.4   B. 192.168.0.3

   C. 100:128:35:91   D. 111-103-35-21

4. 下列有关树的叙述中,叙述正确的有(   )。

   A. 在含有 n 个结点的树中,边数只能是(n-1)条

B. 在哈夫曼树中,叶结点的个数比非叶结点个数多 1

C. 完全二叉树一定是满二叉树

D. 在二叉树的前序序列中,若结点 u 在结点 v 之前,则 u 一定是 v 的祖先

5. 以下图中一定可以进行黑白染色的有( )。(黑白染色:为各个结点分别指定黑白两种颜色之一,使相邻结点颜色不同)

A. 二分图   B. 完全图   C. 树   D. 连通图

三、问题求解(共 **2** 题,每题 **5** 分,共计 **10** 分;每题全部答对得 **5** 分,没有部分分)

1. 在 1 和 2015 之间(包括 1 和 2015 在内)不能被 4、5、6 三个数任意一个整除的数有_____个。

2. 结点数为 5 的不同形态的二叉树一共有_____种。(结点数为 2 的二叉树一共有两种:一种是根结点和左儿子,另一种是根结点和右儿子)

四、阅读程序写结果(共 **4** 题,每题 **8** 分,共计 **32** 分)

1.

```cpp
# include < iostream >
using namespace std;
struct point{
        int x;
        int y;
};
int main(){
    struct EX{
        int a;
        int b;
        point c;
    } e;
    e.a = 1;
    e.b = 2;
    e.c.x = e.a + e.b;
    e.c.y = e.a * e.b;
    cout << e.c.x <<','<< e.c.y << endl;
    return 0;
}
```

输出:_____

2.

```cpp
# include < iostream >
using namespace std;
void fun(char * a, char * b){
    a = b;
    ( * a)++;
}
int main(){
    char c1, c2, * p1, * p2;
    c1 = 'A';
    c2 = 'a';
```

```
        p1 = &c1;
        p2 = &c2;
        fun(p1, p2);
        cout << c1 << c2 << endl;
        return 0;
}
```

输出：_____

3.

```
#include <iostream>
#include <string>
using namespace std;
int main(){
    int len, maxlen;
    string s, ss;
    maxlen = 0;
    do{
        cin >> ss;
        len = ss.length();
        if (ss[0] == '#'){
            break;
        }
        if (len > maxlen){
            s = ss;
            maxlen = len;
        }
    } while (true);
    cout << s << endl;
    return 0;
}
```

输入：

I

am

a

citizen

of

China

#

输出：_____

4.

```
#include <iostream>
using namespace std;
int fun(int n, int fromPos, int toPos){
```

```
    int t, tot;
    if (n == 0){
        return 0;
    }
    for (t = 1;t <= 3;t++){
        if (t! = fromPos && t! = toPos){
            break;
        }
    }
    tot = 0;
    tot += fun(n - 1, fromPos, t);
    tot++;
    tot += fun(n - 1, t, toPos);
    return tot;
}

int main(){
    int n;
    cin >> n;
    cout << fun(n, 1, 3)<< endl;
    return 0;
}
```

输入：5

输出：_____

五、完善程序(共 2 题，每题 14 分，共计 28 分)

1. (**双子序列最大和**)给定一个长度为 n(3≤n≤1000)的整数序列，要求从中选出两个连续子序列，使得这两个连续子序列的序列之和最大，最终只需输出这个最大和。一个连续子序列的序列和为该连续子序列中所有数之和。要求：每个连续子序列长度至少为 1，且两个连续子序列之间至少间隔 1 个数。(第 5 空 4 分，其余 2.5 分)

```
#include < iostream >
using namespace std;
const int MAXN = 1000;int n, i, ans, sum;
int x[MAXN];
int lmax[MAXN];
//lmax[i]为仅含 x[i]及 x[i]左侧整数的连续子序列的序列和中最大的序列和
int rmax[MAXN];
//rmax[i]为仅含 x[i]及 x[i]右侧整数的连续子序列的序列和中最大的序列和
int main(){
    cin >> n;
    for (i = 0;i < n;i++){
        cin >> x[i];
    }
    lmax[0] = x[0];
    for (i = 1;i < n;i++){
        if (lmax[i - 1]<= 0){
            lmax[i] = x[i];
        }
```

```
        else{
            lmax[i] = lmax[i - 1] + x[i];
        }
    }
    for (i = 1;i < n;i++){
        if (lmax[i]< lmax[i - 1]){
            lmax[i] = lmax[i - 1];
        }
        ___(1)___;
    }
    for (i = n - 2;i > = 0;i -- ){
        if (rmax[i + 1]< = 0){
            ___(2)___;
        }
        else{
            ___(3)___;
        }
    }
    for (i = n - 2;i > = 0;i -- ){
        if (rmax[i]< rmax[i + 1]){
            ___(4)___;
        }
    }
    ans = x[0] + x[2];
    for (i = 1;i < n - 1;i++){
        sum = ___(5)___;
        if (sum > ans){
            ans = sum;
        }
    }
    cout << ans << endl;
    return 0;
}
```

2. (**最短路径问题**)无向连通图 G 有 n 个结点,依次编号为 $0,1,2,\cdots,n-1$。用邻接矩阵的形式给出每条边的边长,要求输出以结点 0 为起点出发,到各结点的最短路径长度。

使用 Dijkstra 算法解决该问题:利用 dist 数组记录当前各结点与起点的已找到的最短路径长度;每次从未扩展的结点中选取 dist 值最小的结点 v 进行扩展,更新与 v 相邻的结点的 dist 值;不断进行上述操作直至所有结点均被扩展,此时 dist 数据中记录的值即为各结点与起点的最短路径长度。(第 5 空 2 分,其余 3 分)

```
# include < iostream >
using namespace std;
const int MAXV = 100;
int n, i, j, v;
int w[MAXV][MAXV];              //邻接矩阵,记录边长
//其中,w[i][j]为连接结点 i 和结点 j 的无向边长度,若无边则为 - 1
int dist[MAXV];
int used[MAXV];                 //记录结点是否已扩展(0:未扩展;1:已扩展)
int main(){
```

```
cin >> n;
for (i = 0; i < n; i++){
    for (j = 0; j < n; j++){
        cin >> w[i][j];
    }
}
dist[0] = 0;
for (i = 1; i < n; i++){
    dist[i] = -1;
}
for (i = 0; i < n; i++){
    used[i] = 0;
}
while (true){
    ___(1)___ ;
    for (i = 0; i < n; i++){
        if (used[i]! = 1 && dist[i] ! = -1 &&(v == -1 || ___(2)___ )){
            ___(3)___ ;       }
        if (v == -1){
            break;
        }
        ___(4)___ ;
    }
    for (i = 0; i < n; i++){
        if (w[v][i] ! = -1 &&(dist[i] == -1 || ___(5)___ )){
            dist[i] = dist[v] + w[v][i];
        }
    }
}
for (i = 0; i < n; i++){
    cout << dist[i]<< endl;
}
return 0;
}
```

2.6.2 2015 第二十一届 NOIP 提高组参考答案

一、单项选择题(共 15 题,每题 1.5 分,共计 22.5 分)

1	2	3	4	5	6	7	8	9	10	11	12	13	14	15
A	A	A	D	D	B	B	B	B	D	D	D	A	D	A	A

二、不定项选择题(共 5 题,每题 1.5 分,共计 7.5 分;每题有一个或多个正确选项,多选或少选均不得分)

1	2	3	4	5
ABCD	ABC	ACD	AB	AC

三、问题求解(共 2 题,每题 5 分,共计 10 分)

1. 1075

2. 42

四、阅读程序写结果（共 **4** 题，每题 **8** 分，共计 **32** 分）

1. 3,2

2. Ab

3. citizen

4. 31

五、完善程序（共计 **28** 分，以下各程序填空可能还有一些等价的写法，由各省赛区组织本省专家审定及上机验证，可以不上报 **CCF NOI** 科学委员会复核）

1.

（1）rmax[n−1]＝x[n−1]（2.5 分）

（2）next[rank[i]]＝rank[i＋1]（2.5 分）

（3）higher＝height[next[i]]−height[i]（2.5 分）

（4）shorter＜higher（2.5 分）

（5）previous[next[i]]＝previous[i]（4 分）

2.

（1）v＝−1（3 分）

（2）dist[i]＜dist[v] 或 dist[v]＞dist[i] 或 dist[i]<=dist[v] 或 dist[v]>=dist[i]（3 分）

（3）v＝i（3 分）

（4）used[v]＝1（3 分）

（5）dist[v]＋w[v][i]＜dist[i] 或 dist[i]＞dist[v]＋w[v][i] 或 dist[v]＋w[v][i]<= dist[i] 或 dist[i]>=dist[v]＋w[v][i]（2 分）

2.6.3　2015 第二十一届 NOIP 提高组试题分析

一、单项选择题

1. 计算机内部数据的传输、加工处理和指令传输均以二进制形式进行。

2. 不清楚或不确定 CPU 功能的考生可用排除法。RAM 断电后数据即丢失；显示器的分辨率不是由尺寸而定，典型的是以每英寸的像素数（PPI）来衡量；Internet 上网的几种常用连接方式：拨号上网、ISDN、宽带上网、无线上网。

7. 前序遍历的顺序是"根→左→右"，后序遍历的顺序是"左→右→根"，对照 4 个答案，只有 B 选项能满足题目要求。也可用排除法，简单举几个例子来选。

8. $2^5−1 \leqslant 61 \leqslant 2^6−1$，所以层数为 6。

10. $T(n)＝T(n−1)＋n＝T(n−2)＋n−1＋n＝\cdots＝T(0)＋1＋2＋3＋\cdots＋n＝1＋n\times(n＋1)/2$。

11. 遍历算法中，时间复杂度主要取决于搜索邻接点的个数；邻接矩阵存储时，对于 n 个顶点每个顶点要遍历 n 次，显然是 $O(n^2)$ 的；邻接表存储时，有 n 个头结点和 e 个表结点，所有结点遍历一遍，故 D 选项正确。

12. 哈夫曼算法用来求哈夫曼树，此树的特点就是引出的路程最短，求的过程运用到贪心思想。

二、不定项选择题

1. 典型的操作系统有 UNIX、Linux、Mac OS X、Windows、iOS、Android、WP、Chrome OS 等。

2. 视频文件格式有不同的分类。

微软视频：wmv、asf、asx。

Real Player：rm、rmvb。

MPEG 视频：mpg、mpeg、mpe。

手机视频：3gp。

Apple 视频：mov。

Sony 视频：mp4、m4v。

其他常见视频：avi、dat、mkv、flv、vob。

3. 32 位 IP 地址中的 4 段数据均为八位二进制数，因此 IP 地址的范围为 0～225，段与段之间用"."隔开。即点分十进制。

4. 排除法。A 选项显然对。了解哈夫曼树的形成就能确定 B 选项是对的。完全二叉树：只有最下面的两层结点度能够小于 2，并且最下面一层的结点都集中在该层最左边的若干位置的二叉树，在前面的也可能是根的左结点。

5. 完全图是每对顶点之间都恰连有一条边的简单图。n 个端点的完全图有 n 个端点及 n(n−1)/2 条边，B 选项显然是不可以的。对于连通图，形成环的话也是显然不行的，所以是不一定的。

三、问题求解

1. 采用容排斥原理：题目要求的是不能被整除的数，但仔细想想并没有什么好的求法。于是转换思想，可以先求能被整除的数。区间内能被 4 整除的数有 503 个，能被 5 整除的数有 403 个，能被 6 整除的数有 335 个，还要减去能被 4 和 5、4 和 6、5 和 6 的最小公倍数整除的数，因为这些数被算了两遍。区间内能被 20 整除的数有 100 个，能被 12 整除的数有 167 个，能被 30 整除的数有 67 个，将这些数减去之后还不行，因为 4、5、6 的最小公倍数都被减去了，所以还要加上区间中能被 60 整除的数。求出结果是 503＋403 ＋335−100−67−167＋33＝940 个。这样求出来的是能被整除的数，所以答案是 2015−940＝1075 个。

2. N 个结点的不同形态的二叉树的个数，可按照 Catalan 数公式计算 $C(N)=\dfrac{1}{n+1} * \dfrac{(2N)!}{N! * N!}$，所以，结点数为 5 的不同形态的二叉树有(10)!/(5! * 5!)/(5+1)＝42 种。

四、阅读程序写结果

1. 定义了两个结构体，e.a＝1，e.b＝2，则 e.c.x＝e.a＋e.b＝3，e.c.y＝e.a * e.b＝2，但要注意答案输出时有个"，"，所以答案是 3,2。

2. 要注意 p1、p2、a、b 都是指针，a＝b 只是将 a 指向 b 的地址，(* a)++是将 a 指向的地址里的内容＋1，这个时候的 a 指向 c2 的地址，所以(* a)++会使得 c2＝'a'＋1＝'b'。指针变量题，要分清函数传入 * a 和 & a 的区别，* a 传入的是地址，& a 传入的是值。

3. 很容易看出程序输出的是输入数据中长度最长的字符串，故答案是 citizen。

4.递归,fun()里面的后两个参数其实并没有什么用,fun(i)＝fun(i−1)∗2＋1。答案是 $2^5-1=31$。

五、完善程序

1.双子序列最大和,lmax,rmax 的含义题目中已经给出,且程序中已给出 lmax 的求值过程,对比一下可得 rmax 的求值过程,最后统计答案。

2.没有用优先队列或堆优化的 Dijkstra 算法。

第3章 NOIP 2015—2020 普及组复试题解

从本章开始，一起看一下近几年的复试真题。考虑到书稿篇幅的问题，本书并不主张对每一个题目开展深入的探讨，以免限制读者的思维。比赛的题目往往会比较灵活，有比较多的解题方法和途径，而在此仅提供一种可行的方法而已，希望读者尽展各自的思维，力求多角度、多方法求解，至于哪个方法是更好的，自然要依据算法评价准则及算法实现的难易度来综合评价。总之，本书的题解只求能起到一个抛砖引玉的作用。

3.1 NOIP 2015 普及组复试题解

3.1.1 T1：金币

【题目描述】

国王将金币作为工资，发放给忠诚的骑士。第一天，骑士收到一枚金币；之后两天（第二天和第三天），每天收到两枚金币；之后三天（第四、五、六天），每天收到三枚金币；之后四天（第七、八、九、十天），每天收到四枚金币……这种工资发放模式会一直延续下去：当连续 N 天每天收到 N 枚金币后，骑士会在之后的连续 N+1 天里，每天收到 N+1 枚金币。

请计算在前 K 天里，骑士一共获得了多少金币。

【输入】

输入文件只有 1 行，包含一个正整数 K，表示发放金币的天数。

【输出】

输出文件只有 1 行，包含一个正整数，即骑士收到的金币数。

【样例输入】

6

【样例输出】

14

【解析】

利用循环语句模拟。

【参考代码】

```
# include < bits/stdc++.h>
using namespace std;
int k,mon,ans;
int main(){
```

```
scanf("%d",&k);
mon = 1;
while (k){
    if (k >= mon){
        ans += mon * mon;k -= mon;
    }else{
        ans += mon * k;k = 0;
    }
    mon++ ;
}
printf("%d\n",ans);return 0;
}
```

3.1.2　T2：扫雷游戏

【题目描述】

扫雷游戏是一款十分经典的单机小游戏。在 n 行 m 列的雷区中有一些格子含有地雷（称为地雷格），其他格子不含地雷（称为非地雷格）。玩家翻开一个非地雷格时，该格将会出现一个数字——提示周围格子中有多少个是地雷格。游戏的目标是在不翻出任何地雷格的条件下，找出所有的非地雷格。

现在给出 n 行 m 列的雷区中的地雷分布，要求计算出每个非地雷格周围的地雷格数。

注：一个格子的周围格子包括其上、下、左、右、左上、右上、左下、右下 8 个方向上与之直接相邻的格子。

【输入】

输入文件第一行是用一个空格隔开的两个整数 n 和 m，分别表示雷区的行数和列数。

接下来 n 行，每行 m 个字符，描述了雷区中的地雷分布情况。字符'＊'表示相应格子是地雷格，字符'?'表示相应格子是非地雷格。相邻字符之间无分隔符。

【输出】

输出文件包含 n 行，每行 m 个字符，描述整个雷区。用'＊'表示地雷格，用周围的地雷个数表示非地雷格。相邻字符之间无分隔符。

【样例输入】

```
3　3
＊??
???
?＊?
```

【样例输出】

```
＊10
221
1＊1
```

【解析】

循环遍历每个'?'，对于每个'?'，统计其四周 8 个点'＊'的数量。8 个方向可以用数组预处理（参见代码），同时需要注意边界。

【参考代码】

```cpp
# include < bits/stdc++.h>
using namespace std;
char s[105][105];
int n,m,a[105][105];
int dx[] = {0,0,1,-1,1,1,-1,-1};          //8 个方向
int dy[] = {1,-1,0,0,1,-1,1,-1};
int main(){
    scanf("%d%d",&n,&m);
    for (int i = 1;i <= n;i++){            //整行读入字符串
        scanf("%s",s[i]+1);
    }
    for (int i = 1;i <= n;i++){
        for (int j = 1;j <= m;j++){
            if (s[i][j] == '*'){
                printf("*");
            }
            else{
                int cnt = 0;
                for (int k = 0;k < 8;k++){
                    int x = i + dx[k], y = j + dy[k];
                    if (x >= 1 && x <= n && y >= 1 && y <= m && s[x][y] == '*'){
                        cnt++;
                    }
                }
                printf("%d",cnt);
            }
        }
        printf("\n");
    }
    return 0;
}
```

3.1.3　T3：求和

【题目描述】

一条狭长的纸带被均匀划分出了 n 个格子(图 3-1)，格子的编号为 1~n。每个格子上都染了一种颜色 $color_i$(i 用[1,m]区间中的一个整数表示)，并且写了一个数字 $number_i$。

图 3-1　样例输入数据的纸带

定义一种特殊的三元组(x,y,z)，其中，x,y,z 代表纸带上格子的编号，这里的三元组要求满足以下两个条件。

(1) x, y, z 是整数，x<y<z，y−x=z−y；

(2) $color_x$=$color_z$。

满足上述条件的三元组的分数规定为(x+z)×($number_x$+$number_z$)。整个纸带的分数规定为所有满足条件的三元组的分数的和。这个分数可能会很大，只要输出整个纸带的分数除以 10007 所得的余数即可。

【输入】

第一行是用一个空格隔开的两个正整数 n 和 m，n 表示纸带上格子的个数，m 表示纸带上颜色的种类数。

第二行有 n 个用空格隔开的正整数，第 i 个数字 number 表示纸带上编号为 i 的格子上面写的数字。

第三行有 n 个用空格隔开的正整数，第 i 个数字 color 表示纸带上编号为 i 的格子染的颜色。

【输出】

共一行，一个整数，表示所求的纸带分数除以 10007 所得的余数。

【样例输入】

6 2

5 5 3 2 2 2

2 2 1 1 2 1

【样例输出】

82

【解析】

同种颜色，下标都为奇数的可以两两产生分数，下标都为偶数的可以两两产生分数，所以在做题时，可以根据下标奇偶分为两组分别计算即可。

接下来就要列计算式了。

例如，对于奇数下标(共有 k 个)的某颜色$(x_1, num_1), (x_2, num_2), \cdots, (x_k, num_k)$，得分为：

$$(x_1 + x_2) \times (num_1 + num_2) + (x_1 + x_3) \times (num_1 \times num_3) + \cdots$$
$$+ (x_1 + x_k) \times (num_1 \times num_k) + (x_2 + x_3) \times (num_2 + num_3) + \cdots$$
$$+ (x_2 + x_k) \times (num_2 \times num_k) + \cdots + (x_{(k-1)} + x_k) \times (num_{(k-1)} + num_k)$$

调整一下式子得到：

$$(k-1) \times x_1 \times num_1 + x_1 \times (num_2 + num_3 + \cdots + num_k) +$$
$$(k-1) \times x_2 \times num_2 + x_2 \times (num_1 + num_3 + \cdots + num_k) + \cdots$$
$$(k-1) \times x_k \times num_k + x_k \times (num_1 + num_2 + \cdots + num_{(k-1)})$$

将每行第一部分取一个 $x_i \times num$ 调整到后面，就为：

$$(k-2) \times x_1 \times num_1 + x_1 \times (num_1 + num_2 + \cdots + num_k) + \cdots$$
$$(k-2) \times x_2 \times num_2 + x_2 \times (num_1 + num_2 + \cdots + num_k) + \cdots$$
$$(k-2) \times x_k \times num_k + x_k \times (num_1 + num_2 + \cdots + num_k)$$

提取公因式后：

$$(k-2) \times (x_1 \times num_1 + x_2 \times num_2 + \cdots + x_k \times num_k) +$$
$$(x_1 + x_2 + \cdots + x_k) \times (num_1 + num_2 + \cdots + num)$$

化简到这里，基本上可以写程序了。

对于 100% 的数据，其实 m 也不是很大，可以用桶 k[c]记录第 color 颜色的数量，sumxn[c]记录第 color 颜色下标 i 乘以数字 num[i]的累加和，sumx[c]记录第 color 颜色下标 i 的累加，sumn[c]记录第 color 颜色数字 num[i]的累加，统计出来之后，就可以直接运算出结果了。

【参考代码】

```cpp
#include <bits/stdc++.h>
using namespace std;
const int M = 100005;
const int P = 10007;
int n,m,num[M],cor[M],ans;
int k1[M],sumxn1[M],sumx1[M],sumn1[M];
int k2[M],sumxn2[M],sumx2[M],sumn2[M];
int main(){
    scanf("%d%d",&n,&m);
    for (int i = 1;i <= n;i++){
        scanf("%d",&num[i]);
    }
    for (int i = 1;i <= n;i++){
        scanf("%d",&cor[i]);
    }
    for (int i = 1;i <= n;i++){
        if (i&1){                    //奇数的情况
            int c = cor[i];
            k1[c]++;
            sumxn1[c] = (sumxn1[c] + i % P * num[i] % P) % P;
            sumx1[c] = (sumx1[c] + i) % P;
            sumn1[c] = (sumn1[c] + num[i]) % P;
        }else{                       //偶数的情况
            int c = cor[i];
            k2[c]++;
            sumxn2[c] = (sumxn2[c] + i % P * num[i] % P) % P;
            sumx2[c] = (sumx2[c] + i) % P;
            sumn2[c] = (sumn2[c] + num[i]) % P;
        }
    }
    for (int i = 1;i <= m;i++){
        if (k1[i] >= 2)ans = (ans + (k1[i] - 2) * sumxn1[i] + sumx1[i] * sumn1[i]) % P;
        if (k2[i] >= 2)ans = (ans + (k2[i] - 2) * sumxn2[i] + sumx2[i] * sumn2[i]) % P;
    }
    printf("%d\n",ans);
    return 0;
}
```

3.1.4 T4：推销员

【题目描述】

阿明是一名推销员，他奉命到螺丝街推销他们公司的产品。螺丝街是一条死胡同，出口与入口是同一个，街道的一侧是围墙，另一侧是住户。螺丝街一共有 N 家住户，第 i 家住户到入口的距离为 Si 米。由于同一栋房子里可以有多家住户，所以可能有多家住户与入口的距离相等。阿明会从入口进入，依次向螺丝街的 X 家住户推销产品，然后再原路走出去。

阿明每走 1 米就会积累 1 点疲劳值，向第 i 家住户推销产品会积累 Ai 点疲劳值。阿明是工作狂，他想知道，对于不同的 X，在不走多余路的前提下，他最多可以积累多少点疲劳值。

【输入】

第一行有一个正整数 N,表示螺丝街住户的数量。

接下来的一行有 N 个正整数,其中,第 i 个整数 Si 表示第 i 家住户到入口的距离。数据保证 S1≤S2≤…≤Sn < 10^8。

接下来的一行有 N 个正整数,其中,第 i 个整数 Ai 表示向第 i 户住户推销产品会积累的疲劳值。数据保证 Ai < 10^3。

【输出】

输出 N 行,每行一个正整数,第 i 行整数表示当 X＝i 时,阿明最多积累的疲劳值。

【样例输入】

5

1 2 3 4 5

1 2 3 4 5

【样例输出】

15

19

22

24

25

【解析】

本题可以用贪心算法解决。题目希望疲劳值最大,可以按疲劳值从大到小排序,随着 X 的不断增大,希望可以有更多较大疲劳值的点加入,而距离只要在这些点中取最远距离。

这里可以得出一个结论:选取的 X 个点中,至少有 X－1 个点的疲劳值是取最大的前 X－1 个值,剩下一个选取距离×2＋疲劳值最大的点。

可以这么理解:如果取疲劳值前 X 大点中的 X－2 个,剩下两个点选非前 X 大的值,那么剩下两个点中至少有一个点的距离是不用计算的,这个点换成疲劳值更大的点,会让答案更大一些。所以 X 个点中,至少有 X－1 个点的疲劳值是前 X－1 大的,剩下一个选择距离×2＋疲劳值最大的点。答案要么选前 i 大疲劳值的点,要么选前 i－1 大疲劳值的点和距离×2＋疲劳值最大的点。

【参考代码】

```
# include < bits/stdc++.h>
using namespace std;
int n,sum[100005],pre[100005],last[100005];
//sum[i]表示前 i 大疲劳值的前缀和
//pre[i]表示前 i 个点中距离 ＊2 的最大值
//last[i]表示点 i～n 中距离 ＊2＋疲劳值的最大值
struct node{
    int d,v;                        //距离和疲劳值
}p[100010];
bool cmp(node x,node y)
{
```

```
        return x.v > y.v;
}
int main(){
    scanf("%d",&n);
for (int i = 1;i <= n;i++){
        scanf("%d",&p[i].d);
}
for (int i = 1;i <= n;i++){
        scanf("%d",&p[i].v);
}
    sort(p + 1,p + 1 + n,cmp);                  //按疲劳值从大到小排序
    for (int i = 1;i <= n;i++){
        sum[i] = sum[i - 1] + p[i].v;
    }
    for (int i = 1;i <= n;i++){
        pre[i] = max(pre[i - 1],2 * p[i].d);    //前 i 个中最大距离
    }
    for (int i = n;i >= 1;i -- ){
        last[i] = max(last[i + 1],2 * p[i].d + p[i].v);   //后 i 个中最大值
    }
    for (int i = 1;i <= n;i++){
        printf("%d\n",max(sum[i] + pre[i],sum[i - 1] + last[i]));
    }
    return 0;
}
```

3.2　NOIP 2016 普及组复试题解

3.2.1　T1：买铅笔

【题目描述】

P 老师需要去商店买 n 支铅笔作为小朋友们参加 NOIP 的礼物。她发现商店一共有 3 种包装的铅笔,不同包装内的铅笔数量有可能不同,价格也有可能不同。公平起见,P 老师决定只买同一种包装的铅笔。

商店不允许将铅笔的包装拆开,因此 P 老师可能需要购买超过 n 支铅笔才够给小朋友们发礼物。

现在 P 老师想知道,在商店每种包装的数量都足够的情况下,要买够至少 n 支铅笔最少需要花费多少钱。

【输入】

第一行包含一个正整数 n,表示需要的铅笔数量。

接下来 3 行中,每行用两个正整数描述一种包装的铅笔:其中,第 1 个整数表示这种包装内铅笔的数量,第 2 个整数表示这种包装的价格。

保证所有的 7 个数都是不超过 10000 的正整数。

【输出】

1 个整数,表示 P 老师最少需要花费的钱。

【样例输入】

57

2   2

50   30

30   27

【样例输出】

54

【解析】

枚举每个包装,判断一下 n 是不是当前这个包装数量的整倍数,如果是就直接用 n/包装数量×每个的价钱,如果不是,就用(n/包装数量+1)×单价,最后再判断最小值。

【参考代码】

```
#include<bits/stdc++.h>
using namespace std;
int main(){
    int n,ans=100000000,t;
    scanf("%d",&n);
    for(int i=1;i<=3;i++){
        int a,b;
        scanf("%d%d",&a,&b);
        t=((n-1)/a+1)*b;
        ans=min(ans,t);
    }
    printf("%d\n",ans);
return 0;
}
```

3.2.2 T2：回文日期

【题目描述】

在日常生活中,通过年、月、日这三个要素可以表示出一个唯一确定的日期。

牛牛习惯用 8 位数字表示一个日期,其中,前 4 位代表年份,接下来 2 位代表月份,最后 2 位代表日期。显然,一个日期只有一种表示方法,而两个不同的日期的表示方法不会相同。

牛牛认为,一个日期是回文的,当且仅当表示这个日期的 8 位数字是回文的。现在牛牛想知道:在他指定的两个日期之间(包含这两个日期本身),有多少个真实存在的日期是回文的。

一个 8 位数字是回文的,当且仅当对于所有的 i(1≤i≤8)从左向右数的第 i 个数字和第 9-i 个数字(即从右向左数的第 i 个数字)是相同的。

例如：

• 对于 2016 年 11 月 19 日,用 8 位数字 20161119 表示,它不是回文的。

- 对于 2010 年 1 月 2 日,用 8 位数字 20100102 表示,它是回文的。
- 对于 2010 年 10 月 2 日,用 8 位数字 20101002 表示,它不是回文的。

每一年中都有 12 个月份,其中,1、3、5、7、8、10、12 月每个月有 31 天;4、6、9、11 月每个月有 30 天;而对于 2 月,闰年时有 29 天,平年时有 28 天。

一个年份是闰年当且仅当它满足下列两种情况其中的一种:

(1) 这个年份是 4 的整数倍,但不是 100 的整数倍。

(2) 这个年份是 400 的整数倍。

例如,

- 以下几个年份都是闰年:2000、2012、2016。
- 以下几个年份是平年:1900、2011、2014。

【输入】

两行,每行包括一个 8 位数字。

第一行表示牛牛指定的起始日期。

第二行表示牛牛指定的终止日期。

保证 $date_i$ 都是真实存在的日期,且年份部分一定为 4 位数字,且首位数字不为 0。

保证 $date_1$ 一定不晚于 $date_2$。

【输出】

一个整数,表示在 $date_1$ 和 $date_2$ 之间有多少个日期是回文的。

【样例输入】

```
20110101
20111231
```

【样例输出】

```
1
```

【解析】

因为是回文,所以符合条件的日期满足后 4 位是前 4 位的逆序,可以枚举后 4 位,即枚举月份和日期,从而确定前 4 位,这样保证枚举的日期是回文日期,然后判断是否在题目给定的日期范围内即可。

【参考代码】

```cpp
# include <bits/stdc++.h>
using namespace std;
int d1,d2,d,ans;
int md[13] = {0,31,29,31,30,31,30,31,31,30,31,30,31};
//预先设置每个月的天数,回文日期肯定是闰年
int main(){
    scanf("%d%d",&d1,&d2);
    for (int i = 1;i <= 12;i++){
        for (int j = 1;j <= md[i];j++){
            int y = (j % 10) * 1000 + (j/10) * 100 + (i % 10) * 10 + (i/10);
            d = y * 10000 + i * 100 + j;
            if (d1 <= d && d <= d2){
                ans++;
            }
```

```
        }
    }
    printf(" % d",ans);
    return 0;
}
```

3.2.3　T3：海港

【题目描述】

小 K 是一个海港的海关工作人员，每天都有许多船只到达海港，船上通常有很多来自不同国家的乘客。

小 K 对这些到达海港的船只非常感兴趣，他按照时间记录下了到达海港的每一艘船只情况；对于第 i 艘到达的船，他记录了这艘船到达的时间 t_i（单位：s），船上的乘客数 k_i，以及每名乘客的国籍 $x_{i,1}$，$x_{i,2}$，$\cdots$，$x_{i,k}$。

小 K 统计了 n 艘船的信息，希望你帮忙计算出以每一艘船到达时间为止的 24h（24h＝86400s）内所有乘船到达的乘客来自多少个不同的国家。

形式化地讲，你需要计算 n 条信息。对于输出的第 i 条信息，你需要统计满足 $t_i - 86400 < t_p \leqslant t_i$ 的船只 p，在所有的 $x_{p,j}$ 中，总共有多少个不同的数。

【输入】

第一行输入一个正整数 n，表示小 K 统计了 n 艘船的信息。

接下来 n 行中，每行描述一艘船的信息：前两个整数 t_i 和 k_i 分别表示这艘船到达海港的时间和船上的乘客数量，接下来 k_i 个整数 $x_{i,j}$ 表示船上乘客的国籍。

保证输入的 t_i 是递增的，单位是 s；表示从小 K 第一次上班开始计时，这艘船在第 t_i 秒到达海港。

【输出】

输出 n 行，第 i 行输出一个整数表示第 i 艘船到达后的统计信息。

【样例输入】

```
3
1  4  4  1  2  2
2  2  2  3
10  1  3
```

【样例输出】

```
3
4
4
```

【解析】

本题可以用队列＋桶解决。每次输入直接把船上游客拆开用队列记录时间和国家，存入时如果发现这个国家编号都不与其他在队列中的国家编号相同，ans＋1 并记录国家编号出现次数（桶计数加 1），然后每次从当前队首枚举过来，队首元素时间在一天外（超过86400s）就出队（桶计数减 1），如果出队的国家编号都不与其他在队列中的国家编号相同，则 ans-1。

【参考代码】

```
# include < bits/stdc++.h >
using namespace std;
int n,cnt[100005],ans,le,ri;
struct node{
    int t,g;
}q[3000005];
int main(){
    scanf("%d",&n);
    for (int i = 1;i <= n;i++){
        int t,k;scanf("%d %d",&t,&k);
        for (int j = 1;j <= k;j++){
            scanf("%d",&q[++ri].g);
            q[ri].t = t;
            cnt[q[ri].g]++;
            if (cnt[q[ri].g] == 1)ans++;
        }
        while (le < ri && q[le + 1].t <= t - 86400){
            cnt[q[le + 1].g] -- ;
            if (cnt[q[le + 1].g] == 0)ans -- ;
            le++;
        }
        printf("%d\n",ans);
    }
return 0;
}
```

3.2.4 T4：魔法阵

【题目描述】

60 年一次的魔法战争就要开始了,大魔法师准备从附近的魔法场中汲取魔法能量。

大魔法师有 m 个魔法物品,编号分别为 $1,2,\cdots,m$。每个物品具有一个魔法值,用 X_i 表示编号为 i 的物品的魔法值。每个魔法值 X_i 是不超过 n 的正整数,可能有多个物品的魔法值相同。

大魔法师认为,当且仅当 4 个编号 a,b,c,d 的魔法物品满足 $X_a < X_b < X_c < X_d$, $X_b - X_a = 2(X_d - X_c)$,并且 $X_b - X_a < (X_c - X_b)/3$ 时,这 4 个魔法物品形成了一个魔法阵,他称这 4 个魔法物品分别为这个魔法阵的 A 物品,B 物品,C 物品,D 物品。

现在,大魔法师想要知道,对于每个魔法物品,作为某个魔法阵的 A 物品出现的次数,作为 B 物品出现的次数,作为 C 物品出现的次数,以及作为 D 物品出现的次数。

【输入】

第一行包含两个空格隔开的正整数 n、m。

接下来 m 行中,每行一个正整数,第 i＋1 行的正整数表示 X_i,即编号为 i 的物品的魔法值。

保证 $1 \leqslant n \leqslant 15000, 1 \leqslant m \leqslant 40000, 1 \leqslant X_i \leqslant n$。每个 X_i 是分别在合法范围内等概率随机

生成的。

【输出】

共 m 行,每行 4 个整数。第 i 行的 4 个整数依次表示编号为 i 的物品作为 A、B、C、D 物品分别出现的次数。

保证标准输出中的每个数都不会超过 10^9。每行相邻的两个数之间用一个空格隔开。

【样例输入】

```
30  8
1
24
7
28
5
29
26
24
```

【样例输出】

```
4 0 0 0
0 0 1 0
0 2 0 0
0 0 1 1
1 3 0 0
0 0 0 0
0 0 2 2
0 0 1 0
```

【解析】

对于读入的每个数 v[i],可以统计这个值出现了多少次,用 cnt[i] 统计 i 这个值出现的次数,由条件 $x_a < x_b < x_c < x_d$,$x_b - x_a = 2(x_d - x_c)$,$x_b - x_a < (x_c - x_b)/3$ 可知枚举的 4 个数之间的大小关系。

设 x_c 与 x_d 的距离为 t ($t < n/9$),那么 x_a 与 x_b 的距离为 2t,x_b 与 x_c 的距离 $\geq 6t+1$。这样,就可以不用暴力枚举 4 个值,只要枚举 x_a、t、x_c,就可以推出 x_b 和 x_d,这样做的复杂度为 $O(n^3/9)$,还是太高。

考虑到枚举 x_a 和 t 时,在离 x_a 点向右 8t+1 的 x_c、x_d 点对,都可以跟 x_a、x_b 凑成答案。我们可以预处理距离为 t 的点对数量的后缀和,表示为 sumcd[i] = sumcd[i+1]+cnt[i] * cnt[i+t],这样枚举完 x_a 和 t 时,x_a 可以成为 a 点的次数为 cnt[xa+2 * t] * sumcd[xa+8 * t+1]。

同时,x_a+2t 可以成为 b 点的次数为 cnt[xa] * sumcd[xa+8 * t+1]。

类似地,可以预处理距离为 2t 的点对数量的前缀和,表示为 sumab[i]=sumab[i−1]+cnt[i] * cnt[i−2 * t],这样枚举 x_d 和 t 时,x_d 可以成为 d 点的次数为 cnt[xd−t] * sumab[xd−7 * t−1];同时,xd−t 可以成为 c 点的次数为 cnt[xd] * sumcd[xd−7 * d−1]。

这样,就可以统计每个数值作为 a、b、c、d 点符合条件的次数,时间复杂度为 $O(n^2/9)$。

【参考代码】

```cpp
#include <bits/stdc++.h>
using namespace std;
const int M = 15005;
int n,m,v[40005],a[M],b[M],c[M],d[M],cnt[M],sumab[M],sumcd[M];
int main(){
    scanf("%d%d",&n,&m);
    for (int i = 1;i <= m;i++){
        scanf("%d",&v[i]);cnt[v[i]]++;
    }
    for (int t = 1;t <= n/9;t++){
        for (int i = 0;i <= n + 1;i++){
            sumab[i] = sumcd[i] = 0;
        }
        for (int i = n - t;i >= 1;i--){              //后缀和
            sumcd[i] = sumcd[i + 1] + cnt[i] * cnt[i + t];
        }
        for (int i = 1 + 2 * t;i <= n;i++){          //前缀和
            sumab[i] = sumab[i - 1] + cnt[i] * cnt[i - 2 * t];
        }
        for (int i = 1;i + 8 * t + 1 <= n;i++){
            a[i] += cnt[i + 2 * t] * sumcd[i + 8 * t + 1];
            b[i + 2 * t] += cnt[i] * sumcd[i + 8 * t + 1];
        }
        for (int i = n;i - 7 * t - 1 >= 1;i--){
            d[i] += cnt[i - t] * sumab[i - 7 * t - 1];
            c[i - t] += cnt[i] * sumab[i - 7 * t - 1];
        }
    }
    for (int i = 1;i <= m;i++){
        printf("%d %d %d %d\n",a[v[i]],b[v[i]],c[v[i]],d[v[i]]);
    }
    return 0;
}
```

3.3　NOIP 2017 普及组复试题解

3.3.1　T1:成绩

【题目描述】

牛牛最近学习了 C++入门课程,这门课程的总成绩计算方法是:

　　　　总成绩=作业成绩×20%＋小测成绩×30%＋期末考试成绩×50%

牛牛想知道,这门课程自己最终能得到多少分。

【输入】

输入文件只有一行,包含 3 个非负整数 A、B、C,分别表示牛牛的作业成绩、小测成绩和期末考试成绩。相邻两个数之间用一个空格隔开,3项成绩满分都是100分。

【输出】

输出文件只有一行,包含一个整数,即牛牛这门课程的总成绩,满分也是100分。

【样例输入】

100　100　80

【样例输出】

90

【解析】

浮点数运算即可。

【参考代码】

```cpp
#include<bits/stdc++.h>
using namespace std;
int main(){
    double a,b,c;
    scanf("%lf%lf%lf",&a,&b,&c);
    printf("%.0f\n",a*0.2+b*0.3+c*0.5);
    return 0;
}
```

3.3.2　T2：图书管理员

【题目描述】

图书馆中每本书都有一个图书编码,可以用于快速检索图书,这个图书编码是一个正整数。每位借书的读者手中有一个需求码,这个需求码也是一个正整数。如果一本书的图书编码恰好以读者的需求码结尾,那么这本书就是这位读者所需要的。小D刚刚当上图书馆的管理员,她知道图书馆里所有书的图书编码,她请你帮她写一个程序,对于每一位读者,求出他所需要的书中图书编码最小的那本书,如果没有他需要的书,请输出−1。

【输入】

输入文件的第一行,包含两个正整数n和q,以一个空格隔开,分别代表图书馆里书的数量和读者的数量。

接下来的n行中,每行包含一个正整数,代表图书馆里某本书的图书编码。

接下来的q行中,每行包含两个正整数,以一个空格隔开,第一个正整数代表图书馆里读者的需求码的长度,第二个正整数代表读者的需求码。

【输出】

输出文件有q行,每行包含一个整数,如果存在第i个读者所需要的书,则在第i行输出第i个读者所需要的书中图书编码最小的那本书的图书编码,否则输出−1。

【样例输入】

5　5

2123

1123

23
24
24
2　23
3　123
3　124
2　12
2　12

【样例输出】

23
1123
－1
－1
－1

【解析】

首先对图书编码从小到大排序。因为数据范围很小,对于读者的每个需求,可以从小到大枚举每本图书,如果图书的末尾数字是读者的需求码,则输出第一个满足要求的图书编码;如果没有符合读者的需求码,则输出－1。至于如何判断图书编码末尾是否是读者的需求码,可以利用取模运算,用10的"需求码长度"次幂作为除数去取模。

【参考代码】

```cpp
# include < bits/stdc++.h >
using namespace std;
int n,m,a[1005];
int main(){
    scanf("%d%d",&n,&m);
for (int i = 1;i < = n;i++){
        scanf("%d",&a[i]);
}
    sort(a + 1,a + 1 + n);                  //从小到大排序
    for (int i = 1;i < = m;i++){
        int x,y;scanf("%d%d",&x,&y);
        int mod = 1;
        for (int j = 1;j < = x;j++) {
            mod = mod * 10;
        }
        int f = 1;                          //f 代表是否找到
        for (int j = 1;j < = n;j++){
            if ( a[j] % mod == y){          //找到输出结果结束
                printf("%d\n",a[j]);f = 0;break;
            }
        }
        if (f == 1){
            printf("-1\n");
        }
    }return 0;
}
```

3.3.3　T3：棋盘

【题目描述】

有一个 m×m 的棋盘,棋盘上每一个格子可能是红色、黄色或没有任何颜色。现在要从棋盘的最左上角走到棋盘的最右下角。

任何一个时刻,你所站的位置必须是有颜色的(不能是无色的),只能向上、下、左、右 4 个方向前进。当你从一个格子走向另一个格子时,如果两个格子的颜色相同,那么不需要花费金币;如果不同,则需要花费 1 个金币。

另外,你可以花费 2 个金币施展魔法让下一个无色格子暂时变为你指定的颜色。但这个魔法不能连续使用,而且这个魔法的持续时间很短,也就是说,如果你使用了这个魔法,走到了这个暂时有颜色的格子上,你就不能继续使用魔法;只有当你离开这个位置,走到一个本来就有颜色的格子上的时候,你才能继续使用这个魔法,而当你离开了这个位置(施展魔法使得其变为有颜色的格子)时,这个格子恢复为无色。

现在你要从棋盘的最左上角走到棋盘的最右下角,求花费的最少金币是多少?

【输入】

数据的第一行包含两个正整数 m、n,以一个空格隔开,分别代表棋盘的大小,以及棋盘上有颜色的格子的数量。

接下来的 n 行中,每行 3 个正整数 x、y、c,分别表示坐标为(x, y)的格子有颜色 c。

其中,c=1 代表黄色,c=0 代表红色。相邻两个数之间用一个空格隔开。棋盘左上角的坐标为(1,1),右下角的坐标为(m,m)。

棋盘上其余的格子都是无色。保证棋盘的左上角,也就是(1,1)一定是有颜色的。

【输出】

输出一行,一个整数,表示花费的金币的最小值,如果无法到达,输出−1。

【样例输入】

```
5 7
1 1 0
1 2 0
2 2 1
3 3 1
3 4 0
4 4 1
5 5 0
```

【样例输出】

```
8
```

【解析】

本题可以用深度搜索或者广度搜索来做,这里推荐用优先队列辅助的广度搜索,类似最短路径的做法。对于(x,y)位置上的点,讨论几种情况:已经走过的点没必要再走;如果附近有跟当前点颜色一样的点,可以 0 花费走;如果附近有颜色不一样的点,花费 1 金币走;如果附近有无颜色的点,花费 2 金币使其变成跟当前点一样的颜色再走(这里不需要考虑变成跟自己不一样颜色的点,那样只会让花费更多)。

基于这样的分类,可以把(x,y)四周未走的点都尝试走一步,并放入优先队列中,之后选择优先队列中最小花费的点优先扩展,直到走到终点为止。

【参考代码】

```cpp
#include <bits/stdc++.h>
using namespace std;
const int M = 1000000000;
int mp[105][105],mark[105][105];
int m,n;
int dx[] = {1,-1,0,0};
int dy[] = {0,0,1,-1};
struct node{
    int x,y,c,v;
    bool operator <(const node &a)const{
        return v > a.v;
    }
    node(const int &x,const int &y,const int &c,const int &v):x(x),y(y),c(c),v(v){};
};
priority_queue <node> qu;
int main(){
    scanf("%d%d",&m,&n);
    for (int i = 1;i <= m;i++){
        for (int j = 1;j <= m;j++){
            mp[i][j] = -1;mark[i][j] = 0;
        }
    }
    for (int i = 1;i <= n;i++){
        int a,b,c;
        scanf("%d%d%d",&a,&b,&c);
        mp[a][b] = c;
    }
    qu.push(node(1,1,mp[1][1],0));
    mark[1][1] = 1;
    int res = -1;
    while (! qu.empty()){
        node tmp = qu.top();qu.pop();
        if (tmp.x == m && tmp.y == m){res = tmp.v;break;}
        for (int i = 0;i < 4;i++){
            int tx = tmp.x + dx[i], ty = tmp.y + dy[i];
            int cor = mp[tx][ty];
            if (tx < 1 || tx > m || ty < 1 || ty > m || mark[tx][ty] == 1){
                continue;
            }
            if (mp[tmp.x][tmp.y] == -1 && cor == -1){
                continue;
            }
            mark[tx][ty] = 1;
            if (cor == -1){
                qu.push(node(tx,ty,tmp.c,tmp.v + 2));
            }
```

```
                else{
                    if (cor == tmp.c){
                    qu.push( node(tx,ty,cor,tmp.v));
                    }
                    else{
                    qu.push( node(tx,ty,cor,tmp.v + 1));
                    }
                }
            }
        }
    printf("% d\n",res);
    return 0;
}
```

3.3.4　T4：跳房子

【题目描述】

跳房子,也叫跳飞机,是一个世界性的儿童游戏,也是中国民间传统的体育游戏之一。

跳房子的游戏规则如下：在地面上确定一个起点,然后在起点右侧画 n 个格子,这些格子都在同一条直线上。每个格子内有一个数字(整数),表示到达这个格子能得到的分数。玩家第一次从起点开始向右跳,跳到起点右侧的一个格子内。第二次再从当前位置继续向右跳,以此类推。规则规定：玩家每次都必须跳到当前位置右侧的一个格子内。玩家可以在任意时刻结束游戏,获得的分数为曾经到达过的格子中的数字之和。

现在小 R 研发了一款弹跳机器人来参加这个游戏。但是这个机器人有一个非常严重的缺陷,它每次向右弹跳的距离只能为固定的 d。小 R 希望改进他的机器人,如果他花 g 个金币改进他的机器人,那么他的机器人灵活性就能增加 g。但是需要注意的是,每次弹跳的距离至少为 1。具体而言,当 g < d 时,他的机器人每次可以选择向右弹跳的距离为 d−g,d−g+1,d−g+2,…,d+g−2,d+g−1,d+g；否则(当 g≥d 时),他的机器人每次可以选择向右弹跳的距离为 1,2,3,…,d+g−2,d+g−1,d+g。

现在小 R 希望获得至少 k 分,请问他至少要花多少金币来改造他的机器人？

【输入】

第一行 3 个正整数 n、d、k,分别表示格子的数目、改进前机器人弹跳的固定距离,以及希望至少获得的分数。相邻两个数之间用一个空格隔开。

接下来 n 行中,每行两个正整数 x_i、s_i,分别表示起点到第 i 个格子的距离以及第 i 个格子的分数。两个数之间用一个空格隔开。保证 x_i 按递增顺序输入。

【输出】

共一行,一个整数,表示至少要花多少金币来改造他的机器人。若无论如何他都无法获得至少 k 分,输出−1。

【样例输入】

7　4　10

2　6

5　−3

```
10    3
11   -3
13    1
17    6
20    2
```

【样例输出】

2

【解析】

本题可以用二分答案来解决,二分花的金币,如果花费 g 金币可以满足至少得 k 分,则答案可以尝试变小;反之答案需要变大。

对于二分的答案,如何判断得分至少是多少是本题的难点,可以用 dp 来解决。令 f[i] 表示到达 i 点可以获得的最大得分,对于 n < 500 的数据,可以直接枚举那些点 j 可以一步到 i,f[i] = max{f[j] + s[i]}。

这样的枚举 dp 对于数据范围大的 n 会超时,事实上,上一个点转移时,已经计算了一些点的 f[j] 值,当下一个点要转移时,只会增加一些候选者,以及去掉无法再向后转移的点。可以维护一个单调递减的队列,存放可以向后转移的 f[j],每次只需要队首点对 i 点转移即可。需要注意的是,如果 f[i] 计算完,但还不能转移到后面的点,可以延迟入队列,设置一个位置下标 x,按顺序计算,如果第 x 个点能跳到第 i 点,才可以尝试入队。

【参考代码】

```cpp
#include<bits/stdc++.h>
using namespace std;
const int M=500005;
typedef long long ll;
int n,d,k,p[M],s[M],q[M];
ll f[M];
int pd(int g){
    f[0]=0;
    int v1=max(1,d-g), v2=d+g;
    //v1,v2 表示跳跃的上下界
    int le=0,ri=0,x=0;
    for (int i=1;i<=n;i++){
        f[i]=-1e12;
        while (p[x]+v1<=p[i]){            //第 x 个点如果能跳到第 i 点才入队
            while (le<ri && f[q[ri]]<=f[x] ){
                ri--;
            }
            if (f[x]!=1e-12){
                q[++ri]=x;
            }
            x++;
        }
        while (le<ri && p[q[le+1]]+v2<p[i]){
            le++;
        }
        //队首元素已经跳不到 i 点,出队
        if (le<ri){
```

```
            f[i] = f[q[le + 1]] + s[i];
        }
        if (f[i] >= k){
            return 1;
        }
    }return 0;
}
int main(){
    scanf("%d%d%d",&n,&d,&k);
    for (int i = 1;i <= n;i++){
        scanf("%d%d",&p[i],&s[i]);
    }
    int ans = -1,le = 0,ri = p[n];
    while (le <= ri){                    //二分答案
        int mid = (le + ri)>> 1;
        if (pd(mid)){
            ans = mid;
            ri = mid - 1;
        }else {
        le = mid + 1;
        }
    }
    printf("%d",ans);
    return 0;
}
```

3.4　NOIP 2018普及组复试题解

3.4.1　T1：标题统计

【题目描述】

凯凯刚写了一篇美妙的作文，请问这篇作文的标题中有多少个字符？

注意：标题中可能包含大、小写英文字母、数字字符、空格和换行符。统计标题字符数时，空格和换行符不计算在内。

【输入】

输入文件只有一行，一个字符串 s。

【输出】

输出文件只有一行，包含一个整数，即作文标题的字符数(不含空格和换行符)。

【样例输入】

234

【样例输出】

3

【解析】

整行读入字符串(换行不读入)，统计空格数量，答案为字符串长度减空格数量。

【参考代码】

```cpp
#include <bits/stdc++.h>
using namespace std;
string s;
int ans;
int main(){
    getline(cin,s);
    for (int i = 0;i < s.length();i++)
    {
        if (s[i] == ' ')ans++;
    }
    cout << s.length() - ans << endl;
    return 0;
}
```

3.4.2 T2：龙虎斗

【题目描述】

轩轩和凯凯正在玩一款叫"龙虎斗"的游戏，游戏的棋盘是一条线段，线段上有 n 个兵营（自左至右编号为 $1 \sim n$），相邻编号的兵营之间相隔 1cm，即棋盘为长度为 $n-1$cm 的线段。i 号兵营里有 c_i 位工兵。图 3-2 为 n＝6 的示例。

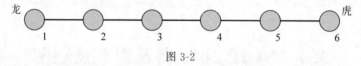

图 3-2

轩轩在左侧，代表"龙"；凯凯在右侧，代表"虎"。他们以 m 号兵营作为分界，靠左的工兵属于龙势力，靠右的工兵属于虎势力，而第 m 号兵营中的工兵很纠结，他们不属于任何一方。

一个兵营的气势为：该兵营中的工兵数×该兵营到 m 号兵营的距离。参与游戏一方的势力定义为：属于这一方所有兵营的气势之和。

图 3-3 为 n＝6，m＝4 的示例，其中深色为龙方，浅色为虎方。

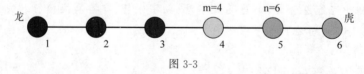

图 3-3

游戏过程中，某一刻天降神兵，共有 s_1 位工兵突然出现在了 p_1 号兵营。作为轩轩和凯凯的朋友，如果龙虎双方气势差距太悬殊，轩轩和凯凯就不愿意继续玩下去了。为了让游戏继续，你需要选择一个兵营 p_2，并将你手里的 s_2 位工兵全部派往兵营 p_2，使得双方气势差距尽可能小。

注意：你手中的工兵落在哪个兵营，就和该兵营中其他工兵有相同的势力归属（如果落在 m 号兵营，则不属于任何势力）。

【输入】

输入文件的第一行包含一个正整数 n，代表兵营的数量。

接下来的一行包含 n 个正整数,相邻两数之间以一个空格分隔,第 i 个正整数代表编号为 i 的兵营中起始时的工兵数量 c_i。

接下来的一行包含 4 个正整数,相邻两数间以一个空格分隔,分别代表 m、p_1、s_1、s_2。

【输出】

输出文件有一行,包含一个正整数,即 p_2,表示选择的兵营编号。如果存在多个编号同时满足最优,取最小的编号。

【样例输入】

```
6
2 3 2 3 2 3
4 6 5 2
```

【样例输出】

```
2
```

【解析】

枚举 p_2 位置即可。先统计不放 p_2 时 m 左边气势之和以及 m 右边气势之和,然后从左向右枚举 p_2 位置,计算加入后两边的差值,差值最小的位置即为答案。

【参考代码】

```cpp
#include<bits/stdc++.h>
using namespace std;
typedef long long ll;
const int M = 100005;
int n,m,a[M],p1,p2;
ll s1,s2,sum1,sum2,ans;
int main()
{
    scanf("%d",&n);
    for(int i=1;i<=n;i++)scanf("%d",&a[i]);
    {   cin>>m>>p1>>s1>>s2;
    }
    a[p1] += s1;
    for(int i=1;i<=m-1;i++){
        sum1 += (ll)a[i]*(m-i);
    }
    for(int i=m+1;i<=n;i++){
        sum2 += (ll)a[i]*(i-m);
    }
    ans = abs(sum1 + s2*(m-1) - sum2);p2 = 1;
    //ans 可能会很大 5*10^18
    for(int i=2;i<=m-1;i++){
        ll add = s2*(m-i);
        if(abs(sum1 + add - sum2)<ans){
            ans = abs(sum1 + add - sum2);
            p2 = i;
        }
    }
    if(abs(sum1 - sum2)<ans){
        ans = abs(sum1 - sum2);
        p2 = m;
```

```
    }
    for ( int i = m + 1 ; i < = n ; i++){
        ll add = s2 * ( i - m);
        if (abs(sum1 - add - sum2)< ans){
            ans = abs(sum1 - add - sum2);
            p2 = i;
        }
    }
    printf(" % d\n",p2);
    return 0;
}
```

3.4.3　T3：摆渡车

【题目描述】

有 n 名同学要乘坐摆渡车从人大附中前往人民大学,第 i 位同学在第 t_i 分钟去等车。只有一辆摆渡车在工作,但摆渡车容量可以视为无限大。摆渡车从人大附中出发,把车上的同学送到人民大学,再回到人大附中(去接其他同学),这样往返一趟总共花费 m 分钟(同学上下车时间忽略不计)。摆渡车要将所有同学都送到人民大学。

凯凯很好奇,如果他能任意安排摆渡车出发的时间,那么这些同学的等车时间之和最小为多少呢?

注意:摆渡车回到人大附中后可以即刻出发。

【输入】

第一行包含两个正整数 n、m,以一个空格隔开,分别代表等车人数和摆渡车往返一趟的时间。

第二行包含 n 个正整数,相邻两数之间以一个空格分隔,第 i 个非负整数 t_i 代表第 i 个同学到达车站的时刻。

【输出】

输出一行,一个整数,表示所有同学等车时间之和的最小值(单位:分钟)。

【样例输入】

5 1
3 4 4 3 5

【样例输出】

0

【解析】

这是一道非常好的 DP 思维训练题,本题不能用常规的背包、区间、树形等 DP 模板套,但又有多种解法来解决,甚至可以让会一点点 DP 的人深刻感悟如何 DP。

首先,简单说一下 DP 的基本要素,关键词有:阶段、状态、转移、边界条件、最优化、无后效性、重叠子问题。前 4 个关键词是求解的基本步骤,后 3 个关键词是可以 DP 的性质。

DP 不擅长的同学不要猜状态,猜状态是似懂非懂 DP 人常用的方式,高手的状态应该是自然而然得到的。如何自然?阶段、每个阶段需要存储什么、多少内容是重复的、最优只需要存储什么,这些弄明白的话,状态就自然得到了。

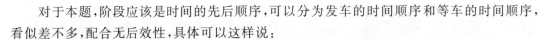

对于本题,阶段应该是时间的先后顺序,可以分为发车的时间顺序和等车的时间顺序,看似差不多,配合无后效性,具体可以这样说:

(1) 每个时刻为阶段。本阶段发车的最少等待时间可以从前面某个时刻转移过来,当然,不是所有时刻都可以转移过来,因为两辆车发车时间间隔至少是 m,需要增加这个约束。另外,可以通过前缀和预处理第一班车在 i 时刻发车的等待时间和。思考到这里,程序好像就可以写了,复杂度是 $O(t^2)$,得分 50 分。

稍微深度挖掘题目的特性,可以发现,每个人等待车最多只需要 $2m-1$,否则,为什么不多开一趟车呢? 于是简单优化一下,修改一句话 $j>=\max(1, i+1-2*m)$,复杂度变为 $O(m \times t)$,得分 70～100,可见题目特性是多么重要! 再利用 DP 优化性质,可以用斜率优化这个 DP,复杂度做到 $O(t)$,得分 100,由于斜率优化不简单,这里不具体展开。

(2) 人的先后顺序为阶段。读入的数据不是按照人来的先后顺序,所以先排序。这种做法,同样,题目的特性很重要,以 i 为最后一人,他等待的时间为 $[0, m-1]$,另外,两趟车之间的人等待时间为 $[0, 2m-1]$。以此类推,可以自然得到状态 $f[i][j]$,表示以 i 为最后一人,等待时间为 j 的前 i 人最小等待时间和。转移的时候注意,可以转移到 $f[i][j]$ 的 $f[k][r]$,必须满足 $(t[i]+j)-(t[k]+r)>=m$,即两个车的发车时间间隔至少是 m。

这里还需要快速统计 $[t[k]+r+1, t[i]+j]$ 区间内人等待时间和,用前缀和可以计算。由于枚举 i,j,k,r,复杂度为 $O(n^2 \times m^2)$,得分 50～100 分。

还可以优化。既然 $(t[i]+j)-(t[k]+r)>=m$,那么有些 k 就不需要从头开始枚举,需要做的是快速找到离 i 最近的符合条件的 k,可以用二分实现。再用前缀和优化 DP,$f[i][j]$ 表示 i 点等待 $[0, j]$ 最优值,$g[i][j]$ 表示 i 点等待恰好 j 最优值,那么 $f[i][j]=\min(f[i][j-1], g[i][j])$。于是得到 $O(n \times \log n \times m^2)$ 复杂度的代码,得分 100 分,此即为作者代码的时间复杂度。

当然,如果通过代码进行技巧上优化和预处理,时间复杂度可以达到 $O(n \times m^2)$。还有高手可以做到时间复杂度 $O(n \times m)$ 甚至 $O(n)$,有兴趣的读者可以从网上搜索更多题解。

【参考代码】

```cpp
#include <bits/stdc++.h>
using namespace std;
const int M = 4000005;
int n,m,t[505],sum[505],f[505][105],g[505][105];
//f[i][j]表示前 i 个人最后一趟车的发车时间为[t[i],t[i]+j]的最小等待
//g 的意义和 f 的区别是,最后一趟车的发车时间为 t[i]+j
int main()
{
    scanf("%d%d",&n,&m);
    for (int i = 1;i <= n;i++){
        scanf("%d",&t[i]);
    }
    sort(t+1,t+1+n);
    for (int i = 1;i <= n;i++){
        sum[i] = sum[i-1] + t[i];
    }
    for (int i = 1;i <= n;i++){
```

```
            for (int j = 0;j < m;j++){
                int now = t[i] + j;                    //前 i 个人最后一趟车的发车时间为 now
                g[i][j] = now * i - sum[i];            //前 i 个人都坐这趟车的等待时间和
                for (int last = max(now - 2 * m + 1,0);last < = now - m;last++){
                //last 表示上一趟车发车时间,发车时间[now - 2m + 1,now - m]
                //[last + 1,now]坐本趟车,最多有 2m - 1 个时刻可能坐本趟车
                    int x = lower_bound(t + 1,t + 1 + n,last + 1) - t;
                //x 表示最早坐本趟车的人的时刻
                    int k = x - 1;
                //k 表示最晚坐上一趟车的人的时刻,k 可能为 0,表示不存在
                    int r = min(last - t[k],m - 1);
                //r 表示最晚坐上一趟车的人的等待时间,不超过 m - 1
                    int tmp = f[k][r] + (i - k) * now - (sum[i] - sum[k]);
                    g[i][j] = min(g[i][j],tmp);
                }
                if (j == 0){
                    f[i][j] = g[i][j];
                }
                else {
                    f[i][j] = min(f[i][j - 1],g[i][j]);
                }
            }
        }
        printf(" % d\n",f[n][m - 1]);
        return 0;
    }
```

3.4.4　T4：对称二叉树

【题目描述】

一棵有点权的有根树如果满足以下条件,则被轩轩称为对称二叉树:将这棵树所有结点的左右子树交换,新树和原树对应位置的结构相同且点权相等。

图 3-4 中结点内的数字为权值,结点外的 id 表示结点编号。

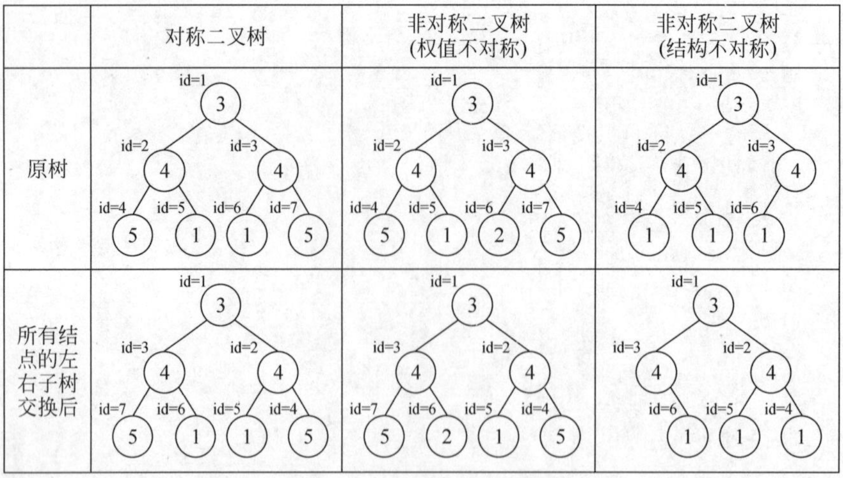

图 3-4

现在给出一棵二叉树,希望找出它的一棵子树,该子树为对称二叉树,且结点数最多。请输出这棵子树的结点数。

注意:只有树根的树也是对称二叉树。本题中约定,以结点 T 为子树根的一棵"子树"指的是:结点 T 和它的全部后代结点构成的二叉树。

【输入】

第一行一个正整数 n,表示给定的树的结点的数目,规定结点编号为 1～n,其中结点 1 是树根。

第二行 n 个正整数,用一个空格分隔,第 i 个正整数 v_i 代表结点 i 的权值。

接下来 n 行中,每行两个正整数 l_i、r_i 分别表示结点 i 的左右孩子的编号。如果不存在左/右孩子,则以 -1 表示。两个数之间用一个空格隔开。

【输出】

输出文件共一行,包含一个整数,表示给定的树的最大对称二叉子树的结点数。

【样例输入】

```
2
1  3
2  -1
-1  -1
```

【样例输出】

```
1
```

【解析】

由于题目对于对称二叉树的要求极为严格,可以枚举子树,然后搜索加剪枝判断该子树是否为对称二叉树。先从根结点开始搜索一趟整棵树,记录以 i 点为根的子树结点数量以及权值和,之后在判断某结点左右子树时,结点数量不同或权值和不同即可停止搜索。

【参考代码】

```cpp
# include < bits/stdc++. h >
using namespace std;
const int M = 1000005;
int n,ans,ok;
struct node{
    int ls,rs,v;
}p[M];
int vsum[M],nsum[M];
void dfs(int x)
{
    vsum[x] = p[x].v;nsum[x] = 1;
    if (p[x].ls! = -1){
        dfs(p[x].ls);
        vsum[x] += vsum[p[x].ls];
        nsum[x] += nsum[p[x].ls];
    }
    if (p[x].rs! = -1){
        dfs(p[x].rs);
        vsum[x] += vsum[p[x].rs];
```

```
            nsum[x] += nsum[p[x].rs];
        }
    }
void judge(int x,int y){
    if (ok == 0){
        return;
    }
    if (nsum[x]! = nsum[y]){
        ok = 0;
    }
    else
    {    if (vsum[x]! = vsum[y]){
            ok = 0;
        }
        else
        {    if (p[x].ls == - 1 && p[y].rs! = -1){
                ok = 0;
            }
            else
            {    if (p[x].ls! = -1 && p[y].rs == -1){
                    ok = 0;
                }
                else
                {    if (p[x].rs == - 1 && p[y].ls! = -1){
                        ok = 0;
                    }
                    else
                    {    if (p[x].rs! = - 1 && p[y].ls == - 1){
                            ok = 0;
                        }
                    }
                }
            }
        }
        if (p[x].ls! = - 1 && p[y].rs! = -1){
            judge(p[x].ls,p[y].rs);
        }
        if (p[x].rs! = - 1 && p[y].ls! = -1){
            judge(p[x].rs,p[y].ls);
        }
    }
}
int main()
{
    scanf(" % d",&n);
    for (int i = 1;i < = n;i++){
        scanf(" % d",&p[i].v);
    }
    for (int i = 1;i < = n;i++){
        scanf(" % d % d",&p[i].ls,&p[i].rs);
    }
    dfs(1);
    ans = 1;
```

```
for (int i = 1; i <= n; i++){
    ok = 1;
    if (nsum[i] <= ans){
        continue;
    }
    if (p[i].ls == - 1 || p[i].rs == - 1){
        continue;
    }
    judge(p[i].ls, p[i].rs);
    if (ok){
        ans = nsum[i];
    }
}
printf(" % d\n", ans);
return 0;
}
```

3.5 2019 CSP 入门级复试题解

3.5.1 T1：数字游戏

【题目描述】

小 K 同学向小 P 同学发送了一个长度为 8 的 01 字符串来玩数字游戏，小 P 同学想要知道字符串中究竟有多少个 1。

注意：01 字符串为每一个字符是 0 或者 1 的字符串，如"101"（不含双引号）为一个长度为 3 的 01 字符串。

【输入】

输入文件只有一行，一个长度为 8 的 01 字符串 s。

【输出】

输出文件只有一行，包含一个整数，即 01 字符串中字符 1 的个数。

【样例输入】

00010100

【样例输出】

2

【解析】

线性扫一遍，统计字符'1'的数量即可。

```
# include < bits/stdc++.h >
using namespace std;
int main(){
    string s; cin >> s;
    int ans = 0;
    for (int i = 0; i < s.size(); i++){
        if (s[i] == '1'){
```

```
                ans++;
            }
        }
    cout << ans;
    return 0;
}
```

3.5.2 T2：公交换乘

【题目描述】

著名旅游城市 B 市为了鼓励大家采用公共交通方式出行,推出了一种地铁换乘公交车的优惠方案。

在搭乘一次地铁后可以获得一张优惠票,有效期为 45min,在有效期内可以消耗这张优惠票,免费搭乘一次票价不超过地铁票价的公交车。在有效期内指开始乘公交车的时间与开始乘地铁的时间之差小于或等于 45min,即

$$t_{bus} - t_{subway} \leqslant 45$$

搭乘地铁获得的优惠票可以累积,即可以连续搭乘若干次地铁后再连续使用优惠票搭乘公交车。

搭乘公交车时,如果可以使用优惠票一定会使用优惠票;如果有多张优惠票满足条件,则优先消耗获得最早的优惠票。

现在你得到了小轩最近的公共交通出行记录,你能帮他算算他的花费吗？

【输入】

输入文件的第一行包含一个正整数 n,代表乘车记录的数量。

接下来的 n 行中,每行包含 3 个整数,相邻两数之间以一个空格分隔。第 i 行的第 1 个整数代表第 i 条记录乘坐的交通工具,0 代表地铁,1 代表公交车;第 2 个整数代表第 i 条记录乘车的票价 $price_i$;第 3 个整数代表第 i 条记录开始乘车的时间 t_i(距 0 时刻的分钟数)。

保证出行记录是按照开始乘车的时间顺序给出,且不会有两次乘车记录出现在同一分钟。

【输出】

输出文件有一行,包含一个正整数,代表小轩出行的总花费。

【样例输入】

```
6
0  10  3
1  5   46
0  12  50
1  3   96
0  5   110
1  6   135
```

【样例输出】

```
36
```

【解析】

模拟题,可以建立结构体队列依次存储乘车记录,如果队首的时间离当前时间相差大于45,则出队。队列内保留时间差小于或等于 45 的记录,依次扫描,找到第一个可以优惠的记录,将其标记,结束扫描。由于数据都是整数,乘车记录时间都不一样,所以队列中最多保留45 条记录,不会超时,时间复杂度为 $O(45 \times n)$。

【参考代码】

```
#include < bits/stdc++.h >
using namespace std;
const int M = 100005;
int n,a[M],p[M],t[M],ans;
int main()
{
    scanf("%d",&n);
    for (int i = 1;i < = n;i++){
        scanf("%d%d%d",&a[i],&p[i],&t[i]);
        ans += p[i];
        if (a[i] == 1)for (int j = max(1,i - 45);j < i;j++){
            if (a[j] == 0 && p[j] > = p[i] && t[i] - t[j] < = 45){
                a[j] = 1;ans -= p[i];
                break;
            }
        }
    }
    printf("%d",ans);
    return 0;
}
```

3.5.3　T3：纪念品

【题目描述】

小伟突然获得一种超能力,他知道未来 T 天 N 种纪念品每天的价格。某个纪念品的价格是指购买一个该纪念品所需的金币数量,以及卖出一个该纪念品换回的金币数量。

每天,小伟可以无限次进行以下两种交易。

(1) 任选一个纪念品,若手上有足够金币,以当日价格购买该纪念品。

(2) 卖出持有的任意一个纪念品,以当日价格换回金币。

每天卖出纪念品换回的金币可以立即用于购买纪念品,当日购买的纪念品也可以当日卖出换回金币。当然,一直持有纪念品也是可以的。

T 天之后,小伟的超能力消失。因此他一定会在第 T 天卖出所有纪念品换回金币。

小伟现在有 M 枚金币,他想要在超能力消失后拥有尽可能多的金币。

【输入】

第一行包含 3 个正整数 T、N、M,相邻两数之间以一个空格隔开,分别代表未来天数 T,纪念品数量 N,小伟现在拥有的金币数量 M。

接下来 T 行中,每行包含 N 个正整数,相邻两数之间以一个空格隔开。第 i 行的 N 个正整数分别为 P_{i1},P_{i2},…,P_{iN},其中 P_{ij} 表示第 i 天第 j 种纪念品的价格。

【输出】

输出仅一行,包含一个正整数,表示小伟在超能力消失后最多能拥有的金币数量。

【样例输入】

6 1 100

50

20

25

20

25

50

【样例输出】

305

【解析】

每天的交易都可以第一天买入,第二天卖出。即使第二天不卖出,也可以理解为第二天又买入第三天卖出(反正也没手续费),所以只要考虑两天之间的交易情况。

任意一个物品都可以考虑买卖 0 次,1 次,2 次,…(手上的钱/单价)次,这其实就是背包问题。每一天中,依次做每个物品,f[i][j][k]表示第 i 天和第 i−1 天之间,到第 j 个物品为止,已经花了 k 金币购买了第 i−1 天的物品在第 i 天能获得的最大钱数。

空间可以优化,i 和 j 都可以省略,f[i]表示前一天已经花了 i 金币今天卖出能增加的最大钱数,对相邻两天的交易做完全背包,时间复杂度为 $O(T \times N \times M)$。

【参考代码】

```
#include <bits/stdc++.h>
using namespace std;
int T,N,M,f[10005],now[105],last[105],ad[105];
void dp()
{
    for (int i = 0;i <= M;i++){
        f[i] = 0;
    }
    for (int i = 1;i <= N;i++){
        for (int j = 0;j <= M - last[i];j++){          //完全背包
            f[j + last[i]] = max(f[j + last[i]], f[j] + ad[i]);
        }
    }
    int t = 0;
    //for (int i = 0;i <= M;i++)if (f[i])printf("( % d = % d)",i,f[i]);puts("");
    for (int i = 0;i <= M;i++){
        t = max(t,f[i]);
    }
    M += t;
}
int main(){
    scanf(" % d % d % d",&T,&N,&M);
    for (int i = 1;i <= T;i++){
```

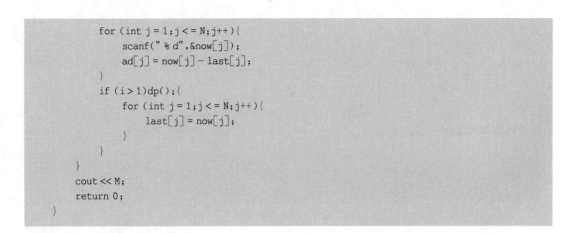

3.5.4　T4：加工零件

【题目描述】

凯凯的工厂正在有条不紊地生产一种神奇的零件，神奇的零件的生产过程自然也很神奇。工厂里有 n 位工人，工人们从 1 到 n 编号。某些工人之间存在双向的零件传送带。保证每两名工人之间最多只存在一条传送带。

如果 x 号工人想生产一个被加工到第 $L(L>1)$ 阶段的零件，则所有与 x 号工人有传送带直接相连的工人，都需要生产一个被加工到第 $L-1$ 阶段的零件（但 x 号工人自己无须生产第 $L-1$ 阶段的零件）。

如果 x 号工人想生产一个被加工到第 1 阶段的零件，则所有与 x 号工人有传送带直接相连的工人，都需要为 x 号工人提供一个原材料。

轩轩是 1 号工人。现在给出 q 张工单，第 i 张工单表示编号为 a_i 的工人想生产一个第 L_i 阶段的零件。轩轩想知道对于每张工单，他是否需要给别人提供原材料。他知道聪明的你一定可以帮他计算出来！

【输入】

第一行 3 个正整数 n、m 和 q，分别表示工人的数目、传送带的数目和工单的数目。

接下来 m 行中，每行两个正整数 u 和 v，表示编号为 u 和 v 的工人之间存在一条零件传输带。保证 $u!=v$。

接下来 q 行中，每行两个正整数 a 和 L，表示编号为 a 的工人想生产一个第 L 阶段的零件。

【输出】

共 q 行，每行一个字符串 Yes 或者 No。如果按照第 i 张工单生产，需要编号为 1 的轩轩提供原材料，则在第 i 行输出 Yes；否则在第 i 行输出 No。注意输出不含引号。

【样例输入】

```
3  2  6
1  2
2  3
1  1
```

2　1

3　1

1　2

2　2

3　2

【样例输出】

No

Yes

No

Yes

No

Yes

【解析】

从 1 出发,作对其他点的最短路径,因为只要某个点到 1 的最短路径在 L 范围内,1 就要生产或提供原材料,生产还是提供原材料取决于最短路径距离和 L 长度的奇偶性,所以可以作奇偶最短路径。

【参考代码】

```cpp
# include < bits/stdc++.h >
using namespace std;
const int M = 100005;
const int oo = 1e9 + 5;
int n,m,q;
int tot,head[M],Next[M * 2],vet[M * 2];
int d[M][2],qu[M * 20],mark[M];
void add(int a,int b){
    Next[++tot] = head[a], vet[tot] = b;
    head[a] = tot;
}
void bfs(){
    for (int i = 2;i < = n;i++){
        d[i][0] = d[i][1] = oo;
    }
    d[1][1] = oo;
    int le = 0, ri = 0;
    qu[++ri] = 1;mark[1] = 1;
    while (le < ri){
        int x = qu[++le];
        mark[x] = 0;                 //类似 spfa
        for (int i = head[x];i;i = Next[i]){
            int y = vet[i];
            if (d[x][0] + 1 < d[y][1]){
                d[y][1] = d[x][0] + 1;
                if (mark[y] == 0){
                    mark[y] = 1;qu[++ri] = y;
                }
            }
```

```
            if (d[x][1]+1<d[y][0]){
                d[y][0]=d[x][1]+1;
                if (mark[y]==0){
                    mark[y]=1;qu[++ri]=y;
                }
            }
        }
    }
}
int main(){
    scanf("%d%d%d",&n,&m,&q);
    int flag=0;
    for (int i=1;i<=m;i++){
        int a,b;scanf("%d%d",&a,&b);
        add(a,b);add(b,a);
        if (a==1 || b==1){
            flag=1;
        }
    }
    bfs();
    while (q--){
        int a,L;scanf("%d%d",&a,&L);
        if (flag==0){
            printf("No\n");continue;
        } //特殊情况,1孤立点
        if (L%2 && d[a][1]<=L){
            printf("Yes\n");
        }
        else{
            if (L%2==0 && d[a][0]<=L){
                printf("Yes\n");
            }
            else{
                printf("No\n");
            }
        }
    }
    return 0;
}
```

3.6　2020 CSP 入门级复试题解

3.6.1　T1：优秀的拆分

【题目描述】

一般来说,一个正整数可以拆分成若干个正整数的和。例如,1=1,10=1+2+3+4 等。

对于正整数 n 的一种特定拆分,称它为"优秀的",当且仅当在这种拆分下,n 被分解为若干个不同的 2 的正整数次幂。注意,一个数 x 能被表示成 2 的正整数次幂,当且仅当 x 能通过正整数个 2 相乘在一起得到。

例如,10＝8＋2＝2^3＋2^1 是一个优秀的拆分。但是,7＝4＋2＋1＝2^2＋2^1＋2^0 就不是一个优秀的拆分,因为 1 不是 2 的正整数次幂。

现在,给定正整数 n,需要判断这个数的所有拆分中,是否存在优秀的拆分。若存在,请给出具体的拆分方案。

【输入】

输入文件只有一行,一个正整数 n,代表需要判断的数。

【输出】

如果这个数的所有拆分中存在优秀的拆分,那么需要从大到小输出这个拆分中的每一个数,相邻两个数之间用一个空格隔开。可以证明,在规定了拆分数字的顺序后,该拆分方案是唯一的。

若不存在优秀的拆分,输出"－1"(不包含双引号)。

【样例输入】

6

【样例输出】

4 2

【解析】

本题主要考查选手对于二进制的基本理解,以及二进制处理代码的基本技巧。入门组第一题往往以简单的数字或字符串处理为主,希望读者可以掌握两种以上实现方法,尤其是位运算的基本技巧。

题目大意是:输入一个整数,求它的二进制是否为优秀。优秀的原则是:二进制的第一位(权值为 2^0)不能有值。

解题思路:根据题意,－1 的情况只要判断 n 是否为奇数。其余情况只要将 n 转换为二进制即可。转换二进制的实现方法,可以用除 2 倒取余法、2 的幂次比较法、位运算等实现方法。推荐使用位运算,时间复杂度为 $O(\log n)$。

【参考代码】

```cpp
# include <bits/stdc++.h>
using namespace std;
int main(){
    int n; cin>>n;
    if (n&1){
        printf("-1");
    } //n的二进制末尾为1,为奇数,输出-1
    else{
        for (int i = 30; i; i--){
            if (n>>i&1){
                printf("%d ",1<<i);
            }
        }
    }
    return 0;
}
```

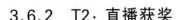

3.6.2 T2：直播获奖

【题目描述】

NOI2130 即将举行。为了增加观赏性，CCF 决定逐一评出每个选手的成绩，并直播即时的获奖分数线。本次竞赛的获奖率为 w％，即当前排名前 w％ 的选手的最低成绩就是即时的分数线。

更具体地，若当前已评出了 p 个选手的成绩，则当前计划获奖人数为 $max(1, \lfloor p * w\% \rfloor)$，其中，w 是获奖百分比，$\lfloor x \rfloor$ 表示对 x 向下取整，$max(x, y)$ 表示 x 和 y 中较大的数。如有选手成绩相同，则所有成绩并列的选手都能获奖，因此实际获奖人数可能比计划中多。

作为评测组的技术人员，请你帮 CCF 编写一个直播程序。

【输入】

第 1 行有两个整数 n、w，分别代表选手总数与获奖率。

第 2 行有 n 个整数，依次代表逐一评出的选手成绩。

【输出】

只有一行，包含 n 个非负整数，依次代表选手成绩逐一评出后，即时的获奖分数线。相邻两个整数间用一个空格分隔。

【样例输入】

```
10  60
200  300  400  500  600  600  0  300  200  100
```

【样例输出】

```
200  300  400  400  400  500  400  400  300  300
```

【解析】

本题主要考查选手对排序思想的理解，根据数据特征选择合适简洁的算法解决问题。

题目大意：输入 n 个数，要求实时输出前若干名的分数线所在值。

解题思路有以下几种。

算法一：乍一看题意，是一个不断询问第 k 大数的问题。对于 50％ 的数据，可以用插入排序，或不断使用快速排序、归并排序等比较排序算法，实现序列有序。时间复杂度：$O(n^2)$ 或 $O(n^2 \lg n)$。期望得分：50 分。

算法二：平衡树，求第 k 大数。时间复杂度：$O(n\lg n)$。期望得分：100 分。但是这显然不是入门组第二题的考核内容。

算法三：注意本题目的另一个细节，选手的分数范围为 $[1, 600]$，且为整数。采用计数排序的思想，记录每个分数出现的次数，就可以在 $O(600)$ 的时间内统计第 k 大数。此问题也就迎刃而解。时间复杂度：$O(600n)$。期望得分：100 分。

【参考代码】

```cpp
# include < bits/stdc++.h>
using namespace std;
int n,w,cnt[606];
int main(){
```

```
    scanf("%d%d",&n,&w);
    for (int i = 1; i <= n; i++){
        int a; scanf("%d",&a);
        cnt[a]++;
        int r = max(1,i * w/100), sum = 0;
        for (int j = 600; j >= 0; j--){
            sum += cnt[j];
            if (sum >= r){
                printf("%d ",j); break;
            }
        }
    }
    return 0;
}
```

3.6.3 T3：表达式

【题目描述】

小 C 热衷于学习数理逻辑。有一天,他发现了一种特别的逻辑表达式。在这种逻辑表达式中,所有操作数都是变量,且它们的取值只能为 0 或 1,运算从左往右进行。如果表达式中有括号,则先计算括号内的子表达式的值。特别地,这种表达式有且仅有以下几种运算。

(1) 与运算：a&b。当且仅当 a 和 b 的值都为 1 时,该表达式的值为 1。其余情况该表达式的值为 0。

(2) 或运算：a|b。当且仅当 a 和 b 的值都为 0 时,该表达式的值为 0。其余情况该表达式的值为 1。

(3) 取反运算：!a。当且仅当 a 的值为 0 时,该表达式的值为 1。其余情况该表达式的值为 0。

小 C 想知道,给定一个逻辑表达式和其中每一个操作数的初始取值后,再取反某一个操作数的值时,原表达式的值为多少。

为了化简对表达式的处理,约定：表达式将采用后缀表达式的方式输入。

后缀表达式的定义如下。

(1) 如果 E 是一个操作数,则 E 的后缀表达式是它本身。

(2) 如果 E 是 E_1 op E_2 形式的表达式,其中 op 是任何二元操作符,且优先级不高于 E_1、E_2 中括号外的操作符,则 E 的后缀式为 E_1' E_2' op,其中 E_1'、E_2' 分别为 E_1、E_2 的后缀式。

(3) 如果 E 是 E_1 形式的表达式,则 E_1 的后缀式就是 E 的后缀式。

同时为了方便,输入中：

(1) 与运算符(&)、或运算符(|)、取反运算符(!)的左右均有一个空格,但表达式末尾没有空格。

(2) 操作数由小写字母 x 与一个正整数拼接而成,正整数表示这个变量的下标。例如 x10,表示下标为 10 的变量 x_{10}。数据保证每个变量在表达式中出现恰好一次。

【输入】

第一行包含一个字符串 s,表示上文描述的表达式。

第二行包含一个正整数 n,表示表达式中变量的数量。表达式中变量的下标为 1,2,…,n。

第三行包含 n 个整数,第 i 个整数表示变量 x_i 的初值。

第四行包含一个正整数 q,表示询问的个数。

接下来 q 行中,每行一个正整数,表示需要取反的变量的下标。注意,每一个询问的修改都是临时的,即之前询问中的修改不会对后续的询问造成影响。

数据保证输入的表达式合法。变量的初值为 0 或 1。

【输出】

输出一共有 q 行,每行一个 0 或 1,表示该询问下表达式的值。

【样例输入】

```
x1  x2  &  x3 |
3
1 0 1
3
1
2
3
```

【样例输出】

```
1
1
0
```

【解析】

本题主要考查选手对表达式求值的应用,用栈或者表达式树来求解。本题的巧妙之处在于设计了临时改变某个变量值,提前处理完成,类似树形动态规划。

题目大意:输入一个后缀表达式,根据输入的条件,取反和输出。

解题思路有以下几种。

算法一:暴力。每次更改某一点数值后,重新计算后缀表达式。后缀表达式求值可以用一个栈。如果当前考虑的是数,就直接把它放进栈里;如果是"!",就弹出一个数,把它的取反后的数放回栈;如果是"|"或者"&",那么就弹出两个数,计算它们两个通过该种运算后得到的结果后放回栈里。最后栈里剩下的数即为答案。时间复杂度:$O(n^2)$。

算法二:算法一中,在计算表达式的时候,可能会发现,有的时候,只要某个括号内的值为某一种结果后,答案就不可能变了。而且我们发现这个括号结构、运算符以及代数像极了一棵树、树上的结点和叶子。这就是表达式树,在这个二叉树中找到这些不会影响结果的更改。

表达式树是将表达式转换为一棵二叉树,具体地,我们令运算符为非叶子结点,代数为叶子结点。具体方法如同 30 分的栈。如果当前考虑的是数,就直接把它放进栈里,作为叶子;如果是"!",就弹出一个结点,将"!"这个结点和弹出的结点连边,然后把这个结点上的数和把它的取反后的数放回栈;对"|"或者"&"也是同理。

不需要对这棵树求值。由于每次只能更改一个点,所以说对于一个"或运算"或者"与运算",有的时候不会产生变化(例如,对"1|1=1",改掉哪一个数都不影响结果)。所以可以用以下思路找到所有会导致表达式值变化的点。

(1)考虑树上的点 x。

(2)如果改变某一边会改变该点的结果,就递归到那个点。

(3)如果到了叶子,说明改变这个点会一路向上改变到根,也就是总的表达式的结果。将这个点标记为会改变答案的点,离线处理好并记录。整个问题就迎刃而解。整个复杂度为 $O(n)$。

【参考代码】

```cpp
#include<bits/stdc++.h>
using namespace std;
struct D{
    int sn[3],fa,val;
    char f;
}T[1200000];
string st;
int l,n,i,a[120000],m,q,pt,tl,gn[120000],hp[120000];
bool f[120000];
bool Dfs(int x){
    while (1){
        if (T[x].fa==0){
            return 1;
        }
        if (T[T[x].fa].f=='|'){
            if (T[T[x].fa].sn[1]==x){
                if (T[T[T[x].fa].sn[2]].val==1)
                {
                    return 0;
                }
            }
            else
            {
                if (T[T[T[x].fa].sn[1]].val==1)
                {
                    return 0;
                }
            }
        }
        if (T[T[x].fa].f=='&'){
            if (T[T[x].fa].sn[1]==x){
                if (T[T[T[x].fa].sn[2]].val==0)
                {
                    return 0;
                }
            }
            else
            {
                if (T[T[T[x].fa].sn[1]].val==0)
                {
```

```
                        return 0;
                    }
                }
            }
            x = T[x].fa;
        }
    }
    int groot(int x){
        while (1){
            if (T[x].fa == 0){
                return x;
            }
            x = T[x].fa;
        }
    }
    int main(){
        getline(cin,st);
        l = st.length();
        cin >> n;
        for (i = 1;i <= n;++i)
        {
            scanf("%d",&a[i]);
        }
        for (i = 0;i < l;++i){
            if (st[i] == 'x'){
                ++pt;int sm = 0;
                while (st[i + 1] >= '0'&&st[i + 1] <= '9')
                {
                    ++i,sm = sm * 10 + st[i] - '0';
                }
                T[pt].val = a[sm];gn[sm] = pt;
                hp[++tl] = pt;
            }
            else{
                if (st[i] == '!'){
                    int s = hp[tl -- ];hp[++tl] = pt + 1;
                    T[++pt].val = 1 - T[s].val;
                    T[s].fa = pt;T[pt].sn[1] = s;
                    T[pt].f = '!';
                }
                else{
                    if (st[i] == '|'){
                        int s1 = hp[tl -- ],s2 = hp[tl -- ];
                        hp[++tl] = pt + 1;
                        T[++pt].val = T[s1].val|T[s2].val;
                        T[pt].f = '|';T[pt].sn[1] = s1,T[pt].sn[2] = s2;
                        T[s1].fa = T[s2].fa = pt;
                    }
                    else{
                        if (st[i] == '&'){
                            int s1 = hp[tl -- ],s2 = hp[tl -- ];
                            hp[++tl] = pt + 1;
                            T[++pt].val = T[s1].val&T[s2].val;
```

```
                        T[pt].f = '&';T[pt].sn[1] = s1,T[pt].sn[2] = s2;
                        T[s1].fa = T[s2].fa = pt;
                    }
                }
            }
        }
    }
    m = groot(1);
    for (i = 1;i <= n;++i){
        f[i] = Dfs(gn[i]);
    }
    cin >> q;
    int ques;
    for (i = 1;i <= q;++i){
        scanf("% d",&ques);
        if (f[ques]){
            cout << 1 - T[m].val << endl;
        }
        else{
            cout << T[m].val << endl;
        }
    }
    return 0;
}
```

3.6.4 T4：方格取数

【题目描述】

设有 n×m 的方格图，每个方格中都有一个整数。现有一只小熊，想从图的左上角走到右下角，每一步只能向上、向下或向右走一格，并且不能重复经过已经走过的方格，也不能走出边界。小熊会取走所有经过的方格中的整数，求它能取到的整数之和的最大值。

【输入】

第 1 行两个正整数 n、m。

接下来 n 行中，每行 m 个整数，依次代表每个方格中的整数。

【输出】

一个整数，表示小熊能取到的整数之和的最大值。

【样例输入】

3　4

1　−1　3　2

2　−1　4　−1

−2　2　−3　−1

【样例输出】

9

【解析】

本题是一道经典的 DP 优化题，考查选手对经典 DP 的理解，以及基本优化。同时，也有一些细节的设计,在代码实现中,要求对结果使用 long long/int64 类型,以避免溢出。

题目大意:在一个棋盘内,允许向右,或者向上、下移动,不能往回走。求经过的点的和最大。

解题思路有以下几种。

算法一:直接从起点开始沿着所有可行方向暴力搜索,每一步由于不能往回走,至多有两个方向可以走,搜索所有可行走法,统计最大值。时间复杂度:$O(2^{\wedge}(n \times n))$。期望得分:20 分。

算法二:考虑每个位置上的最优子结构,dp[i][j]表示从位置(1,1)走到位置(i,j)的最大和。由于不能往左走,因此,对于每一列先考虑向右的转移,dp[i][j]=dp[i][j−1]。再考虑该列上下的移动,从第 k 行走到第 i 行,$dp[i][j]=\max\limits_{1 \leqslant k \leqslant n}\{dp[k][j-1]+\sum\limits_{p=k}^{i}a[p][j]\}$,

$\sum\limits_{p=k}^{i}a[p][j]$ 表示 j 列上 i 到 k 的方格数字之和,可以用前缀和优化。由于要枚举列上的起点 k,时间复杂度:$O(n^3)$。期望得分:70 分。

算法三:优化算法二的转移,大量转移都重复被计算了,在列上,走到(i,j)位置,只有两种可能,从上方转移或者从下方转移。令 up[i][j]表示从下往上走到(i,j)的最大和,down[i][j]表示从上往下走到(i,j)的最大和。有如下三步转移:

up[i][j]=max{dp[i][j−1],up[i+1][j]}+a[i][j]

down[i][j]=max{dp[i][j−1],down[i−1][j]}+a[i][j]

dp[i][j]=max{up[i][j],down[i][j]}

时间复杂度:$O(n^2)$。此题要注意估算最大值的范围,最大可能会达到 $10^{\wedge}10$,采用 long long/int64 类型。期望得分:100 分。

【参考代码】

```
# include < bits/stdc++.h>
using namespace std;
typedef long long ll;
const int oo = 1e9;
const int M = 1005;
int n,m,a[M][M];
ll f[M][M],g[M],h[M];
int main(){
    scanf("%d%d",&n,&m);
    for (int i = 1; i <= n; i++){
        for (int j = 1; j <= m; j++)
        {
            scanf("%d",&a[i][j]);
        }
    }
    f[1][1] = a[1][1];
    for (int i = 2; i <= n; i++){
        f[i][1] = f[i-1][1] + a[i][1];
    }
    for (int j = 2; j <= m; j++){
        g[1] = f[1][j-1] + a[1][j];
        for (int i = 2; i <= n; i++){
```

```
            g[i] = max(f[i][j - 1],g[i - 1]) + a[i][j];
        }
        h[n] = f[n][j - 1] + a[n][j];
        for (int i = n - 1; i >= 1; i -- ){
            h[i] = max(f[i][j - 1],h[i + 1]) + a[i][j];
        }
        for (int i = 1; i <= n; i++){
            f[i][j] = max(g[i],h[i]);
        }
    }
    printf(" % lld",f[n][m]);
    return 0;
}
```

第 4 章　NOIP 2015—2020 提高组复试题解

4.1　NOIP 2015 提高组复赛题解

4.1.1　Day1 T1：神奇的幻方

【题目描述】

幻方是一种很神奇的 N×N 矩阵，它由数字 1，2，3，…，N×N 构成，且每行、每列及两条对角线上的数字之和都相同。

当 N 为奇数时，可以通过以下方法构建一个幻方。

首先，将 1 写在第一行的中间。之后，按如下方式从小到大依次填写每个数 K（K＝2，3，…，N×N）：

（1）若（K−1）在第一行但不在最后一列，则将 K 填在最后一行，（K−1）所在列的右一列。

（2）若（K−1）在最后一列但不在第一行，则将 K 填在第一列，（K−1）所在行的上一行。

（3）若（K−1）在第一行最后一列，则将 K 填在（K−1）的正下方。

（4）若（K−1）既不在第一行，也不在最后一列，如果（K−1）的右上方还未填数，则将 K 填在（K−1）的右上方，否则将 K 填在（K−1）的正下方。

现给定 N，请按上述方法构造 N×N 的幻方。

【输入】

输入文件只有一行，包含一个整数 N 即幻方的大小。

【输出】

输出文件包含 N 行，每行 N 个整数，即按上述方法构造出的 N×N 的幻方。相邻两个整数之间用单个空格隔开。

【样例输入】

3

【样例输出】

8　1　6

3　5　7

4　9　2

【解析】

根据题意模拟即可。

【参考代码】

```cpp
#include <bits/stdc++.h>
using namespace std;
int a[105][105];
int main(){
    int n;scanf("%d",&n);
    n = n/2 + 1;
    int m = n * 2 - 1, x = 1, y = n;
    for (int i = 1;i <= m * m;i++){
        a[x][y] = i;
        if (i == m * m)break;
        int u = x - 1, v = y + 1;
        if (u < 1)u = m;
        if (v > m)v = 1;
        if (u == m && v == 1 || a[u][v] > 0)u = x + 1,v = y;
        x = u, y = v;
    }
    for (int i = 1;i <= m;i++){
        for (int j = 1;j <= m;j++){
            if (j > 1)printf(" ");
            {
                printf("%d",a[i][j]);
            }
        }
        printf("\n");
    }
    return 0;
}
```

4.1.2 Day1 T2：信息传递

【题目描述】

有 n 个同学(编号为 1~n)正在玩一个信息传递的游戏。在游戏里每人都有一个固定的信息传递对象,其中,编号为 i 的同学的信息传递对象是编号为 T_i 的同学。

游戏开始时,每个人都只知道自己的生日。之后每一轮中,所有人会同时将自己当前所知的生日信息告诉各自的信息传递对象(注意:可能有人可以从若干人那里获取信息,但是每个人只会把信息告诉一个人,即自己的信息传递对象)。当有人从别人口中得知自己的生日时,游戏结束。请问该游戏一共可以进行几轮?

【输入】

输入共 2 行。

第 1 行包含 1 个正整数 n,表示 n 个人。

第 2 行包含 n 个用空格隔开的正整数 $T_1,T_2,\cdots,T_n$,其中,第 i 个整数 T_i 表示编号为 i 的同学的信息传递对象是编号为 T_i 的同学,$T_i \leq n$ 且 $T_i \neq i$。

数据保证游戏一定会结束。

【输出】

输出共 1 行,包含 1 个整数,表示游戏一共可以进行多少轮。

【样例输入】

5

2 4 2 3 1

【样例输出】

3

【解析】

每个人只会把信息告诉一个人,那么此图就是有向图基环森林,问题就是寻找最小环。由于每个部分最多一个环,可以直接套用 tarjan 算法求强连通分量,最小强连通分量(至少2个点)的大小就是答案。

【参考代码】

```cpp
#include <bits/stdc++.h>
using namespace std;
const int M = 200005;
int n,a[M],ans,dt,dfn[M],low[M],ins[M],stk[M],top;
void tarjan(int x){
    dfn[x] = low[x] = ++dt;
    stk[++top] = x, ins[x] = 1;
    int y = a[x];
    if (!dfn[y]){
        tarjan(y);
        low[x] = min(low[x], low[y]);
    }
    else{
        if (ins[y]){
            low[x] = min(low[x], dfn[y]);
        }
    }
    if (dfn[x] == low[x]){
        int cnt = 0;
        do{
            cnt++;
            ins[ stk[top] ] = 0;
        }while (x != stk[top -- ]);
        if (cnt > 1){
            ans = min(ans, cnt);
        }
    }
}
int main(){
    scanf("%d",&n);
    for (int i = 1;i <= n;i++){
        scanf("%d",&a[i]);
    }
    ans = n;
    for (int i = 1;i <= n;i++){
        if (!dfn[i]){
            tarjan(i);
        }
    }
```

```
        printf("% d",ans);
        return 0;
}
```

4.1.3 Day1 T3：斗地主

【题目描述】

牛牛最近迷上了一种叫斗地主的扑克游戏。斗地主是一种使用黑桃、红心、梅花、方片的 A～K 加上大小王共 54 张牌来进行的扑克牌游戏。在斗地主中，牌的大小关系根据牌的数码表示如下：3＜4＜5＜6＜7＜8＜9＜10＜J＜Q＜K＜A＜2＜小王＜大王,而花色并不对牌的大小产生影响。每一局游戏中,一副手牌由 n 张牌组成。游戏者每次可以根据规定的牌型进行出牌,首先打光自己的手牌一方取得游戏的胜利。

现在,牛牛只想知道,对于自己的若干组手牌,分别最少需要多少次出牌可以将它们打光。请你帮他解决这个问题。

需要注意的是,本题中游戏者每次可以出手的牌型与一般的斗地主相似但略有不同。

具体规则如表 4-1 所示。

表 4-1

牌　　型	牌　型　说　明	牌型举例照片
火箭	即双王(双鬼牌)	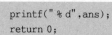
炸弹	四张同点牌。如四个 A	♠A ♥A ♣A ♦A
单张牌	单张牌,如 3	♣3
对子牌	两张码数相同的牌	♣2 ♥2
三张牌	三张码数相同的牌	♣3 ♥3 ♣3
三带一	三张码数相同的牌＋一张单牌。例如：三张 3＋单 4	♣3 ♥3 ♣3 ♣4
三带二	三张码数相同的牌＋一对牌。例如：三张 3＋对 4	♣3 ♥3 ♣3 ♣4 ♥4
单顺子	五张或更多码数连续的单牌(不包括 2 点和双王)。例如：单 7＋单 8＋单 9＋单 10＋单 J。另外,在顺牌(单顺子、双顺子、三顺子)中,牌的花色不要求相同	♣7 ♣8 ♣9 ♣10 ♣J
双顺子	三对或更多码数连续的对牌(不包括 2 点和双王)。例如：对 3＋对 4＋对 5	♣3 ♣3 ♣4 ♣4 ♣5 ♣5
三顺子	两个或更多码数连续的三张牌(不能包括 2 点和双王)。例如：三张 3＋三张 4＋三张 5	♣3 ♥3 ♣3 ♣4 ♥4 ♣4 ♣5 ♣5 ♣5
四带二	四张码数相同的牌＋任意两张单牌(或任意两对牌)。例如：四张 5＋单 3＋单 8 或四张 4＋对 5＋对 7	♣5 ♥5 ♣5 ♦5 ♣3 ♣8

【输入】

第一行包含用空格隔开的两个正整数 T 和 n,表示手牌的组数以及每组手牌的张数。

接下来 T 组数据中,每组数据 n 行,每行一个非负整数对 $a_i b_i$ 表示一张牌,其中 a_i 表示牌的数码,b_i 表示牌的花色,中间用空格隔开。特别的,用 1 表示数码 A,11 表示数码 J,12 表示数码 Q,13 表示数码 K;黑桃、红心、梅花、方片分别用 1~4 表示;小王的表示方法为 01,大王的表示方法为 02。

【输出】

共 T 行,每行一个整数,表示打光第 i 手牌的最少次数。

【样例输入】

```
1   8
7   4
8   4
9   1
10  4
11  1
5   1
1   4
1   1
```

【样例输出】

```
3
```

【解析】

本题的基本思路是搜索剪枝,对于搜索题来说,需要分清楚搜索情况。对于当前的这一次出牌机会,有如下 8 种情况。

(1) 出单顺子:当且仅当存在连续的五个点数牌都有至少一张牌。

(2) 出双顺子:当且仅当存在连续的三个点数牌都有至少两张牌。

(3) 出三顺子:当且仅当存在连续的两个点数牌都有至少三张牌。

(4) 出三带一:当且仅当存在某一个点数有至少三张牌和另外的一张牌。

(5) 出三带二:同上。

(6) 出四带二:当且仅当存在某一个点数有四张牌接有另外的两张牌。

(7) 出四带两对:同上。

(8) 出简单牌:无论当前的点数剩下几张牌,都可以一次出完。

【参考代码】

```cpp
# include < bits/stdc++.h >
using namespace std;
const int M = 20;
int t,n,ans,sum[M];
void dfs(int x){
    if (x > ans){
        return;
    }
    int k;
```

```
k = 0;
for (int i = 3;i < = 14;i++){
    if (sum[i] == 0){
        k = 0;
    }
    else{
        k++;
    }
    if (k > = 5){
        for (int j = i;j > = i - k + 1;j-- ){
            sum[j]-- ;
        }
        dfs(x + 1);
        for (int j = i;j > = i - k + 1;j-- ){
            sum[j]++ ;
        }
    }
}
k = 0;
for (int i = 3;i < = 14;i++){
    if (sum[i] < = 1){
        k = 0;
    }
    else
    {
        k++;
    }
    if (k > = 3){
        for (int j = i;j > = i - k + 1;j-- )
        {    sum[j] -= 2;
        }
        dfs(x + 1);
        for (int j = i;j > = i - k + 1;j-- )
        {    sum[j] += 2;
        }
    }
}
k = 0;
for (int i = 3;i < = 14;i++){
    if (sum[i] < = 2){
        k = 0;
    }
    else{
        k++;
    }
    if (k > = 2){
        for (int j = i;j > = i - k + 1;j-- )
        {    sum[j] -= 3;
        }
        dfs(x + 1);
        for (int j = i;j > = i - k + 1;j-- )
        {    sum[j] += 3;
        }
    }
```

```
        }
    }
    for (int i = 2;i <= 14;i++){
        if (sum[i]<= 2){
            continue;
        }
        sum[i] -= 3;
        for (int j = 2;j <= 15;j++){
            if (sum[j] == 0||j == i){
                continue;
            }
            sum[j] -- ;
            dfs(x + 1);
            sum[j]++ ;
        }
        for (int j = 2;j <= 14;j++){
            if (sum[j]<= 1||j == i){
                continue;
            }
            sum[j] -= 2;
            dfs(x + 1);
            sum[j] += 2;
        }
        sum[i] += 3;
    }
    for (int i = 2;i <= 14;i++){
        if (sum[i]<= 3){
            continue;
        }
        sum[i] -= 4;
        for (int a = 2;a <= 15;a++){
            if (sum[a] == 0){
                continue;
            }
            for (int b = 2;b <= 15;b++){
                if (sum[b] == 0){
                    continue;
                }
                sum[a] -- ;sum[b] -- ;
                dfs(x + 1);
                sum[a]++ ;sum[b]++ ;
            }
        }
        for (int a = 2;a <= 14;a++){
            if (sum[a]<= 1){
                continue;
            }
            for (int b = 2;b <= 14;b++){
                if (sum[b]<= 1){
                    continue;
                }
                sum[a] -= 2;sum[b] -= 2;
                dfs(x + 1);
```

```
                    sum[a] += 2;sum[b] += 2;
                }
            }
            sum[i] += 4;
        }
        k = 0;
        for (int i = 2;i <= 15;i++)
        {   if (sum[i])
            {       k++;
            }
        }
        ans = min(x + k,ans);
}
int main(){
    scanf("%d%d",&t,&n);
    while (t--){
        ans = 0x3f3f3f3f;
        memset(sum,0,sizeof(sum));
        for (int i = 1,d,p;i <= n;i++){
            scanf("%d%d",&d,&p);
            if (d == 0){
                sum[15]++;
            }
            else{
                if (d == 1){
                    sum[14]++;
                }
                else{
                    sum[d]++;
                }
            }
        }
        dfs(0);
        printf("%d\n",ans);
    }
    return 0;
}
```

4.1.4   Day2 T1：跳石头

【题目描述】

一年一度的"跳石头"比赛又要开始了!

这项比赛将在一条笔直的河道中进行,河道中分布着一些巨大岩石。组委会已经选择好了两块岩石作为比赛的起点和终点。在起点和终点之间,有 N 块岩石(不含起点和终点的岩石)。在比赛过程中,选手们将从起点出发,每一步跳向相邻的岩石,直至到达终点。

为了提高比赛难度,组委会计划移走一些岩石,使得选手们在比赛过程中的最短跳跃距离尽可能长。由于预算限制,组委会至多从起点和终点之间移走 M 块岩石(不能移走起点和终点的岩石)。

【输入】

输入文件第一行包含 3 个整数 L、N、M,分别表示起点到终点的距离、起点和终点之间的岩石数,以及组委会至多移走的岩石数。

接下来 N 行中,每行一个整数,第 i 行的整数 D_i($0 < D_i < L$)表示第 i 块岩石与起点的距离。这些岩石按与起点距离从小到大的顺序给出,且不会有两个岩石出现在同一个位置。

【输出】

输出文件只包含一个整数,即最短跳跃距离的最大值。

【样例输入】

```
25　5　2
2
11
14
17
21
```

【样例输出】

```
4
```

【解析】

要求最短跳跃距离最长,这类最小最大值(最大最小值)型题目,往往可以二分答案判定来解决。在本题中,可以二分跳跃距离 x,判定 x 是否可以成为答案。利用贪心的思想,设置累计距离,初始为 0。如果第 i 块岩石和第 i-1 块岩石距离加上累计距离小于 x,则移走第 i 块岩石,并累计距离。直到累计距离大于或等于 x 时,累计值清 0,从 i+1 块岩石开始继续判定,如果到达终点时移走岩石的数量不大于 M,则当前 x 判定成功;反之判定失败。需要注意的是,终点的石头不能移走,所以到最后一段累计值仍小于 x,判定失败。

【参考代码】

```cpp
#include < bits/stdc++.h>
using namespace std;
int L,n,m,a[50005];
int judge(int x){
    int dis = 0, cnt = 0;
    for (int i = 1;i <= n;i++){
        if (dis + a[i] - a[i-1]< x){
            cnt++;            //移走第 i 块岩石
            if (cnt > m)return 0;
            dis += = a[i] - a[i-1];
        }
        else
        {
            dis = 0;
        }
    }
    if (dis + a[n+1] - a[n]< x){
        return 0;
    }
```

```
        return 1;
    }
int main(){
    scanf("%d%d%d",&L,&n,&m);
    for (int i = 1;i <= n;i++){
        scanf("%d",&a[i]);
        }
    a[0] = 0, a[n + 1] = L;
    int ans = 0,st = 0,ed = L;
    while (st <= ed){
        int mid = (st + ed)>> 1;
        if (judge(mid)){
            ans = mid;
            st = mid + 1;
        }
        else{
            ed = mid - 1;
        }
    }
    printf("%d",ans);
    return 0;
}
```

4.1.5 Day2 T2：子串

【题目描述】

有两个仅包含小写英文字母的字符串 A 和 B。现在要从字符串 A 中取出 k 个互不重叠的非空子串,然后把这 k 个子串按照其在字符串 A 中出现的顺序依次连接起来得到一个新的字符串,请问有多少种方案可以使得这个新串与字符串 B 相等? 注意:子串取出的位置不同也认为是不同的方案。

【输入】

第一行是 3 个正整数 n、m、k,分别表示字符串 A 的长度、字符串 B 的长度,以及问题描述中所提到的 k,每两个整数之间用一个空格隔开。第二行包含一个长度为 n 的字符串,表示字符串 A。第三行包含一个长度为 m 的字符串,表示字符串 B。

【输出】

输出共一行,包含一个整数,表示所求方案数。由于答案可能很大,所以这里要求输出答案对 1000000007 取模的结果。

【样例输入】

6 3 1
aabaab
aab

【样例输出】

2

【解析】

如果 k＝m,则可以用简单的 DP 解决,令 f[i][j]表示 A 串前 i 个字符和 B 串前 j 个字符匹配的方案数,转移有:f[i][j]＝f[i−1][j]＋f[i−1][j−1](if A[i]＝＝B[i]),即对于 B 串第 j 个字符,要么和 A 串第 i 个字符匹配,要么和 A 串 i 之前的字符匹配。

对于 1≤k≤m 情况,需要增加一维信息考虑 k 的情况,令 f[i][j][v]表示 A 串前 i 个字符中选出 v 个不重叠子串拼成 B 串前 j 个字符的方案数,g[i][j][v]表示 A 串第 i 个字符必须使用的方案数,转移有:g[i][j][v]＝g[i−1][j−1][v]＋f[i−1][j−1][v−1](if A[i]＝＝B[i])。其中,g[i−1][j−1][v]的转移表示第 i 个字符接上一个字符并为一个子串,f[i−1][j−1][v−1]的转移表示第 i 个字符开始独立为一个串。

f 数组的转移有:f[i][j][v]＝g[i][j][v]＋f[i−1][j][v]。其中,g[i][j][v]的转移表示有效使用第 i 个字符,f[i−1][j][v]的转移表示不用第 i 个字符。最终答案为 f[n][m][k]。

最后,三维数组会超空间,可以把第一维部分用滚动数组降维,因为第 i 层的转移只跟第 i−1 层有关。

【参考代码】

```cpp
# include <bits/stdc++.h>
using namespace std;
typedef long long ll;
const ll P = 1000000007;
ll f[2][205][205],g[2][205][205];
char a[1005],b[205];
int n,m,k;
int main(){
    scanf("%d%d%d",&n,&m,&k);
    scanf("%s%s",a+1,b+1);
    f[0][0][0] = 1;
    int cur = 1;
    for (int i = 1;i <= n;i++){
        f[cur][0][0] = 1;
        for (int j = 1;j <= m;j++){
            for (int v = 1;v <= k;v++){
                if (a[i] == b[j]){
                    g[cur][j][v] = (f[1-cur][j-1][v-1] + g[1-cur][j-1][v]) % P;
                }
                else{
                    g[cur][j][v] = 0;
                }
                f[cur][j][v] = (f[1-cur][j][v] + g[cur][j][v]) % P;
            }
        }
        cur = 1 - cur;
    }
    printf("%lld\n",f[1-cur][m][k]);
    return 0;
}
```

4.1.6　Day2 T3：运输计划

【题目描述】

公元 2044 年,人类进入了宇宙纪元。

L国有 n 个星球,还有 n−1 条双向航道,每条航道建立在两个星球之间,这 n−1 条航道连通了 L 国的所有星球。

　　小 P 掌管一家物流公司,该公司有很多个运输计划,每个运输计划形如:有一艘物流飞船需要从 u_i 号星球沿最快的宇航路径飞行到 v_i 号星球去。显然,飞船驶过一条航道是需要时间的,对于航道 j,任意飞船驶过它所花费的时间为 t_j,并且任意两艘飞船之间不会产生任何干扰。

　　为了鼓励科技创新,L 国国王同意小 P 的物流公司参与 L 国的航道建设,即允许小 P 把某一条航道改造成虫洞,飞船驶过虫洞不消耗时间。

　　在虫洞的建设完成前,小 P 的物流公司就预接了 m 个运输计划。在虫洞建设完成后,这 m 个运输计划会同时开始,所有飞船一起出发。当这 m 个运输计划都完成时,小 P 的物流公司的阶段性工作就完成。

　　如果小 P 可以自由选择将哪一条航道改造成虫洞,试求出小 P 的物流公司完成阶段性工作所需要的最短时间是多少?

【输入】

　　第一行包括两个正整数 n、m,表示 L 国中星球的数量及小 P 公司预接的运输计划的数量,星球从 1 到 n 编号。

　　接下来 n−1 行描述航道的建设情况,其中,第 i 行包含 3 个整数 a_i、b_i 和 t_i,表示第 i 条双向航道修建在 a_i 与 b_i 两个星球之间,任意飞船驶过它所花费的时间为 t_i。接下来 m 行描述运输计划的情况,其中第 j 行包含两个正整数 u_j 和 v_j,表示第 j 个运输计划是从 u_j 号星球飞往 v_j 号星球。

【输出】

　　共 1 行,包含 1 个整数,表示小 P 的物流公司完成阶段性工作所需要的最短时间。

【样例输入】

```
6　3
1　2　3
1　6　4
3　1　7
4　3　6
3　5　5
3　6
2　5
4　5
```

【样例输出】

```
11
```

【解析】

　　题意大致为,树上有 m 条路径,有一次将某条边的边权改为 0 的机会,使用之后使得最长路径最小。又是最大值最小问题,可以用二分答案判定来解决。二分时间 t,时间确定之后,原问题变成一个判定性问题:是否可以通过去掉一条边,使所有路径的总长度在 t 以内。

此时去掉所有长度大于 t 的路径的最长公共边一定是最优的。如何找出所有公共边呢？可以将每条路径上的所有边加1,最后判断每条边上的总和是否等于路径总数即可。

最后的问题是如何快速求树上某一条路径的和,以及给某个路径加上相同的数呢？使用树上差分可以完成这个任务,在树上做前缀和差分的时候需要先求路径两个端点的最近公共祖先,求 LCA 的方式有很多,这里采用的是倍增的方式。

【参考代码】

```
#include < bits/stdc++.h >
using namespace std;
const int M = 300005;
int n,m,tot,head[M],Next[M * 2],vet[M * 2],len[M * 2];
int G,f[20][M],d[M],dis[M];
int px[M],py[M],pz[M],seq[M],cnt,sum[M];
void add(int a,int b,int c){
    Next[++tot] = head[a], vet[tot] = b, len[tot] = c;
    head[a] = tot;
}
void bfs(int x){
    queue < int > q;
    q.push(1);d[1] = 1;seq[++cnt] = x;
    while (q.size()){
        x = q.front();q.pop();
        for (int i = head[x];i;i = Next[i]){
            int y = vet[i],z = len[i];
            if (d[y]){
                continue;
            }
            seq[++cnt] = y;
            d[y] = d[x] + 1;dis[y] = dis[x] + z;
            f[0][y] = x;
            for (int j = 1;j <= G;j++){
                f[j][y] = f[j-1][f[j-1][y]];
            }
            q.push(y);
        }
    }
}
int lca(int x,int y){
    if (d[x] < d[y]){
        swap(x,y);
    }
    for (int i = G;i >= 0;i--){
        if (d[f[i][x]] >= d[y]){
            x = f[i][x];
        }
    }
    if (x == y){
        return x;
    }
    for (int i = G;i >= 0;i--){
        if (f[i][x] != f[i][y]){
```

```
                x = f[i][x], y = f[i][y];
            }
        }
        return f[0][x];
    }
    int judge(int t){
        int c = 0, maxv = 0;
        for (int i = 1; i <= n; i++){
            sum[i] = 0;
        }
        for (int i = 1; i <= m; i++){
            int x = px[i], y = py[i], z = pz[i];
            int w = dis[x] + dis[y] - 2 * dis[z];
            if (w > t){
                c++;                                    //超过答案 t 的路径数量
                sum[x]++, sum[y]++, sum[z] -= 2;        //树上差分
                maxv = max(maxv, w - t);                //最大的多余部分 w > t
            }
        }
        if (c == 0){
            return 1;
        }
        for (int i = n; i; i-- ){
            sum[f[0][seq[i]]] += sum[seq[i]];
        }
        for (int i = 1; i <= n; i++){
            if (sum[i] == c && dis[i] - dis[f[0][i]] >= maxv){
                return 1;
            }
        }
        return 0;
    }
    int main(){
        scanf("%d%d", &n, &m); G = log(n)/log(2);
        for (int i = 1; i <= n - 1; i++){
            int a, b, c; scanf("%d%d%d", &a, &b, &c);
            add(a, b, c); add(b, a, c);
        }
        bfs(1);
        for (int i = 1; i <= m; i++){
            scanf("%d%d", &px[i], &py[i]);
            pz[i] = lca(px[i], py[i]);
        }
        int le = 0, ri = 1e9, ans;
        while (le <= ri){
            int mid = le + ri >> 1;
            if ( judge(mid)){
                ans = mid; ri = mid - 1;
            }
            else {
                le = mid + 1;
            }
        }
```

```
        printf(" % d",ans);
        return 0;
}
```

4.2 NOIP 2016 提高组复赛题解

4.2.1 Day1 T1：玩具谜题

【题目描述】

小南有一套可爱的玩具小人,它们各有不同的职业。

有一天,这些玩具小人把小南的眼镜藏了起来。小南发现玩具小人们围成了一个圈,它们有的面朝圈内,有的面朝圈外,如图 4-1 所示。

图 4-1

这时 singer 告诉小南一个谜题:"眼镜藏在我左数第 3 个玩具小人的右数第 1 个玩具小人的左数第 2 个玩具小人那里。"

小南发现,这个谜题中玩具小人的朝向非常关键,因为朝内和朝外的玩具小人的左右方向是相反的:面朝圈内的玩具小人,它的左边是顺时针方向,右边是逆时针方向;而面向圈外的玩具小人,它的左边是逆时针方向,右边是顺时针方向。

小南一边艰难地辨认着玩具小人,一边数着:

"singer 朝内,左数第 3 个是 archer。"

"archer 朝外,右数第 1 个是 thinker。"

"thinker 朝外,左数第 2 个是 writer。"

"所以眼镜藏在 writer 这里!"

虽然成功找回了眼镜,但小南并没有放心。如果下次有更多的玩具小人藏他的眼镜,或是谜题的长度更长,他可能就无法找到眼镜了。所以小南希望你写程序帮他解决类似的谜题。

这样的谜题具体可以描述为：有 n 个玩具小人围成一圈,已知它们的职业和朝向。现在第 1 个玩具小人告诉小南一个包含 m 条指令的谜题,其中第 i 条指令形如"左数/右数第 s_i 个玩具小人"。你需要输出依次数完这些指令后,到达的玩具小人的职业。

【输入】

输入的第一行包含两个正整数 n、m,表示玩具小人的个数和指令的条数。

接下来 n 行中,每行包含一个整数和一个字符串,以逆时针顺序给出每个玩具小人的朝向和职业。其中,0 表示朝向圈内,1 表示朝向圈外。保证不会出现其他的数。字符串长度不超过 10 且仅由小写字母构成,字符串不为空,并且字符串两两不同。整数和字符串之间用一个空格隔开。

接下来 m 行,其中第 i 行包含两个整数 a_i,s_i,表示 i 条指令。若 $a_i=0$,表示向左数 s_i 个人;若 $a_i=1$,表示向右数 s_i 个人。保证 a_i 不会出现其他的数,$1 \leqslant s_i < n$。

【输出】

输出一个字符串,表示从第一个读入的小人开始,依次数完 m 条指令后到达的小人的职业。

【样例输入】

```
7 3
0 singer
0 reader
0 mengbier
1 thinker
1 archer
0 writer
1 mogician
0 3
1 1
0 2
```

【样例输出】

writer

【解析】

模拟题,设位置变量 pos,初始为 0(所有点的编号设为 0~n−1)。对于每个指令,如果指令值和当前人朝向值一样对 pos 做相应的减法,反之做相应的加法,最后 pos 位置上的人就是答案。

【参考代码】

```cpp
#include<bits/stdc++.h>
using namespace std;
const int M=100005;
int n,m,pos,dir[M];
char name[M][12];
int main(){
    scanf("%d%d",&n,&m);
```

```
for (int i = 0;i < n;i++)
{    scanf("% d % s",&dir[i],name[i]);
}
for (int i = 0;i < m;i++){
        int a,b;scanf("% d % d",&a,&b);
        if (a == dir[pos]){                    //一致减
            pos -= b;
            if (pos < 0){
                pos += n;
            }
        }
        else{                                  //不一致加
            pos += b;
            if (pos > = n){
                pos -= n;
            }
        }
    }
    printf("% s\n",name[pos]);
    return 0;
}
```

4.2.2　Day1 T2：天天爱跑步

【题目描述】

小 C 同学认为跑步非常有趣，于是决定制作一款叫作"天天爱跑步"的游戏。

"天天爱跑步"是一个养成类游戏，需要玩家每天按时上线，完成打卡任务。

这个游戏的地图可以看作一棵包含 n 个结点和 n−1 条边的树，每条边连接两个结点，且任意两个结点间存在一条路径互相可达。树上结点编号为从 1 到 n 的连续正整数。

现在有 m 个玩家，第 i 个玩家的起点为 S_i，终点为 T_i。每天打卡任务开始时，所有玩家在第 0 秒同时从自己的起点出发，以每秒跑一条边的速度，不间断地沿着最短路径向着自己的终点跑去，跑到终点后该玩家就算完成了打卡任务（由于地图是一棵树，所以每个人的路径是唯一的）。小 C 想知道游戏的活跃度，所以在每个结点上都放置了一个观察员。在结点 j 的观察员会选择在第 W_j 秒观察玩家，一个玩家能被这个观察员观察到当且仅当该玩家在第 W_j 秒也正好到达了结点 j。小 C 想知道每个观察员会观察到多少人？

注意：一个玩家到达自己的终点后该玩家就会结束游戏，他不能等待一段时间后再被观察员观察到。即对于把结点 j 作为终点的玩家：若他在第 W_j 秒前到达终点，则在结点 j 的观察员不能观察到该玩家；若他正好在第 W_j 秒到达终点，则在结点 j 的观察员可以观察到这个玩家。

【输入】

第一行有两个整数 n 和 m。其中，n 代表树的结点数量，同时也是观察员的数量，m 代表玩家的数量。

接下来 n−1 行中，每行两个整数 u 和 v，表示结点 u 到结点 v 有一条边。

接下来一行中，n 个整数，其中第 j 个整数为 W_j，表示结点 j 出现观察员的时间。

接下来 m 行中,每行两个整数 S_i 和 T_i,表示一个玩家的起点和终点。

对于所有的数据,保证 $1 \leqslant S_i, T_i \leqslant n, 0 \leqslant W_j \leqslant n$。

【输出】

输出 1 行 n 个整数,第 j 个整数表示结点 j 的观察员可以观察到多少人。

【样例输入】

```
6 3
2 3
1 2
1 4
4 5
4 6
0 2 5 1 2 3
1 5
1 3
2 6
```

【样例输出】

```
2 0 0 1 1 1
```

【解析】

每个玩家跑步的路线可以拆成两端:从 s_i 到 $lca(s_i, t_i)$、从 $lca(s_i, t_i)$ 到 t_i。其中,后者不包括 $lca(s_i, t_i)$ 这个端点。不难发现,位于结点 x 的观察员能观察到第 i 个玩家,当且仅当满足下列两个条件之一。

(1) 点 x 处于 s_i 到 $lca(s_i, t_i)$ 的路径上,并且满足 $d[s_i] - d[x] = w[x]$,其中数组 d 表示结点在树中的深度。它的意义是玩家从 s_i 跑到 x 所用的时间 $d[s_i] - d[x]$ 等于观察员出现的时间 $w[x]$。

(2) 点 x 处于 $lca(s_i, t_i)$ 到 t_i 的路径上(不含 $lca(s_i, t_i)$ 这个端点),并且满足 $d[s_i] + d[x] - 2 \times d[lca(s_i, t_i)] = w[x]$。

因为两个条件都包含对 x 所在路径的限制且互不重叠,所以可以分开计算满足每个条件的玩家数量再相加。下面以第一个条件为例进行计算。

把关于 i 的变量和关于 x 的变量分别移到等式的两侧,变形为:$d[s_i] = w[x] + d[x]$,这样等号右边的内容只与 x 有关,其值可以用桶计数。可以将其转换为以下模型。

有 m 个玩家,其中第 i 个玩家给 s_i 到 $lca(s_i, t_i)$ 的路径上的每个点增加一个类似为 $d[s_i]$ 的计数。最终求每个点 x 处类型为 $w[x] + d[x]$ 的计数次数。

通过树上差分,第 i 个玩家的操作可以转换为:在 s_i 处对 $d[s_i]$ 产生一次计数,在点 $father(lca(s_i, t_i))$ 处对 $d[s_i]$ 减少一次计数。对树上的每个点建立一个 STL vector(变长数组)。扫描 m 个玩家,把每个玩家的"产生"和"消失"的桶值($d[s_i]$)记录在对应结点(产生在 s_i,消失在 $father(lca(s_i, t_i))$ 处)的 vector 中。

建立一个全局数组 c 作为桶,对每种类型的物品进行计数,初始为零。

对整棵树执行深度优先遍历。在递归进入每个点 x 时,用一个局部变量 cnt 作为计数器记录 $c[w[x] + d[x]]$。然后扫描点 x 的 vector,在计数数组中执行修改(类型为 z 的产生

就令 $c[z]$ 加 1,消失就令 $c[z]$ 减 1)。继续递归遍历 x 的所有子树。从 x 回溯之前,用新的 $c[w[x]+d[x]]$ 减掉 cnt 就是"子树和",即点 x 处类型为 $w[x]+d[x]$ 的计数次数(x 处的答案)。

上述做法的依据是:本题统计的信息满足区间减法性质。区间减法性质原本指"区间和"可以由"前缀和相减"得到,引申含义是"一段区间的信息"可以由"对应的两段前缀维护的信息"直接推出。在本题中,"遍历以 x 为根的子树过程中累加的值"等于"遍历完成时的值"与"遍历开始时的值"之差。因此可以只维护一个全局数据结构,利用区间减法得到"子树和"。

对于第二个条件,只需修改物品 $d[s_i]-2\times d[lca(s_i, t_i)]$ 在点 t_i 处产生,在点 $lca(s_i, t_i)$ 处消失,最后求每个点 x 处类型为 $w[x]-d[x]$ 的物品数量。注意此时的物品类型可能为负数,需要对计数数组的下标范围进行平移或离散化。与第一个条件得到的结果相加,就是点 x 的观察员能观察到的玩家总数。

【参考代码】

```cpp
#include <bits/stdc++.h>
using namespace std;
const int M = 300005;
int n,m,w[M],tot,head[M],Next[M*2],vet[M*2],d[M];
int G,f[20][M],L[M];
vector<int> vs1[M],vs2[M],vt1[M],vt2[M];
int cnt1[M],cnt2[M*2],ans[M];
void add(int a,int b){
    Next[++tot] = head[a],vet[tot] = b;
    head[a] = tot;
}
void bfs(int x){
    queue<int> q;
    q.push(1);d[1] = 1;
    while (q.size()){
        x = q.front();q.pop();
        for (int i = head[x];i;i = Next[i]){
            int y = vet[i];
            if (d[y]){
                continue;
            }
            d[y] = d[x] + 1;
            f[0][y] = x;
            for (int j = 1;j <= G;j++){
                f[j][y] = f[j-1][f[j-1][y]];
            }
            q.push(y);
        }
    }
}
int lca(int x,int y){
    if (d[x] < d[y]){
        swap(x,y);
    }
    for (int i = G;i >= 0;i--){
        if (d[f[i][x]] >= d[y]){
```

```
                x = f[i][x];
            }
        }
    if (x == y){
        return x;
    }
    for (int i = G;i >= 0;i-- ){
        if (f[i][x]! = f[i][y]){
            x = f[i][x],y = f[i][y];
        }
    }
    return f[0][x];
}
void dfs(int x,int pre){
    int a = w[x] + d[x], b = w[x] - d[x] + M;
    int c1 = cnt1[a],c2 = cnt2[b];
    for (int i = head[x];i;i = Next[i]){
        int y = vet[i];
            if (y == pre){
                continue;
            }
        dfs(y,x);
    }
    for (int i = 0;i < vs1[x].size();i++){
        cnt1[vs1[x][i]]++;
    }
    for (int i = 0;i < vs2[x].size();i++){
        cnt2[vs2[x][i]]++;
    }
    for (int i = 0;i < vt1[x].size();i++){
        cnt1[vt1[x][i]]-- ;
    }
    for (int i = 0;i < vt2[x].size();i++){
        cnt2[vt2[x][i]]-- ;
    }
    ans[x] = cnt1[a] - c1 + cnt2[b] - c2;
}
int main(){
    scanf(" %d %d",&n,&m);G = log(n)/log(2);
    for (int i = 1;i <= n - 1;i++){
        int a,b;scanf("%d %d",&a,&b);
        add(a,b);add(b,a);
    }
    for (int i = 1;i <= n;i++){
        scanf("%d",&w[i]);
    }
    bfs(1);
    for (int i = 1;i <= m;i++){
        int a,b;scanf("%d %d",&a,&b);
        int c = lca(a,b);
        int fc = f[0][c];
        vs1[a].push_back(d[a]);
        vt1[fc].push_back(d[a]);
```

```
        vs2[b].push_back(d[a] - 2 * d[c] + M);
        vt2[c].push_back(d[a] - 2 * d[c] + M);
    }
    dfs(1,0);
    for (int i = 1;i < = n;i++){
        printf(" % d ",ans[i]);
    }
    return 0;
}
```

4.2.3　Day1 T3：换教室

【题目描述】

对于刚上大学的牛牛来说,他面临的第一个问题是如何根据实际情况申请合适的课程。

在可以选择的课程中,有 2n 节课程安排在 n 个时间段上。在第 $i(1 \leqslant i \leqslant n)$ 个时间段上,两节内容相同的课程同时在不同的地点进行,其中,牛牛预先被安排在教室 c_i 上课,而另一节课程在教室 d_i 进行。

在不提交任何申请的情况下,学生们需要按时间段的顺序依次完成所有的 n 节安排好的课程。如果学生想更换第 i 节课程的教室,则需要提出申请。若申请通过,学生就可以在第 i 个时间段去教室 d_i 上课,否则仍然在教室 c_i 上课。

由于更换教室的需求太多,申请不一定能获得通过。通过计算,牛牛发现申请更换第 i 节课程的教室时,申请被通过的概率是一个已知的实数 k_i,并且对于不同课程的申请,被通过的概率是互相独立的。

学校规定,所有的申请只能在学期开始前一次性提交,并且每个人只能选择至多 m 节课程进行申请。这意味着牛牛必须一次性决定是否申请更换每节课的教室,而不能根据某些课程的申请结果来决定其他课程是否申请;牛牛可以申请自己最希望更换教室的 m 门课程,也可以不用完这 m 个申请的机会,甚至可以一门课程都不申请。

因为不同的课程可能会被安排在不同的教室进行,所以牛牛需要利用课间时间从一间教室赶到另一间教室。

牛牛所在的大学有 v 个教室,有 e 条道路。每条道路连接两间教室,并且是可以双向通行的。

由于道路的长度和拥堵程度不同,通过不同的道路耗费的体力可能会有所不同。当第 $i(1 \leqslant i \leqslant n-1)$ 节课结束后,牛牛就会从这节课的教室出发,选择一条耗费体力最少的路径前往下一节课的教室。现在牛牛想知道,申请哪几门课程可以使他因在教室间移动耗费的体力值的总和的期望值最小,请你帮他求出这个最小值。

【输入】

第一行 4 个整数 n、m、v、e。n 表示这个学期内的时间段的数量,m 表示牛牛最多可以申请更换多少节课程的教室,v 表示牛牛学校里教室的数量,e 表示牛牛的学校里道路的数量。

第二行 n 个正整数,第 $i(1 \leqslant i \leqslant n)$ 个正整数表示 c_i,即第 i 个时间段牛牛被安排上课的教室;保证 $1 \leqslant c_i \leqslant v$。

第三行 n 个正整数,第 i(1≤i≤n)个正整数表示 d_i,即第 i 个时间段另一间上同样课程的教室;保证 1≤d_i≤v。

第四行 n 个实数,第 i(1≤i≤n)个实数表示 k_i,即牛牛申请在第 i 个时间段更换教室获得通过的概率;保证 0≤k_i≤1。

接下来 e 行中,每行 3 个正整数 a_j、b_j、w_j,表示有一条双向道路连接教室 a_j 和 b_j,通过这条道路需要耗费的体力值是 w_j;保证 1≤a_j,b_j≤v,1≤w_j≤100。

保证 1≤n≤2000,0≤m≤2000,1≤v≤300,0≤e≤90000。

保证通过学校里的道路,从任何一间教室出发,都能到达其他所有的教室。

保证输入的实数最多包含 3 位小数。

【输出】

输出一行,包含一个实数,四舍五入精确到小数点后恰好两位,表示答案。考生的输出必须和标准输出完全一样才算正确。

测试数据保证四舍五入后的答案和准确答案的差的绝对值不大于 $4×10^{-3}$。

【样例输入】

```
3 2 3 3
2 1 2
1 2 1
0.8  0.2  0.5
1 2 5
1 3 3
2 3 1
```

【样例输出】

```
2.80
```

【解析】

带概率期望背景的 DP 题。首先对于最短路径问题,看到 300 的规模,肯定用 $O(n^3)$ 的 Floyd 做法,这样重边自环问题都不是问题,任意两点之间的最短路径可以用二维数组 g 存储。其次就是决策,最复杂的情况下,每个点都需要决策选 c 还是选 d,这个模型可以看成只有一个入口的链问题,问题规模为 2000,刚好是 DP 的规模,令 nd[i][j]表示第 i 节用了 j 次申请(注意 j 次和最多 j 次的区别),但第 i 节不申请的最小代价期望,令 yd[i][j]表示第 i 节用了 j 次申请,第 i 节申请的最小期望代价。

nd[i][j]的结果,由于第 i 节不申请,肯定在 c[i]教室上课,而 yd[i][j]的结果,虽然第 i 节申请了,但有概率失败,也就是 1−k[i]的概率在 c[i]教室上课,k[i]的概率在 d[i]教室上课。

初始 nd[1][0]和 yd[1][1]为 0,表示第一节课不申请或者申请,都不需要移动,耗费体力值为 0,其余状态可以设为较大值。下一节课开始,会根据上一节课教室的位置耗费不同的体力值,具体如下。

(1) 第 i 节课不申请,从 i−1 节课不申请的位置 c[i−1]到 c[i]。

(2) 第 i 节课不申请,(1−k[i−1])概率从 i−1 节课申请失败的 c[i−1]到 c[i];k[i−1]概率从 i−1 节课申请成功的 d[i−1]到 c[i]。

（3）第 $i-1$ 节课不申请，第 i 节课申请，$(1-k[i])$ 概率失败留在 c[i]，从 c[i-1] 到 c[i]；$k[i]$ 概率成功留在 d[i]，从 c[i-1] 到 d[i]。

（4）第 $i-1$ 节课申请，第 i 节课也申请，$(1-k[i-1])\times(1-k[i])$ 概率从 c[i-1] 到 c[i]；$k[i-1]\times(1-k[i])$ 概率从 d[i-1] 到 c[i]；$(1-k[i-1])\times k[i]$ 概率从 c[i-1] 到 d[i]；$k[i-1]\times k[i]$ 概率从 d[i-1] 到 d[i]。

最后，还要枚举申请次数，从 0 到 m 枚举，寻找最小值。

【参考代码】

```cpp
#include <bits/stdc++.h>
using namespace std;
const int M = 2005;
int n,m,v,e,pc[M],pd[M],g[305][305];
double pk[M],nd[M][M],yd[M][M],ans;
void solve(){
    for (int i = 1;i <= n;i++){
      for (int j = 0;j <= m;j++){
          nd[i][j] = yd[i][j] = 1e18;
      }
    }
    nd[1][0] = yd[1][1] = 0;
    for (int i = 2;i <= n;i++){
        int c1 = pc[i-1],c2 = pc[i],d1 = pd[i-1],d2 = pd[i];
        nd[i][0] = nd[i-1][0] + g[c1][c2];              //一次也不申请
        for (int j = 1;j <= m;j++){
            double p1,p2,p3,p4,p5,p6;
            p1 = g[c1][c2];                             //i-1不申请,i不申请
            p2 = (1.0 - pk[i-1]) * g[c1][c2] + pk[i-1] * g[d1][c2];
                                                        //i-1申请,i不申请
            nd[i][j] = min(nd[i-1][j] + p1,yd[i-1][j] + p2);
            p1 = (1.0 - pk[i]) * g[c1][c2];             //i-1不申请,i申请失败
            p2 = pk[i] * g[c1][d2];                     //i-1不申请,i申请成功
            p3 = (1.0 - pk[i-1]) * (1.0 - pk[i]) * g[c1][c2];
                                                        //i-1申请失败,i申请失败
            p4 = pk[i-1] * (1.0 - pk[i]) * g[d1][c2];   //i-1申请成功,i申请失败
            p5 = (1.0 - pk[i-1]) * pk[i] * g[c1][d2];   //i-1申请失败,i申请成功
            p6 = pk[i-1] * pk[i] * g[d1][d2];           //i-1申请成功,i申请成功
            yd[i][j] = min(nd[i-1][j-1] + p1 + p2,yd[i-1][j-1] + p3 + p4 + p5 + p6);
        }
    }
    ans = 1e18;
    for (int i = 0;i <= m;i++){
        ans = min(ans, min(nd[n][i],yd[n][i]));
    }
    printf("%.2f",ans);
}
int main(){
    scanf("%d%d%d%d",&n,&m,&v,&e);
    for (int i = 1;i <= n;i++){
        scanf("%d",&pc[i]);
    }
    for (int i = 1;i <= n;i++){
```

```
        scanf(" % d",&pd[i]);
    }
    for (int i = 1; i <= n; i++){
        scanf(" % lf",&pk[i]);
    }
    for (int i = 1; i <= v; i++){
       for (int j = 1; j <= v; j++){
           if (i == j){
               g[i][j] = 0;}
               else{
               g[i][j] = 1e9;
           }
       }
    }
    for (int i = 1; i <= e; i++){
        int a,b,c;scanf(" % d % d % d",&a,&b,&c);
        g[a][b] = g[b][a] = min(g[a][b],c);
    }
    for (int k = 1; k <= v; k++){
        for (int i = 1; i <= v; i++){
            for (int j = 1; j <= v; j++){
                g[i][j] = min(g[i][j],g[i][k] + g[k][j]);
            }
        }
    }
    solve();
    return 0;
}
```

4.2.4 Day2 T1：组合数问题

【题目描述】

组合数 C[n][m] 表示的是从 n 个物品中选出 m 个物品的方案数。例如,从(1,2,3) 三个物品中选择两个物品可以有(1,2),(1,3),(2,3)这 3 种选择方法。根据组合数的定义,可以给出计算组合数 C[n][m] 的一般公式:

$$C[n][m] = n!/(m!(n-m)!)$$

其中,$n! = 1 \times 2 \times \cdots \times n$；特别地,定义 $0! = 1$。

小葱想知道如果给定 n、m 和 k,对于所有的 $0 \leqslant i \leqslant n, 0 \leqslant j \leqslant \min(i,m)$ 有多少对 (i,j) 满足 C[i][j] 是 k 的倍数。

【输入】

第一行有两个整数 t、k,其中 t 代表该测试点总共有多少组测试数据,k 的意义见问题描述。

接下来 t 行中,每行两个整数 n、m,其中 n、m 的意义见问题描述。

【输出】

共 t 行,每行一个整数代表所有的 $0 \leqslant i \leqslant n, 0 \leqslant j \leqslant \min(i,m)$ 中有多少对(i, j)满足 C[i][j] 是 k 的倍数。

【样例输入】

1　2

3　3

【样例输出】

1

【解析】

首先利用递推公式预处理组合数(C[i][j]表示从 i 个物品中选出 j 个物品的方案数):C[i][j]=C[i-1][j]+C[i-1][j-1]。预处理过程中由于数值太大,需要取模 k。之后用二维前缀和求解即可,需要注意的是,i<j 的时候前缀和增加的值为 0。

【参考代码】

```
#include<bits/stdc++.h>
using namespace std;
const int M = 2005;
int t,k,n,m,C[M][M],sum[M][M];
int main(){
    scanf("%d%d",&t,&k);
    for (int i = 1;i <= 2000;i++){          //计算组合数 mod k
        C[i][0] = C[i][i] = 1;
        for (int j = 1;j < i;j++){
            C[i][j] = C[i-1][j] + C[i-1][j-1];
            if (C[i][j] >= k){
                C[i][j] -= k;
            }
        }
    }
    for (int i = 1;i <= 2000;i++){
        for (int j = 1;j <= 2000;j++){
            int x = 0;
            if (i >= j){
                x = (C[i][j] == 0);
            }//x 代表(i,j)位置能否整除 k
            sum[i][j] = x + sum[i-1][j] + sum[i][j-1] - sum[i-1][j-1];
            //二维前缀和
        }
    }
    while (t--){
        scanf("%d%d",&n,&m);
        printf("%d\n",sum[n][m]);
    }
    return 0;
}
```

4.2.5 Day2 T2:蚯蚓

【题目描述】

本题中,将用符号⌊c⌋表示对 c 向下取整,例如,⌊3.0⌋=⌊3.1⌋=⌊3.9⌋=3。

蛐蛐国最近蚯蚓成灾了!隔壁跳蚤国的跳蚤也拿蚯蚓们没办法,蛐蛐国王只好去请神刀手来帮他们消灭蚯蚓。

蛐蛐国里现在共有 n 只蚯蚓(n 为正整数)。每只蚯蚓拥有长度,设第 i 只蚯蚓的长度为 $a_i(i=1,2,\cdots,n)$,并保证所有的长度都是非负整数(即可能存在长度为 0 的蚯蚓)。

每一秒神刀手会在所有的蚯蚓中,准确地找到最长的那一只(如有多个则任选一个)将其切成两半。神刀手切开蚯蚓的位置由常数 p(是满足 $0<p<1$ 的有理数)决定,设这只蚯蚓长度为 x,神刀手会将其切成两只长度分别为 $\lfloor px \rfloor$ 和 $x-\lfloor px \rfloor$ 的蚯蚓。特殊的,如果这两个数的其中一个等于 0,则这个长度为 0 的蚯蚓也会被保留。此外,除了刚刚产生的两只新蚯蚓,其余蚯蚓的长度都会增加 q(q 是一个非负整常数)。

蛐蛐国王知道这样不是长久之计,因为蚯蚓不仅会越来越多,还会越来越长。蛐蛐国王决定求助于一位有着洪荒之力的神秘人物,但是救兵还需要 m 秒才能到来(m 为非负整数)······蛐蛐国王希望知道这 m 秒内的战况。

具体来说,他希望知道:

(1) m 秒内,每一秒被切断的蚯蚓被切断前的长度(有 m 个数)。

(2) m 秒后,所有蚯蚓的长度(有 n+m 个数)。

蛐蛐国王当然知道怎么做啦! 但是他想考考你。

【输入】

第一行包含 6 个整数 n、m、q、u、v、t,其中 n、m、q 的意义见问题描述;u、v、t 均为正整数;你需要自己计算 p=u/v(保证 $0<u<v$);t 是输出参数,其含义将会在输出中解释。

第二行包含 n 个非负整数,为 $a_1,a_2,\cdots,a_n$,即初始时 n 只蚯蚓的长度。

同一行中相邻的两个数之间,恰好用一个空格隔开。

【输出】

第一行输出 $\lfloor m/t \rfloor$ 个整数,按时间顺序,依次输出第 t 秒,第 2t 秒,第 3t 秒······被切断蚯蚓(在被切断前)的长度。

第二行输出 $\lfloor (n+m)/t \rfloor$ 个整数,输出 m 秒后蚯蚓的长度;需要按从大到小的顺序,依次输出排名第 t,第 2t,第 3t······的长度。

同一行中相邻的两个数之间,恰好用一个空格隔开。即使某一行没有任何数需要输出,也应输出一个空行。

请阅读样例来更好地理解这个格式。

【样例输入】

```
3 7 1 1 3 1
3 3 2
```

【样例输出】

```
3 4 4 4 5 5 6
6 6 6 5 5 4 4 3 2 2
```

【解析】

如果 q=0,即蚯蚓不会变长,那么本题相当于维护一个集合,支持查询最大值、删除最大值、插入新的值。可以用堆完成,时间复杂度为 $O(m\log n)$。

当 q>0 时,除了最大值拆成的两个数之外,集合中的其他数都会增加 q。设最大值为 x。不妨认为产生了两个大小为 $\lfloor px \rfloor -q$ 和 $x-\lfloor px \rfloor -q$ 的新数,然后再把整个集合都加上 q。

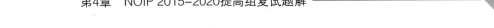

这与之前的操作是等价的。

于是,维护一个变量 delta 表示整个集合的"偏移量",集合中的数加上 delta 是它的真实数值。起初,delta＝0。对于每一秒:

(1) 取出集合中的最大值 x,令 x＝x＋delta。

(2) 把$\lfloor px \rfloor$－delta－q 和 x－$\lfloor px \rfloor$－delta－q 插入集合。

(3) 令 delta＝delta＋q。

重复上述步骤 m 轮,即可得到最终集合中所有数的值。然而,本题中 m 的范围过大,需要一种线性算法来更快地求解。

注意,p,q 是固定常数,$0 < p < 1$ 且 q 是非负整数。设 x1、x2 为非负整数,当 x1≥x2 时,有$\lfloor px1 \rfloor + q = \lfloor px1 + q \rfloor \geq \lfloor px2 + pq \rfloor = \lfloor p(x2+q) \rfloor$。上式第一个等号成立的原因是整数可以自由移入、移出取整符号而不改变式子的值。

又因为 x1－x2≥p(x1－x2),所以 x1－px1≥x2－px2≥x2－p(x2＋q)。进一步有 x1－$\lfloor px1 \rfloor$＋q＝$\lfloor x1 - px1 \rfloor$＋q≥$\lfloor x2 - p(x2+q) \rfloor$＋q＝x2＋q－$\lfloor p(x2+q) \rfloor$。

上面两段分析的意义是:若 x1 在 x2 之前被取出集合,则在一秒以后,x1 分成的两个数$\lfloor px1 \rfloor$＋q 和 x1－$\lfloor px1 \rfloor$＋q 分别不小于 x2＋q 分成的两个数$\lfloor p(x2+q) \rfloor$和 x2＋q－$\lfloor p(x2+q) \rfloor$。换言之,不仅从集合中取出的数是单调递减的,新产生的两类数值也分别随着时间单调递减。可以建立 3 个队列 A、B、C,共同构成需要维护的集合。队列 A 保存初始的 n 个数,从大到小排序。队列 B 保存每秒新产生的$\lfloor px \rfloor$那一段数值,队列 C 保存每秒新产生的 x－$\lfloor px \rfloor$那一段数值。起初队列 B、C 为空,新产生的数从队尾插入。根据之前的结论,B、C 单调递减。因此,每个时刻集合中最大的数就是队列 A、B、C 的 3 个队首之一。再配合集合的偏移量 delta,整个算法的时间复杂度为 $O(m+nlogn)$。

【参考代码】

```cpp
# include < bits/stdc++.h>
using namespace std;
typedef long long ll;
const int M = 7000005;
int n,m,q,u,v,t,a[M],b[M],c[M];
int al,ar,bl,br,cl,cr,d;
int getmax(){
    int x = -1000000000, tp = 0;
    if (al < ar && a[al + 1] > x){
        x = a[al + 1], tp = 1;
    }
    if (bl < br && b[bl + 1] > x){
        x = b[bl + 1], tp = 2;
    }
    if (cl < cr && c[cl + 1] > x){
        x = c[cl + 1], tp = 3;
    }
    if (tp == 1){
        al++;
    }
    else{
```

```
        if (tp == 2){
            bl++;
        }
        else{
            cl++;
        }
    }
    return x;
}
int main(){
    scanf("%d%d%d%d%d%d",&n,&m,&q,&u,&v,&t);
    for (int i = 1;i <= n;i++){
        scanf("%d",&a[i]);
    }
    sort(a + 1,a + 1 + n);
    for (int i = 1;i <= n/2;i++){
        swap(a[i],a[n + 1 - i]);
    }
    al = 0,ar = n;
    for (int i = 1;i <= m;i++){
        int x = getmax() + d;
        int bx = (ll)x * u/v;
        int cx = x - bx;
        if (i % t == 0){
            printf("%d ",x);
        }
        d += q;                //d表示偏移量
        b[++br] = bx - d;c[++cr] = cx - d;
    }
    puts("");
    for (int i = 1;i <= n + m;i++){
        int x = getmax() + d;
        if (i % t == 0){
            printf("%d ",x);
        }
    }
    return 0;
}
```

4.2.6 Day2 T3：愤怒的小鸟

【题目描述】

Kiana 最近沉迷于一款神奇的游戏无法自拔。

简单来说，这款游戏是在一个平面上进行的。

有一架弹弓位于(0，0)处，每次 Kiana 可以用它向第一象限发射一只红色的小鸟，小鸟们的飞行轨迹均为形如 $y = ax^2 + bx$ 的曲线，其中 a、b 是 Kiana 指定的参数，且必须满足 $a < 0$。

当小鸟落回地面(即 x 轴)时，它就会瞬间消失。

在游戏的某个关卡里，平面的第一象限中有 n 只绿色的小猪，其中第 i 只小猪所在的坐标为$(x_i，y_i)$。

如果某只小鸟的飞行轨迹经过了$(x_i，y_i)$,那么第 i 只小猪就会被消灭掉,同时小鸟将会沿着原先的轨迹继续飞行。

如果一只小鸟的飞行轨迹没有经过$(x_i，y_i)$,那么这只小鸟飞行的全过程就不会对第 i 只小猪产生任何影响。

例如,若两只小猪分别位于$(1，3)$和$(3，3)$,Kiana 可以选择发射一只飞行轨迹为 $y=-x2+4x$ 的小鸟,这样两只小猪就会被这只小鸟一起消灭。

而这个游戏的目的,就是通过发射小鸟消灭所有的小猪。

这款神奇游戏的每个关卡对 Kiana 来说都很难,所以 Kiana 还输入了一些神秘的指令,使得自己能更轻松地完成这个游戏。这些指令将在输入中详述。

假设这款游戏一共有 T 个关卡,现在 Kiana 想知道,对于每一个关卡,至少需要发射多少只小鸟才能消灭所有的小猪。由于她不会算,所以希望由你告诉她。

【输入】

第一行包含一个正整数 T,表示游戏的关卡总数。

下面依次输入这 T 个关卡的信息。每个关卡第一行包含两个非负整数 n、m,分别表示该关卡中的小猪数量和 Kiana 输入的神秘指令类型。接下来的 n 行中,第 i 行包含两个正实数 x_i、y_i,表示第 i 只小猪坐标为$(x_i，y_i)$。数据保证同一个关卡中不存在两只坐标完全相同的小猪。

如果 m=0,表示 Kiana 输入了一个没有任何作用的指令。

如果 m=1,则这个关卡将会满足:至多用$\lceil n/3+1 \rceil$只小鸟即可消灭所有小猪。

如果 m=2,则这个关卡将会满足:一定存在一种最优解,其中有一只小鸟消灭了至少$\lfloor n/3 \rfloor$只小猪。

上文中,符号$\lceil c \rceil$和$\lfloor c \rfloor$分别表示对 c 向上取整和向下取整,例如:$\lceil 2.1 \rceil = \lceil 2.9 \rceil = \lceil 3.0 \rceil = \lfloor 3.0 \rfloor = \lfloor 3.1 \rfloor = \lfloor 3.9 \rfloor = 3$。

【输出】

对每个关卡依次输出一行答案。

输出的每一行包含一个正整数,表示相应的关卡中,消灭所有小猪最少需要的小鸟数量。

【样例输入】

```
2
2  0
1.00   3.00
3.00   3.00
5  2
1.00   5.00
2.00   8.00
3.00   9.00
4.00   8.00
5.00   5.00
```

【样例输出】

1

1

【解析】

看到 $n \le 18$，容易想到用状压来求解：令 f[s] 表示消灭猪集合 s 至少需要发射的鸟数，这个状态的转移，需要知道发射鸟产生的抛物线包含哪些猪。每一次发射可以枚举两个坐标 (x_i, y_i)，(x_j, y_j) 用来确定参数 a、b 的值。如果 $a < 0$，则意味着存在这样的抛物线(符合题目要求)，进而计算这条抛物线包含哪些猪。如果有些点无法和其他点共用一条抛物线，可以专门为这个点产生一条抛物线来覆盖它。

上述方式预处理的抛物线最多有 n^2 条，对于每个状态 s，如果枚举每条抛物线尝试转移，时间复杂度为 $O(T_{n^2} \times 2^n)$，还需要再优化。考虑到最终每只猪都需要消灭，转移时必定每个点都要覆盖掉，可以规定必须按顺序增加新覆盖点。例如，第一次转移必须覆盖第 1 头猪，包含第 1 头猪的抛物线都尝试转移以后，下次转移时，根据上次的结果，寻找第 1 个未被覆盖的点，转移的抛物线就必须包含这个点，这样每次转移可能的抛物线数量减少到 n 条，复杂度降低为 $O(T_n \times 2^n)$。

计算抛物线时，涉及浮点数运算，需要设置精度，可以考虑以 10^8 作为精度误差。

【参考代码】

```cpp
#include <bits/stdc++.h>
using namespace std;
#define sr(x)((x)*(x))                    //平方
double eps = 1e-8;
int n,m,f[1<<18],g[20][20];
//g[i][j]表示包含 i,j 猪的抛物线覆盖猪的状态
double a,b,px[20],py[20];
void solve(){
    int mask = (1<<n)-1;
    for (int i=1;i<=mask;i++){
        f[i]=n;
    }
    f[0]=0;
    for (int s=0;s<mask;s++)if (f[s]<n){
        int i=0;
        while (s&(1<<i)){
            i++;
        }
        //按顺序寻找第 1 个未包含点 i
        f[s|(1<<i)]=min(f[s|(1<<i)],f[s]+1);
        //专门一条抛物线包含 i
        for (int j=i+1;j<n;j++){
            f[s|g[i][j]]=min(f[s|g[i][j]],f[s]+1);
        }
    };
    printf("%d\n",f[mask]);
}
int main(){
    int T;cin>>T;
```

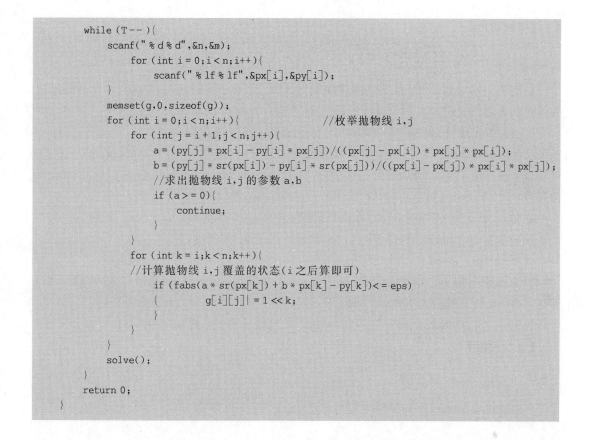

```
while (T--){
    scanf("%d%d",&n,&m);
    for (int i = 0;i < n;i++){
        scanf("%lf%lf",&px[i],&py[i]);
    }
    memset(g,0,sizeof(g));
    for (int i = 0;i < n;i++){                    //枚举抛物线 i,j
        for (int j = i + 1;j < n;j++){
            a = (py[j] * px[i] - py[i] * px[j])/((px[j] - px[i]) * px[j] * px[i]);
            b = (py[j] * sr(px[i]) - py[i] * sr(px[j]))/((px[i] - px[j]) * px[i] * px[j]);
            //求出抛物线 i,j 的参数 a,b
            if (a > = 0){
                continue;
            }
        }
        for (int k = i;k < n;k++){
        //计算抛物线 i,j 覆盖的状态(i 之后算即可)
            if (fabs(a * sr(px[k]) + b * px[k] - py[k]) < = eps)
            {         g[i][j] | = 1 << k;
            }
        }
    }
    solve();
}
return 0;
}
```

4.3 NOIP 2017 提高组复赛题解

4.3.1 Day1 T1：小凯的疑惑

【题目描述】

小凯手中有两种面值的金币，两种面值均为正整数且彼此互素。每种金币小凯都有无数个。在不找零的情况下，仅凭这两种金币，有些物品他是无法准确支付的。现在小凯想知道在无法准确支付的物品中，最贵的价值是多少金币？注意：输入数据保证存在小凯无法准确支付的商品。

【输入】

输入数据仅一行，包含两个正整数 a 和 b，它们之间用一个空格隔开，表示小凯手中金币的面值。

【输出】

输出文件仅一行，一个正整数 N，表示在不找零的情况下，小凯用手中的金币不能准确支付的最贵的物品的价值。

【样例输入】

3 7

【样例输出】

11

【解析】

结论题。结论为：如果 a、b 均为正整数且互质，那么由 $ax+by, x \geqslant 0, y \geqslant 0$ 不能凑出的最大数是 $ab-a-b$。

证明：首先证明 $ab-a-b$ 不能被 $ax+by, x \geqslant 0, y \geqslant 0$ 表示出。

反证法。假设 $ab-a-b=ax+by$，那么 $ab=a(x+1)+b(y+1)$，由于 $a|ab$，$a|a(x+1)$，所以 $a|b(y+1)$，由于 a, b 互质，所以 $a|(y+1)$，由于 $y \geqslant 0$，所以 $a \leqslant y+1$，所以 $b(y+1) \geqslant ab$。同理可得 $a(x+1) \geqslant ab$，所以，$a(x+1)+b(y+1) \geqslant 2ab > ab$，矛盾。

证明 $ab-a-b+d, d>0$ 一定可以表示成 $ax+by, x \geqslant 0, y \geqslant 0$。

设 $c=ab-a-b+d$，则 $c>ab-a-b$，推出 $c+a+b \geqslant ab+1$。

设 $c+a+b=ka+m(k \geqslant b, 0 < m \leqslant a-1)$。

因为 $\gcd(a,b)=1$，由裴蜀定理，必有 $x_0, y_0 \in Z$ 满足 $ax_0+by_0=1$，所以，必存在 x_1、y_1 满足 $-(b-1) \leqslant x_1 \leqslant -1$ 使得 $ax_1+by_1=m$。

显然 $y_1 \geqslant 1$，所以取 $x=k+x_1-1, y=y_1-1$，易知 $x, y \geqslant 0$，且 $ax+by=c$。

【参考代码】

```cpp
#include <bits/stdc++.h>
using namespace std;
typedef long long ll;
int main(){
    ll a,b;cin >> a >> b;
    cout << a * b - a - b;
    return 0;
}
```

4.3.2 Day1 T2：时间复杂度

【题目描述】

小明正在学习一种新的编程语言 A++，刚学会循环语句的他激动地写了好多程序并给出了他自己算出的时间复杂度，可他的编程老师实在不想一个一个检查小明的程序，于是你的机会来啦！请你编写程序来判断小明对他的每个程序给出的时间复杂度是否正确。

A++语言的循环结构如下：

F i x y

循环体

E

其中，F i x y 表示新建变量 i（变量 i 不可与未被销毁的变量重名）并初始化为 x，然后判断 i 和 y 的大小关系，若 i 小于或等于 y 则进入循环，否则不进入。每次循环结束后 i 都会被修改成 i+1，一旦 i 大于 y 则终止循环。

x 和 y 可以是正整数（x 和 y 的大小关系不定）或变量 n。n 是一个表示数据规模的变量，在时间复杂度计算中需保留该变量而不能将其视为常数，该数远大于 100。

"E"表示循环体结束。循环体结束时,这个循环体新建的变量也被销毁。

注:本题中为了书写方便,在描述复杂度时,使用大写英文字母"O"表示通常意义下"Θ"的概念。

【输入】

输入文件第一行一个正整数 t,表示有 t(t≤10)个程序需要计算时间复杂度。每个程序只需抽取其中 F i x y 和 E 即可计算时间复杂度。注意:循环结构允许嵌套。

接下来每个程序的第一行包含一个正整数 L 和一个字符串,L 代表程序行数,字符串表示这个程序的复杂度,$O(1)$表示常数复杂度,$O(n^w)$表示复杂度为 n^w,其中 w 是一个小于 100 的正整数(输入中不包含引号),输入保证复杂度只有 $O(1)$ 和 $O(n^w)$ 两种类型。

接下来 L 行代表程序中循环结构中的 F i x y 或者 E。程序行若以 F 开头,表示进入一个循环,之后有空格分离的 3 个字符(串)i x y,其中 i 是一个小写字母(保证不为 n),表示新建的变量名;x 和 y 可能是正整数或 n,已知若为正整数则一定小于 100。

程序行若以 E 开头,则表示循环体结束。

【输出】

输出文件共 t 行,对应输入的 t 个程序,每行输出 Yes 或 No 或者 ERR(输出中不包含引号)。若程序实际复杂度与输入给出的复杂度一致,则输出 Yes,不一致则输出 No;若程序有语法错误(其中语法错误只有:①F 和 E 不匹配;②新建的变量与已经存在但未被销毁的变量重复两种情况),则输出 ERR。

注意:即使在程序不会执行的循环体中出现了语法错误也会编译错误,要输出 ERR。

【样例输入】

```
8
2 O(1)
F i 1 1
E
2 O(n^1)
F x 1 n
E
1 O(1)
F x 1 n
4 O(n^2)
F x 5 n
F y 10 n
E
E
4 O(n^2)
F x 9 n
E
F y 2 n
E
```

```
4   O(n^1)
F  x  9  n
F  y  n  4
E
E
4   O(1)
F  y  n  4
F  x  9  n
E
E
4   O(n^2)
F  x  1  n
F  x  1  10
E
E
```

【样例输出】

Yes

Yes

ERR

Yes

No

Yes

Yes

ERR

【解析】

循环的时间复杂度取决于最内层的计算次数,即嵌套最深的一层循环的计算次数。循环的嵌套和括号序列的嵌套类似,所以可以借助栈来遍历整个代码序列。

当遇到 FOR 语句时,将该循环压入栈顶;当遇到 END 语句时,将栈顶的循环弹出。那么栈中从底到顶的序列就是当前循环从外到内嵌套的序列。

对于每层循环 FOR i x y,先判断它的计算次数 cmp。

(1) x 是 n 时:y 也是 n,循环次数是 $O(1)$;y 是正整数,由于 n 远大于 100,且 x,y 在 100 以内,所以这个循环一次也不执行。

(2) x 是正整数时:y 是 n,循环 $O(n)$ 次;y 是正整数,如果 $x \leqslant y$,循环 $O(1)$ 次,如果 $x > y$,那么一次也不执行。

然后判断整个循环嵌套序列的计算次数。

(1) 如果外层循环中的某一层执行次数为 0 或者当前循环的执行次数是 0,那么当前这层的计算次数就是 0。

(2) 否则,当前这层的循环次数就是上层循环的执行次数乘以前面判断出的循环次数 cmp。

语法错误有以下两种。

（1）对于当前循环创建的变量，如果在栈中已经出现过，说明与外面的某一层循环的循环变量重名了，产生语法错误。

（2）如果遍历过程中对空栈执行弹出操作，或者遍历结束后栈不为空，说明 FOR 语句与 END 语句不匹配，产生语法错误。

总共有 T 个测试数据，对于每个测试数据，每个循环会进栈一次，出栈一次，每次进栈之前会循环一遍栈中所有元素，判断是否存在变量重名的情况，所以总时间复杂度是 $O(TL^2)$。

【参考代码】

```cpp
#include <bits/stdc++.h>
using namespace std;
struct node{
    char a;int b;
    node(){}
    node(char a,int b):a(a),b(b){}
}stk[105];
int top;
int get_num(string s){
    int r = 0;
for (int i = 0;i < s.size();i++){
        r = r * 10 + s[i] - '0';
}
    return r;
    }
    int get_t(string s){
if (s == "O(1)"){
        return 0;
}
    int p = s.find('^');
    string t = "";
for (int i = p + 1;i < s.size() - 1;i++){
        t += s[i];
}
    return get_num(t);
}
int judge(char c){                  //判断变量是否重复
    for (int i = 1;i <= top;i++){
        if (stk[i].a == c){
            return 1;
        }
    }return 0;
}
int get_fort(string x,string y){
//-1 表示不循环,0 表示 O(1),1 表示 O(n)
    if (x == "n"){
        if (y == "n"){
            return 0;
        }
        return -1;
    }
if (y == "n"){
        return 1;
```

```
    }
        int a = get_num(x),b = get_num(y);
if (a > b){
        return -1;
    }
        return 0;
    }
int main(){
        int T;cin >> T;
        while (T--){
            int L;string s;cin >> L >> s;
            int o = get_t(s), maxt = 0, flag = 0;
            top = 0;
              while (L--){
                cin >> s;
                if (s == "E"){
                        if (top){
                            top--;
                      }
                        else{
                            flag = 1;
                        }
                    }else{
                        string i,x,y;cin >> i >> x >> y;
                        if (flag){
                            continue;
                        } //已经编译错误了
                        if (judge(i[0])){
                            flag = 1;
                        }
                        else{
                        int tm = get_fort(x,y);
                        if (tm >= 0 && stk[top].b >= 0)
                        {
                            tm += stk[top].b;
                        }
                        else{
                            tm = -1;
                        }
                        stk[++top] = node(i[0],tm);
                        maxt = max(maxt,tm);
                    }
                }
            }
            if (top){
                flag = 1;
            }
            if (flag){
                puts("ERR");
            }
            else{
                if (maxt == o)puts("Yes");
            }
```

```
        else{
            puts("No");
        }
    }
    return 0;
}
```

4.3.3　Day1 T3：逛公园

【题目描述】

策策同学特别喜欢逛公园。公园可以看成一个由 N 个点和 M 条边构成的有向图，且没有自环和重边。其中，1 号点是公园的入口，N 号点是公园的出口，每条边有一个非负权值，代表策策经过这条边所要花的时间。

策策每天都会去逛公园，他总是从 1 号点进去，从 N 号点出来。

策策喜欢新鲜的事物，他不希望有两天逛公园的路线完全一样。同时策策还是一个特别热爱学习的好孩子，他不希望每天在逛公园这件事上花费太多的时间。如果 1 号点到 N 号点的最短路长为 d，那么策策只会喜欢长度不超过 d＋K 的路线。

策策同学想知道总共有多少条满足条件的路线，你能帮帮他吗？

为避免输出过大，答案对 P 取模。

如果有无穷多条合法的路线，请输出 −1。

【输入】

第一行包含一个整数 T，代表数据组数。

接下来 T 组数据，对于每组数据：第一行包含 4 个整数 N、M、K、P，每两个整数之间用一个空格隔开。

接下来 M 行，每行 3 个整数 a_i、b_i、c_i，代表编号为 a_i，b_i 的点之间有一条权值为 c_i 的有向边，每两个整数之间用一个空格隔开。

【输出】

输出文件包含 T 行，每行一个整数代表答案。

【样例输入】

```
2
5 7 2 10
1 2 1
2 4 0
4 5 2
2 3 2
3 4 1
3 5 2
1 5 3
2 2 0 10
1 2 0
```

2 1 0

【样例输出】

3

－1

【解析】

题意是统计长度为[d,d＋k]这个区间内从1到n的路径总数,其中d是从1到n最短路径的长度。如果k＝0,求最短路径数量即可;当k≥0时,由于k最大值也只有50,可以统计d,d＋1,d＋2,…,d＋k的所有路径。对原图做反向图,这样终点和起点互换,令f[i][j]表示到达i点比最短路dist[i]多j长度的路径数量,对于每个可达i的u,长度为v,如果dist[u]＋v≤dist[i]＋j,那么f[v][dist[i]＋j－dist[u]－v]可转移累加到f[i][j]。最后从0到k枚举j,累计答案。

但数据范围中还有0长度的边,这会导致出现0环,从而路径数量无限。图中判环一般有以下3种方法。

(1)拓扑排序。

(2)tarjan算法。

(3)搜索标记,如果一个点两次进入最短路径,表面有0环。

本题可以用记忆化搜索加搜索标记判环解决这个问题,具体可以参考下面代码。

【参考代码】

```cpp
# include < bits/stdc++. h>
using namespace std;
const int M = 100005;
const int oo = 1e9;
int n,m,K,P,dist[M],f[M][55],mark[M][55],ans,flag;
int tot,A[M * 2],B[M * 2],C[M * 2],head[M],Next[M * 2],vet[M * 2],len[M * 2];
struct node{
    int u,v;                        //到u的距离为v,小根堆
    bool operator <(const node &a)const{
        return v > a. v;
    }
    node(const int &u,const int &v):u(u),v(v){};
};
priority_queue< node > q;
void add(int a,int b,int c){
    Next[++tot] = head[a],vet[tot] = b,len[tot] = c;
    head[a] = tot;
}
void dij(){
    for (int i = 1;i <= n;i++){
        dist[i] = oo;
    }
    dist[1] = 0;q. push(node(1,0));
    while (q. size()){
        node now = q. top();q. pop();
        int x = now.u;
        if (now. v! = dist[x]){
            continue;                //不是最新距离
```

```
        }
        for (int i = head[x]; i; i = Next[i]){
            int y = vet[i], z = len[i];
            if (dist[x] + z < dist[y]){
                dist[y] = dist[x] + z;
                q.push(node(y, dist[y]));
            }
        }
    }
}
int dfs(int x, int k){
    if (flag == 0){
        return 0;
    }
    if (f[x][k] != -1){
        return f[x][k];
    }
    mark[x][k] = 1;                        //标记进入最短路径
    f[x][k] = 0;
    for (int i = head[x]; i; i = Next[i]){
        int y = vet[i], z = len[i];
        int u = dist[x] + k - (dist[y] + z);
        if (u >= 0){
            if (mark[y][u]){
                flag = 0; return 0;
            }                              //再次进入最短路径,说明有 0 环
            f[x][k] = (f[x][k] + dfs(y, u)) % P;
        }
    }
    mark[x][k] = 0;
    if (x == 1 && k == 0){
        f[x][k] = 1;                       //先判 0 环,最后再到终点
    }
    return f[x][k];
}
void solve(){
    scanf("%d%d%d%d", &n, &m, &K, &P);
    tot = 0;
    for (int i = 1; i <= n; i++){
        head[i] = 0;
    }
    for (int i = 1; i <= m; i++){
        int a, b, c; scanf("%d%d%d", &a, &b, &c);
        A[i] = a, B[i] = b, C[i] = c;
        add(a, b, c);
    }
    dij();
    tot = 0;
    for (int i = 1; i <= n; i++){
        head[i] = 0;
    }
    for (int i = 1; i <= m; i++){
        add(B[i], A[i], C[i]);             //建反向图
    }
```

```
    for (int i = 1;i < = n;i++)
        for (int j = 0;j < = K;j++){
            f[i][j] = − 1,mark[i][j] = 0;
        }
    ans = 0,flag = 1;
    for (int i = 0;i < = K && flag;i++){
        ans = (ans + dfs(n,i)) % P;
    }
    if (flag){
        printf(" % d\n",ans);
    }
    else{
        printf(" − 1\n");
    }
}
int main(){
    int T;cin >> T;
    while (T −− ){
        solve();
    }
    return 0;
}
```

4.3.4 Day2 T1：奶酪

【题目描述】

现有一块大奶酪,它的高度为 h,它的长度和宽度可以认为是无限大的,奶酪中间有许多半径相同的球形空洞。在这块奶酪中建立空间坐标系,在坐标系中,奶酪的下表面为 z=0,奶酪的上表面为 z=h。

现在,奶酪的下表面有一只小老鼠 Jerry,它知道奶酪中所有空洞的球心所在的坐标。如果两个空洞相切或是相交,则 Jerry 可以从其中一个空洞跑到另一个空洞,特别地,如果一个空洞与下表面相切或是相交,Jerry 则可以从奶酪下表面跑进空洞;如果一个空洞与上表面相切或是相交,Jerry 则可以从空洞跑到奶酪上表面。

位于奶酪下表面的 Jerry 想知道,在不破坏奶酪的情况下,能否利用已有的空洞跑到奶酪的上表面去?

空间内两点 P1(x1, y1, z1)、P2(x2, y2, z2)的距离公式如下。

$$dist(P1, P2) = sqrt((x1−x2)^2 + (y1−y2)^2 + (z1−z2)^2)$$

【输入】

每个输入文件包含多组数据。

输入文件的第一行,包含一个正整数 T,代表该输入文件中所含的数据组数。

接下来是 T 组数据,每组数据的格式如下:第一行包含 3 个正整数 n、h 和 r,两个数之间以一个空格隔开,分别代表奶酪中空洞的数量、奶酪的高度和空洞的半径。

接下来的 n 行中,每行包含 3 个整数 x、y、z,两个数之间以一个空格隔开,表示空洞球心坐标为(x, y, z)。

【输出】

输出文件包含 T 行,分别对应 T 组数据的答案。如果在第 i 组数据中,Jerry 能从下表面跑到上表面,则输出 Yes,如果不能,则输出 No(均不包含引号)。

【样例输入】

```
3
2 4 1
0 0 1
0 0 3
2 5 1
0 0 1
0 0 4
2 5 2
0 0 2
2 0 4
```

【样例输出】

```
Yes
No
Yes
```

【解析】

问题可以转换为从下表面开始,能否通过一些空洞到达上表面,数据规模不大,可以用深度搜索或者宽度搜索解决。这里介绍宽度搜索的方法:将跟下表面接触的空洞入队列作为起点并标记,宽度搜索时,队首元素扫描未标记且相交或相切的空洞点,加入队尾。如果队首元素能跟上表面接触,就返回成功;宽度搜索结束时仍不能跟上表面接触,则返回失败。

【参考代码】

```cpp
#include <bits/stdc++.h>
using namespace std;
#define sr(x)((x)*(x))
int n,le,ri,q[1005],mark[1005];
double h,r,px[1005],py[1005],pz[1005];
int judge(int i,int j){
    return sr(px[i]-px[j])+sr(py[i]-py[j])+sr(pz[i]-pz[j])<=sr(r*2);
}
int bfs(){
    while (le<ri){
        int i=q[++le];
        if (pz[i]+r>=h){
            return 1;
        }
        for (int j=1;j<=n;j++){
            if (mark[j]==0 && judge(i,j)){
                q[++ri]=j,mark[j]=1;
            }
```

```
        }
    }
    return 0;
}
void solve(){
    scanf("%d%lf%lf",&n,&h,&r);
    le = ri = 0;
    for (int i = 1;i <= n;i++){
        scanf("%lf%lf%lf",&px[i],&py[i],&pz[i]);
        mark[i] = 0;
        if (pz[i] <= r){
            q[++ri] = i,mark[i] = 1;                    //能接触下表面的空洞
        }
    }
    if (bfs()){
        printf("Yes\n");
    }
    else{
        printf("No\n");
    }
}
int main(){
    int T;cin >> T;
    while (T--){
        solve();
    }
    return 0;
}
```

4.3.5　Day2 T2：宝藏

【题目描述】

参与考古挖掘的小明得到了一份藏宝图,藏宝图上标出了 n 个深埋在地下的宝藏屋,也给出了这 n 个宝藏屋之间可供开发的 m 条道路和它们的长度。

小明决心亲自前往挖掘所有宝藏屋中的宝藏。但是,每个宝藏屋距离地面都很远,也就是说,从地面打通一条到某个宝藏屋的道路是很困难的,而开发宝藏屋之间的道路则相对容易很多。

小明的决心感动了考古挖掘的赞助商,赞助商决定免费赞助他打通一条从地面到某个宝藏屋的通道,通往哪个宝藏屋则由小明来决定。

在此基础上,小明还需要考虑如何开凿宝藏屋之间的道路。已经开凿出的道路可以任意通行不消耗代价。每开凿出一条新道路,小明就会与考古队一起挖掘出由该条道路所能到达的宝藏屋的宝藏。另外,小明不想开发无用道路,即两个已经被挖掘过的宝藏屋之间的道路无须再开发。

新开发一条道路的代价是:L×K。

L 代表这条道路的长度,K 代表从赞助商帮小明打通的宝藏屋到这条道路起点的宝藏屋所经过的宝藏屋的数量(包括赞助商帮小明打通的宝藏屋和这条道路起点的宝藏屋)。

请你编写程序为小明选定由赞助商打通的宝藏屋和之后开凿的道路,使得工程总代价最小,并输出这个最小值。

【输入】

第一行两个用空格分离的正整数 n 和 m,代表宝藏屋的个数和道路数。

接下来 m 行中,每行 3 个用空格分离的正整数,分别是由一条道路连接的两个宝藏屋的编号(编号为 1~n),以及这条道路的长度 v。

【输出】

输出共一行,一个正整数,表示最小的总代价。

【样例输入】

```
4 5
1 2 1
1 3 3
1 4 1
2 3 4
3 4 1
```

【样例输出】

```
4
```

【解析】

数据范围很小,考虑用状压 DP 来求解。题意是找一棵生成树,使得代价和最小。任意时刻,我们关心的是已经有多少点在生成树了,以及生成树的最大树高是多少。

令 $f[s][i]$ 表示当前生成树包含点集合状态 s 和树高 i,转移可以为:$f[s][i]=\min\{f[s1][i-1]+cost\}$,其中 s1 为 s 的子集,通过 s1 加边一定可以连接成 s,cost 是加边的花费,这些加边使得树高增加 1。这里 cost 需要预处理,令 s2 表示在 s 但不在 s1 的集合状态(s2 = s^s1),那么 cost 的计算需要 s2 中每个点都通关最短边连接到 s1。

这里有个疑问,s2 合并到 s1 的连边是否都是第 i 层?可以这么理解,如果 s2 有些点在最优方案中不用第 i 层合并,在枚举 s1 时,这些情况自然会包含在内。故当前枚举包含最优方案中扩展一层高度的情形,有一些浪费的枚举,但没有遗漏。

具体步骤如下。

(1) 预处理每个集合状态增加新点的最短路径。

(2) 初始化 $f[1<<i][1]=0$,表示任意选一个点作为第一层,花费为 0。

(3) 以高度 i 作为阶段进行 DP,枚举集合 s,再枚举子集 s1,计算出对应补集 s2,从而进行转移:

$f[s][i+1]=\min\{f[s1][i]+cost\}$(cost 为 s2 状态中的点到 s1 最短路径之和 $\times i$)。

(4) 枚举深度 i,答案就在 $f[(1<<n)-1][i]$ 中。

时间复杂度为 $O(n^2\times 3^n)$,主要的时间复杂度在于枚举树高,枚举状态 s 和子集 s1,枚举 s2 中的点。其中,枚举树高和枚举 s2 中的点各需要 $O(n)$ 的复杂度,枚举状态 s 和子集 s1 需要 $O(3^n)$ 的复杂度,这个复杂度计算方式如下。

包含 k 个元素的集合有 $C[n][k]$(组合数)个,且每个集合有 2^k 个子集,因此总共有 $C[n][k]\times 2^k$ 个子集。k 可以取 0~n,则总共有 $\mathrm{sum}(C[n][k]\times 2^k)=(1+2)^n=3^n$,这一步

由二项式定理可得。

【参考代码】

```cpp
#include <bits/stdc++.h>
using namespace std;
int n,m,mask,cost[1<<13][13],g[13][13],f[1<<13][13];
int main(){
    scanf("%d%d",&n,&m);
    for (int i=0;i<n;i++){
        for (int j=0;j<n;j++){
            g[i][j]=1e8;
        }
    }
    for (int i=1;i<=m;i++){
        int a,b,c;scanf("%d%d%d",&a,&b,&c);
        a--,b--;
        g[a][b]=g[b][a]=min(g[a][b],c);
    }
    mask=(1<<n)-1;
    for (int s=1;s<mask;s++){
//预处理每个点 i 到状态 s 的最短路径
        for (int i=0;i<n;i++){
            if (!(s>>i&1)){
                int c=1e8;
                for (int j=0;j<n;j++){
                    if (s>>j&1){
                        c=min(c,g[i][j]);
                    }
                }
                cost[s][i]=c;
            }
        }
    }
    for (int s=0;s<=mask;s++){
        for (int i=1;i<=n;i++){
            f[s][i]=1e8;
        }
    }
    for (int i=0;i<n;i++){
        f[1<<i][1]=0;                         //初始化
    }
    for (int i=1;i<n;i++){
        for (int s=1;s<=mask;s++){            //枚举状态 s 和子状态 s1
            for (int s1=(s-1)&s;s1>0;s1=(s1-1)&s){
                int s2=s^s1, c=0;
                for (int j=0;j<n;j++){
                    if (s2>>j&1){
                        c+=cost[s1][j];        //小心溢出
                    }
                }
                if (c>=1e8){
                    continue;
                }
```

```
                f[s][i+1] = min(f[s][i+1],f[s1][i]+c*i);
            }
        }
    }
    int ans = 1e8;
    for (int i = 1;i < = n;i++){
        ans = min(ans,f[mask][i]);
    }
    printf(" % d",ans);
    return 0;
}
```

4.3.6 Day2 T3：列队

【题目描述】

Sylvia 是一个热爱学习的女孩子。

前段时间,Sylvia 参加了学校的军训。众所周知,军训的时候需要站方阵。

Sylvia 所在的方阵中有 n×m 名学生,方阵的行数为 n,列数为 m。

为了便于管理,教官在训练开始时,按照从前到后、从左到右的顺序给方阵中的学生从 1 到 n×m 编上了号码(参见后面的样例)。即初始时,第 i 行第 j 列的学生编号是(i−1)× m+j。

然而在练习方阵的时候,经常会有学生因为各种各样的事情需要离队。在一天中,一共发生了 q 件这样的离队事件。每一次离队事件可以用数对(x,y)(1≤x≤n,1≤y≤m)描述,表示第 x 行第 y 列的学生离队。

在有学生离队后,队伍中出现了一个空位。为了队伍的整齐,教官会依次下达这样的两条指令。

(1)向左看齐。这时第一列保持不动,所有学生向左填补空缺。不难发现,在这条指令之后,空位在第 x 行第 m 列。

(2)向前看齐。这时第一行保持不动,所有学生向前填补空缺。不难发现,在这条指令之后,空位在第 n 行第 m 列。

教官规定不能有两个或更多个学生同时离队。即在前一个离队的学生归队之后,下一个学生才能离队。因此,在每一个离队的学生要归队时,队伍中有且仅有第 n 行第 m 列一个空位,这时这个学生会自然地填补到这个位置。

因为站方阵很无聊,所以 Sylvia 想要计算每一次离队事件中,离队的同学编号是多少。

注意:每一个同学的编号不会随着离队事件的发生而改变,在发生离队事件后方阵中同学的编号可能是乱序的。

【输入】

输入共 q+1 行。

第 1 行包含 3 个用空格分隔的正整数 n、m、q,表示方阵大小是 n 行 m 列,一共发生了 q 次事件。

接下来 q 行按照事件发生顺序描述了 q 件事件。每一行是两个整数 x、y,用一个空格分隔,表示这个离队事件中离队的学生当时排在第 x 行第 y 列。

【输出】

按照事件输入的顺序,每一个事件输出一行一个整数,表示这个离队事件中离队学生的编号。

【样例输入】

```
2   2   3
1   1
2   2
1   2
```

【样例输出】

```
1
1
4
```

【解析】

每个事件 (x, y) 只影响 x 行和 m 列,先考虑简化版的问题,所有的事件都发生在同一行,那么可以把操作分解为在 x 行的第 y 个元素提取出来,然后第 m 列的第 x 个元素加入到第 x 行,最后第 m 列末尾加入刚才提取的元素。具体地说,可以把 x 行前 $m-1$ 个元素分为一组,m 列 n 个元素分为一组,每组做这样的操作:第 i 个位置删除一个元素,末尾添加一个元素。删除操作需要用高效的数据结构支撑,这里可以用线段树维护,线段树每个区间记录删除元素的数量,这样可以在线段树上查询第 i 个元素的位置。添加操作可以用动态数组 vector 辅助,将新增的元素值按顺序存入 vector 数组中。

简化版问题可以用两个线段树和两个 vector 数组解决,那么整个问题可以用 $n+1$ 个线段树和 $n+1$ 个 vector 数组解决。由于空间限制,线段树也需要动态开点,每棵线段树使用 $\log n$ 的空间。需要注意的是,如果操作是 (x, m),则只需要在最后一列的线段树上操作即可。

【参考代码】

```cpp
# include < bits/stdc++.h>
using namespace std;
typedef long long ll;
const int M = 300005;
int n,m,q,N,tot,rt[M],ls[M * 40],rs[M * 40],sum[M * 40];
vector < ll > v[M];ll ans;
int query(int le,int ri,int x,int f){
//在[le,ri]区间寻找第 x 个元素的位置,当前结点编号为 f
//如果 f 为 0,这段区间内没有任何删除操作,即对应的 sum 值为 0
    if (le == ri) {
        return le;
    }
    int mid = le + ri >> 1,lsum = mid - le + 1 - sum[ls[f]];
    //lsum 表示左边留下的元素数量
    if (x <= lsum){
        return query(le,mid,x,ls[f]);
    }
    return query(mid + 1,ri,x - lsum,rs[f]);
```

```
}
void upd(int le,int ri,int x,int &f){
//在线段树 x 位置增加一个删除数量
    if (f == 0){
        f = ++tot;                          //动态开点
    }
    sum[f]++;                               //当前区间删除数量 + 1
    if (le == ri){
        return;
    }
    int mid = le + ri >> 1;
    if (x <= mid){
        upd(le,mid,x,ls[f]);
    }
    else{
        upd(mid + 1,ri,x,rs[f]);
    }
}

ll solve1(int x,ll val){
//在最后一列查询第 x 个元素,并在末尾插入 val 元素
    int p = query(1,N,x,rt[n + 1]);
    upd(1,N,p,rt[n + 1]);
    ll ret;
    if (p <= n){
        ret = (ll)p * m;                    //原始编号
    }
    else{
        ret = v[n + 1][p - n - 1];          //新添元素
    }
    if (val == 0){
        val = ret;                          //如果提取的就是本列元素
    }
    v[n + 1].push_back(val);                //m 列末尾添加 val
    return ret;
}
ll solve2(int x,int y){
//在第 x 行查询第 y 个元素,并在末尾插入 m 列第 x 个元素
    int p = query(1,N,y,rt[x]);
    upd(1,N,p,rt[x]);                       //在 x 行的线段树第 p 个位置增加 1 个删除数量
    ll val;
    if (p < m){
        val = (ll)(x - 1) * m + p;          //原始编号
    }
    else{
        val = v[x][p - m];                  //新添元素
    }
    v[x].push_back(solve1(x,val));          //x 行末尾添加 m 列第 x 个元素
    return val;
}
int main(){
    scanf("%d%d%d",&n,&m,&q);N = max(n,m) + q;
    while (q-- ){
        int x,y;scanf("%d%d",&x,&y);
```

```
        if (y == m){
            ans = solve1(x,0);
        }
        else{
            ans = solve2(x,y);
        }
        printf("% lld\n",ans);
    }
    return 0;
}
```

4.4 NOIP 2018 提高组复赛题解

4.4.1 Day1 T1：铺设道路

【题目描述】

春春是一名道路工程师,负责铺设一条长度为 n 的道路。

铺设道路的主要工作是填平下陷的地表。整段道路可以看作 n 块首尾相连的区域,一开始,第 i 块区域下陷的深度为 d_i。

春春每天可以选择一段连续区间[L，R],填充这段区间中的每块区域,让其下陷深度减少 1。在选择区间时,需要保证区间内的每块区域在填充前下陷深度均不为 0。

春春希望你能帮他设计一种方案,可以在最短的时间内将整段道路的下陷深度都变为 0。

【输入】

输入文件包含两行,第一行包含一个整数 n,表示道路的长度。第二行包含 n 个整数,相邻两数间用一个空格隔开,第 i 个整数为 d_i。

【输出】

输出文件仅包含一个整数,即最少需要多少天才能完成任务。

【样例输入】

6

4 3 2 5 3 5

【样例输出】

9

【解析】

题目可以转换为每次选择一段区间,使区间内的值各减 1,减为 0 后不能再减,问最少减几次可以使所有数都变为 0。

从左向右考虑问题,当第 i 点的值小于或等于它左边 i−1 点的值,每次让 i−1 的数减 1 时,也可以顺带将 i 的数减 1,相当于 i 点的操作完全"免费",当 i−1 的数减为 0,i 的数也会变 0。当 i 点的值大于它左边 i−1 的值时,i 点可以"免费"减 a[i−1]次,超过部分的值只能花费实际次数才能减为 0。

对此,可以设计贪心算法,从左向右扫描,如果 $a[i-1] \geqslant a[i]$,不增加答案,否则答案增加 $a[i]-a[i-1]$。

【参考代码】

```
# include < bits/stdc++.h>
using namespace std;
int n,a[100005],ans;
int main(){
    scanf(" % d",&n);
    for (int i = 1;i < = n;i++){
        scanf(" % d",&a[i]);
        if (a[i] - a[i-1] > 0) {
            ans += a[i] - a[i-1];
        }
    }
    printf(" % d\n",ans);
    return 0;
}
```

4.4.2 Day1 T2:货币系统

【题目描述】

在网友的国度中共有 n 种不同面额的货币,第 i 种货币的面额为 a[i],可以假设每一种货币都有无穷多张。为了方便,把货币种数为 n、面额数组为 a[1..n] 的货币系统记作 (n, a)。

在一个完善的货币系统中,每一个非负整数的金额 x 都应该可以被表示出来,即对每一个非负整数 x,都存在 n 个非负整数 t[i] 满足 a[i]×t[i] 的和为 x。然而,在网友的国度中,货币系统可能是不完善的,即可能存在金额 x 不能被该货币系统表示出。例如,在货币系统 n=3,a=[2,5,9] 中,金额 1、3 就无法被表示出来。

两个货币系统 (n, a) 和 (m, b) 是等价的,当且仅当对于任意非负整数 x,它要么均可以被两个货币系统表示出,要么不能被其中任何一个表示出。

现在网友们打算简化一下货币系统。他们希望找到一个货币系统 (m, b),满足 (m, b) 与原来的货币系统 (n, a) 等价,且 m 尽可能的小。他们希望你来协助完成这个艰巨的任务:找到最小的 m。

【输入】

输入文件的第一行包含一个整数 T,表示数据的组数。接下来按照如下格式分别给出 T 组数据:每组数据的第一行包含一个正整数 n,接下来一行包含 n 个由空格隔开的正整数 a[i]。

【输出】

输出文件共有 T 行,对于每组数据,输出一行一个正整数,表示所有与 (n, a) 等价的货币系统 (m, b) 中,最小的 m。

【样例输入】

2

4

3 19 10 6

5

11　29　13　19　17

【样例输出】

2

5

【解析】

这个新系统的货币一定都属于原来的集合,所以只需要判断原来的数能不能被已有的其他数组合替代。于是,可以使用贪心算法来解。对数据从小到大排序,从小的数开始做完全背包,能被已有的数组合的就标记。第 i 个数如果已经被标记,则表示可以被删除,否则继续背包标记。答案就是 n 减去原数据中被标记的数量。

【参考代码】

```cpp
# include < bits/stdc++.h >
using namespace std;
int n,m,a[105],f[25005];
void solve(){
    scanf("%d",&n);m = n;
    for (int i = 1;i < = n;i++){
        scanf("%d",&a[i]);
    }
    sort(a + 1,a + 1 + n);
    memset(f,0,sizeof(f));f[0] = 1;
    for (int i = 1;i < = n - 1;i++){
        if (f[a[i]]){              //已经被标记,删除
            m -- ;continue;
        }
        for (int j = 0;j + a[i]< = a[n];j++){
            if (f[j]){
                f[j + a[i]] = 1;
            }
        }
    }
    if (f[a[n]]){
        m -- ;
    }
    printf("%d\n",m);
}
int main(){
    int T;cin >> T;
    while (T -- ){
        solve();
    }
    return 0;
}
```

4.4.3　Day1 T3：赛道修建

【题目描述】

C 城将要举办一系列的赛车比赛。在比赛前,需要在城内修建 m 条赛道。

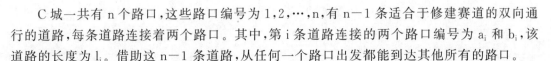

C城一共有 n 个路口,这些路口编号为 1,2,…,n,有 n−1 条适合于修建赛道的双向通行的道路,每条道路连接着两个路口。其中,第 i 条道路连接的两个路口编号为 a_i 和 b_i,该道路的长度为 l_i。借助这 n−1 条道路,从任何一个路口出发都能到达其他所有的路口。

一条赛道是一组互不相同的道路 $e_1, e_2, …, e_k$,满足可以从某个路口出发,依次经过道路 $e_1, e_2, …, e_k$(每条道路经过一次,不允许调头)到达另一个路口。一条赛道的长度等于经过的各条道路的长度之和。为保证安全,要求每条道路至多被一条赛道经过。

目前赛道修建的方案尚未确定。你的任务是设计一种赛道修建的方案,使得修建 m 条赛道中长度最小的赛道长度最大(即 m 条赛道中最短赛道的长度尽可能大)。

【输入】

输入文件第一行包含两个由空格分隔的正整数 n、m,分别表示路口数及需要修建的赛道数。

接下来 n−1 行中,第 i 行包含 3 个正整数 a_i、b_i、l_i,表示第 i 条适合于修建赛道的道路连接的两个路口编号及道路长度。保证任意两个路口均可通过这 n−1 条道路相互到达。每行中相邻两数之间均由一个空格分隔。

【输出】

输出共一行,包含一个整数,表示长度最小的赛道长度的最大值。

【样例输入】

```
7   1
1   2   10
1   3   5
2   4   9
2   5   8
3   6   6
3   7   7
```

【样例输出】

```
31
```

【解析】

最小值最大模型一般可以二分答案判断,二分赛道长度为 mid,判断长度大于或等于 mid 的赛道是否至少为 m 条,如果是答案可以尝试增大,反之答案减小。

对于判断来说,需要统计赛道数量,这里的子树有个特点,每个子树内最多只有一条链可以跟子树向上的链合并,也就是说,子树内尽量产生最多的赛道数量,然后选择最长但不足 mid 长度的链与外部合并。

令 f[i] 记录 i 点为子树根的最多内部道路数量,g[i] 记录 i 点为子树根最长的向外连接长度,每次判断可以用树形 dfs 计算 f 数组和 g 数组。

当搜索到点 x 时,如果其儿子 y 点的 g 值加上 len(x, y)(x 到 y 点边的长度)大于或等于 mid,则 f[x] 累加 f[y]+1,表示除了 y 子树内符合答案的赛道数外,y 内部额外的一条链也可以组成一条符合答案的赛道;否则,f[x] 累加 f[y],并将 g[y]+len(x,y) 存储到当前的 vector 数组中,表示这条边可以尝试与其他边合并,或者成为 g[x]。

搜索完所有 x 的儿子后,保留在 vector 中的是等待合并的链长度,用贪心算法尽可能地多组合长度大于或等于 mid 的赛道，并在剩余未组合的链中寻找最长的链成为 g[x]。

【参考代码】

```cpp
# include < bits/stdc++. h >
using namespace std;
const int M = 50005;
int n,m,tot,sum,ans,f[M],g[M],mid;
int head[M],Next[M * 2],vet[M * 2],len[M * 2];
void add(int a,int b,int c){
    Next[++tot] = head[a],vet[tot] = b,len[tot] = c;
    head[a] = tot;
}
int dfs(int x,int pre){
    f[x] = g[x] = 0;
    vector < int > tlen;tlen.clear();
    for (int i = head[x];i;i = Next[i]){
        int y = vet[i], z = len[i];
        if (y == pre){
            continue;
        }
        int tmp = dfs(y,x);
        if (tmp){
            return 1;                          //如果 y 子树内已经满足则返回
        }
        if (g[y] + z > = mid){
            f[x] += f[y] + 1;
        }
        else{
            f[x] += f[y];tlen.push_back(g[y] + z);
        }
    }
    sort(tlen.begin(),tlen.end());
    //贪心算法,匹配最多,并保留剩余中最大链
    int le = 0, ri = tlen.size() - 1;
    int abandon_max = 0, reserve_max = 0;
    if (tlen.size() > 0){
        reserve_max = tlen[ri];ri -- ;
    }
    while (le < ri){
        if (tlen[le] + tlen[ri] > = mid){
            f[x]++, le++, ri -- ;
        }
        else{
            if (tlen[le] + reserve_max > = mid){
                reserve_max = tlen[ri];
                f[x]++, le++, ri -- ;
                }
            else{
                abandon_max = tlen[le];
                le++;
            }
        }
    }
```

```
        if (le == ri){
            if (tlen[le] + reserve_max >= mid){
                f[x]++;reserve_max = abandon_max;
            }
        }
        g[x] = reserve_max;
        return f[x] >= m;
}
int main(){
    scanf("%d%d",&n,&m);
    for (int i = 1;i <= n - 1;i++){
        int a,b,c;scanf("%d%d%d",&a,&b,&c);
        add(a,b,c);add(b,a,c);sum += c;
    }
    int le = 1, ri = sum;
    while (le <= ri){
        mid = (le + ri)>> 1;
        if ( dfs(1,0)){
            ans = mid;le = mid + 1;
        }
        else{
            ri = mid - 1;
        }
    }
    printf("%d\n",ans);
    return 0;
}
```

4.4.4　Day2 T1：旅行

【题目描述】

小 Y 是一个爱好旅行的人。她来到 X 国,打算将各个城市都玩一遍。

小 Y 了解到,X 国的 n 个城市之间有 m 条双向道路。每条双向道路连接两个城市。不存在两条连接同一对城市的道路,也不存在一条连接一个城市和它本身的道路。并且,从任意一个城市出发,通过这些道路都可以到达任意一个其他城市。小 Y 只能通过这些道路从一个城市前往另一个城市。

小 Y 的旅行方案是这样的:任意选定一个城市作为起点,然后从起点开始,每次可以选择一条与当前城市相连的道路,走向一个没有去过的城市,或者沿着第一次访问该城市时经过的道路后退到上一个城市。当小 Y 回到起点时,她可以选择结束这次旅行或继续旅行。需要注意的是,小 Y 要求在旅行方案中,每个城市都被访问到。

为了让自己的旅行更有意义,小 Y 决定在每到达一个新的城市(包括起点)时,将它的编号记录下来。她知道这样会形成一个长度为 n 的序列。她希望这个序列的字典序最小,你能帮帮她吗?对于两个长度均为 n 的序列 A 和 B,当且仅当存在一个正整数 x,满足以下条件时,我们说序列 A 的字典序小于 B。

(1) 对于任意正整数 $1 \leqslant i < x$,序列 A 的第 i 个元素 A_i 和序列 B 的第 i 个元素 B_i 相同。

(2) 序列 A 的第 x 个元素的值小于序列 B 的第 x 个元素的值。

【输入】

输入文件共 m+1 行。第一行包含两个整数 n,m(m≤n),中间用一个空格分隔。

接下来 m 行中,每行包含两个整数 u,v(1≤u,v≤n),表示编号为 u 和 v 的城市之间有一条道路,两个整数之间用一个空格分隔。

【输出】

输出文件包含一行,n 个整数,表示字典序最小的序列。相邻两个整数之间用一个空格分隔。

【样例输入】

```
6 5
1 3
2 3
2 5
3 4
4 6
```

【样例输出】

```
1 3 2 5 4 6
```

【解析】

注意到每经过一条新的边,必定访问了一个新的点。除了起点外,恰好访问了 n−1 个新的点,也就是整个过程只会经过 n−1 条边。这意味着经过的边形成了一棵生成树。

若原图就是一棵树,考虑如何计算最优字典序。首先,一定选择 1 号点为起点。可以发现题目中的限制等价于对原图的一次 dfs,形成的序列就是 dfs 序。因此只需要确定访问孩子的顺序使得 dfs 序字典序最小,这显然只需要按照编号从小到大访问孩子即可。算上排序,对树求答案的复杂度就是 $O(n\log n)$。

如果 m=n,根据之前的结论一定有某一条边没有经过,可以枚举这是哪一条边,如果剩下的图是一棵树,就按照树的方法做一遍,然后更新答案。复杂度为 $O(n^2\log n)$。

不过并不需要每次都对结点排序,只需要开始时对每个结点的相邻结点排序即可,复杂度为 $O(n^2)$。

【参考代码】

```cpp
#include<bits/stdc++.h>
using namespace std;
const int M = 5005;
int n,m;
int tot,head[M],Next[M*2],vet[M*2];
int ea[M],eb[M],ct,tmplist[M],anslist[M],mark[M];
vector<int> e[M];
void add(int a,int b){
    Next[++tot] = head[a], vet[tot] = b;
    head[a] = tot;
}
void dfs(int x,int pre){
    printf("%d ",x);
    vector<int> plist;plist.clear();
```

```
    for (int i = head[x];i;i = Next[i]){
        int y = vet[i];
        if (y == pre){
            continue;
        }
        plist.push_back(y);
    }
    sort(plist.begin(),plist.end());
    for (int i = 0;i < plist.size();i++){
        dfs(plist[i],x);
    }
}
void dfs2(int x,int a,int b){
    tmplist[++ct] = x;mark[x] = 1;
    //枚举的边如果不是环上的边,会无限递归下去,每个点只能走一次
        int len = e[x].size();
        for (int i = 0;i < len;i++){
            int y = e[x][i];
            if ((x == a&&y == b)||(x == b&&y == a)|| mark[y]){
                continue;
            }
            dfs2(y,a,b);
        }
}
int comp(){
    for (int i = 1;i <= n;i++){
        if (tmplist[i]< anslist[i]){
            return 1;
        }
        if (tmplist[i]> anslist[i]){
            return 0;
        }
    }
    return 0;
}
int main(){
    scanf("%d%d",&n,&m);
    if (m == n - 1){                    //60分
        for (int i = 1;i <= m;i++){
            int a,b;scanf("%d%d",&a,&b);
            add(a,b);add(b,a);
        }
        dfs(1,0);
    }
    else{
        for (int i = 1;i <= m;i++){
            int a,b;scanf("%d%d",&a,&b);
            ea[i] = a;eb[i] = b;
            e[a].push_back(b);e[b].push_back(a);
        }
        for (int i = 1;i <= n;i++){
            sort(e[i].begin(),e[i].end());
        }
```

```
        anslist[1] = n + 1;
        for (int i = 1;i < = m;i++){
            ct = 0;
            for (int j = 1;j < = n;j++){
                mark[j] = 0;
            }
            dfs2(1,ea[i],eb[i]);
            if (ct == n && comp()){
                for (int j = 1;j < = n;j++){
                    anslist[j] = tmplist[j];
                }
            }
        }
        for (int i = 1;i < = n;i++){
            printf("% d ",anslist[i]);
        }
    }
    return 0;
}
```

4.4.5　Day2 T2：填数游戏

【题目描述】

小 D 特别喜欢玩游戏。这一天,他在玩一款填数游戏。

这个填数游戏的棋盘是一个 n×m 的矩形表格。玩家需要在表格的每个格子中填入一个数字(数字 0 或者数字 1),填数时需要满足一些限制。

下面来具体描述这些限制。

为了方便描述,下面先给出一些定义。

(1) 用每个格子的行列坐标来表示一个格子,即(行坐标,列坐标)。(注意:行列坐标均从 0 开始编号)

(2) 合法路径 P:一条路径是合法的当且仅当①这条路径从矩形表格的左上角的格子(0,0)出发,到矩形的右下角格子(n−1,m−1)结束;②在这条路径中,每次只能从当前的格子移动到右边与它相邻的格子,或者从当前格子移动到下面与它相邻的格子。

例如,在图 4-2 这个棋盘中,只有两条路径是合法的,分别是 P1：(0,0) → (0,1) → (1,1) 和 P2：(0,0) →(1,0) →(1,1)。

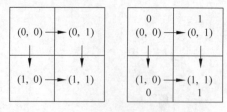

图 4-2

对于一条合法的路径 P,可以用一个字符串 w(P)表示,该字符串的长度为 n+m−2,其中只包含字符"R"或者字符"D",第 i 个字符记录了路径 P 中第 i 步的移动方法,"R"表示移动到当前格子右边与它相邻的格子,"D"表示移动到当前格子下面与它相邻的格子。例如,图 4-2 中对于路径 P1,有 w(P1)="RD";而对于另一条路径 P2,有 w(P2)="DR"。

同时,将每条合法路径 P 经过的每个格子上填入的数字依次连接后,会得到一个长度为 n+m-1 的 01 字符串,记为 s(P)。例如,如果在格子(0,0)和(1,0)上填入数字 0,在格子(0,1)和(1,1)上填入数字 1(见图 4-2 中数字)。那么对于路径 P1,可以得到 s(P1)="011",对于路径 P2,有 s(P2)="001"。

游戏要求小 D 找到一种填数字 0、1 的方法,使得对于两条路 P1、P2,如果 w(P1)>w(P2),那么必须 s(P1)≤s(P2)。字符串 a 比字符串 b 小,当且仅当字符串 a 的字典序小于字符串 b 的字典序。但是仅仅是找一种方法无法满足小 D 的好奇心,小 D 更想知道这个游戏有多少种玩法,也就是说,有多少种填数字的方法满足游戏的要求?

小 D 能力有限,希望你帮助他解决这个问题,即有多少种填 0、1 的方法能满足题目要求。由于答案可能很大,需要输出答案对 10^9+7 取模的结果。

【输入】

输入文件共一行,包含两个正整数 n、m,由一个空格分隔,表示矩形的大小。其中,n 表示矩形表格的行数,m 表示矩形表格的列数。

【输出】

输出共一行,包含一个正整数,表示有多少种填 0、1 的方法能满足游戏的要求。注意:输出答案对 10^9+7 取模的结果。

【样例输入】

2　2

【样例输出】

12

【解析】

由于 n、m 地位相同,假设 n≤m。当 n=1 时,答案显然是 2^m,因此假设 n≥2。用 w[i][j] 表示第 i 行第 j 列的数。根据题目的要求首先可以得到条件 1:w[i][j]≤w[i-1][j+1]。另外,条件 2 是如果 w[i][j]=w[i-1][j+1],那么从(i,j+1)到(n,m)的所有路径对应的字符串都应当相等,这个条件可以通过小样例推算得出。

不难发现这两个条件也是充分的:考虑任意两条路径,它们开始会有一段公共部分,接着分开,然后到某个位置(可能是终点)再次汇合。那么对于第一次汇合点(i,j)之前的这一段所代表的字符串,由条件 1 可知它们是满足字典序关系的,如果它们不相等就已经满足条件。否则,由于是第一次汇合,一定有 w[i-1][j]=w[i][j-1],那么根据条件 2,无论这两条路径后面是怎么样的,最终得到的字符串都一定相等。

于是问题转换为求有多少个 01 矩阵同时满足上面两个条件。注意到,对于条件 1,相当于我们只关心每条左上->右下的对角线上,第一个 1 的位置。而对于条件 2,如果 w[i-1][j]=w[i][j-1],只需要满足在左上角是(i,j),右下角是(n,m)的矩形中,任意一条对角线上的数都相等。注意到如果(i,j)满足这个性质,w[i+1][j]=w[i][j+1],且(i+1,j)和(i,j+1)对应的矩形也满足这个性质。不难发现这个转换是等价的。

考虑按照对角线从左往右进行递推,f[i][j] 表示第 i 条对角线,且当前需要满足上述性质的矩形集合是 j 的方案数。这里,根据上面的推理,j 需要记录当前对角线每个位置是否需要满足这个性质。由于当前对角线的填法影响的是下一条对角线,还需要记录下一条对角线的每个位置。因此,状态数的上界是 2^{2n}。转移的方法是直接枚举这一条对角线上的填法,由条件 1 可知不同的填法只有 $O(n)$ 个,因此这样递推的复杂度就是 $O(2^{2n}mn)$。递推的过程中需要较多的边界处理。

然而这样的复杂度过高。不过估计的只是一个粗略的上界,可以通过计算发现真正有用的状态数很少。当 $n=8$ 时有用的状态只有 28 个,因此递推的复杂度降到 $O(28mn)$。当然,还可以继续优化:注意到当 $m>n$ 时,中间一部分的转移是完全一样的,只有开头 n 个和结尾 n 个需要特殊处理。用一个 28×28 的矩阵可以表示这个转移。只需要做 $O(n)$ 次递推,中间的过程用矩阵快速幂加速,复杂度 $O(28n^2+28^3\log m)$。

也可以通过找规律得到简单做法。若令 $g[n][m]$ 表示答案,可以通过上面的递推得到 n、m 较小的 g 值。可以发现当 $m>n$ 时,$g[n][m+1]=3\times g[n][m]$,因此只需要求出 $g[n][m]$ 和 $g[n][n+1]$ 的答案。这样只需要用原本的 $O(2^{2n}nm)$ 的递推输出表即可。

【参考代码】

```cpp
#include <bits/stdc++.h>
using namespace std;
const int mod = 1e9 + 7;
int n, m, f[10][266], g[10][266], hisam[266][266], lodif[266][266];
inline void U(int &x, int y){
    x += y; if (x >= mod)x -= mod;
}
int realmain(int n, int m){
    for (int s = 0; s < (1 << n); s++){
        for (int t = 0; t < (1 << n); t++){
            for (int i = 0; i < n - 1; i++){
                if ((s >> i&1) < (t >> i + 1&1)){
                    hisam[s][t] = -1;
                }
            }
            if (hisam[s][t] == -1){
                continue;
            }
            hisam[s][t] = 0;
            lodif[s][t] = 233;
            for (int i = 0; i < n - 1; i++){
                if ((s >> i&1) ^ (t >> i + 1&1)){
                    lodif[s][t] = min(lodif[s][t], i);
                }
                else{
                    hisam[s][t] = max(hisam[s][t], i);
                }
            }
        }
    }
    for (int i = 0; i < (1 << n); i++){
        f[0][i] = 1;
    }
    for (m--; m--;){
        for (int i = 0; i <= n; i++){
```

```
            for (int j = 0;j <(1 << n);j++){
                g[i][j] = 0;
            }
        }
        for (int i = 0;i <= n;i++){
            for (int j = 0;j <(1 << n);j++){
                if (f[i][j]){
                    for (int k = 0;k <(1 << n);k++){
                        if (hisam[j][k]! = -1&&lodif[j][k]> = i){
                            U(g[max(i,hisam[j][k])][k],f[i][j]);
                        }
                    }
                }
            }
        }
        for (int i = 0;i <= n;i++){
            for (int j = 0;j <(1 << n);j++){
                f[i][j] = g[i][j];
            }
        }
    }
    int ans = 0;
    for (int i = 0;i <= n;i++){
        for (int j = 0;j <(1 << n);j++){
            U(ans,f[i][j]);
        }
    }
    return ans;
}
int main(){
    cin >> n >> m;
    if (m <= 100||n <= 2){
        printf(" % d\n",realmain(n,m));
        return 0;
    }
    int ans = realmain(n,100);
    m -= 100;
    for (;m -- ;){
        ans = ans * 311 % mod;
    }
    cout << ans << endl;
    return 0;
}
```

4.4.6 Day2 T3：保卫王国

【题目描述】

Z 国有 n 座城市,(n-1)条双向道路,每条双向道路连接两座城市,且任意两座城市都能通过若干条道路相互到达。

Z 国的国防部长小 Z 要在城市中驻扎军队。驻扎军队需要满足如下几个条件。

(1) 一座城市可以驻扎一支军队,也可以不驻扎军队。

(2) 由道路直接连接的两座城市中至少要有一座城市驻扎军队。

(3) 在城市里驻扎军队会产生花费,在编号为 i 的城市中驻扎军队的花费是 p_i。

小 Z 很快就规划出一种驻扎军队的方案,使总花费最小。但是国王又给小 Z 提出了 m 个要求,每个要求规定了其中两座城市是否驻扎军队。小 Z 需要针对每个要求逐一给出回答。具体而言,如果国王提出的第 j 个要求能够满足上述驻扎条件(不需要考虑第 j 个要求之外的其他要求),则需要给出在此要求前提下驻扎军队的最小开销。如果国王提出的第 j 个要求无法满足,则需要输出 −1。现在请你来帮助小 Z。

【输入】

第一行有两个整数和一个字符串,依次表示城市数 n,要求数 m 和数据类型 type。type 是一个由大写字母 A,B 或 C 和一个数字 1,2,3 组成的字符串。它可以帮助你获得部分分。你可能不需要用到这个参数。

第二行有 n 个整数,第 i 个整数表示编号 i 的城市中驻扎军队的花费 p_i。

接下来(n−1)行中,每行两个整数 u、v,表示有一条从 u 到 v 的双向道路。

接下来 m 行中,每行 4 个整数 a、x、b、y,表示一个要求是在城市 a 驻扎 x 支军队,在城市 b 驻扎 y 支军队。其中,x,y 的取值只有 0 或 1。

(1) 若 x 为 0,表示城市 a 不得驻扎军队。

(2) 若 x 为 1,表示城市 a 必须驻扎军队。

(3) 若 y 为 0,表示城市 b 不得驻扎军队。

(4) 若 y 为 1,表示城市 b 必须驻扎军队。

输入文件中每一行相邻的两个数据之间均用一个空格分隔。

【输出】

输出共 m 行,每行包含一个整数,第 j 行表示在满足国王第 j 个要求时的最小开销,如果无法满足国王的第 j 个要求,则该行输出 −1。

【样例输入】

```
5 3 C3
2 4 1 3 9
1 5
5 2
5 3
3 4
1 0 3 0
2 1 3 1
1 0 5 0
```

【样例输出】

```
12
7
−1
```

【解析】

首先判断无解的情况。显然,只有当 a、b 互为父子关系(这里的父子关系指的是严格相邻),且 x、y 都为 0 时才无解,其他情况都可以通过多染色来解。

很容易想到树形 DP,那么具体状态如何设置呢? 对于每个限制条件给出的两个点 a、b,答案可以由 4 部分构成:以 a 为根的子树,以 b 为根的子树,以 lca(a,b) 为根的子树减去以 a 为根的子树和以 b 为根的子树,整棵树减去以 lca(a,b) 为根的子树。因为对 a、b 的限制会影响到从 a 到 b 的链上的染色状态,因此拆成这 4 部分,这 4 部分互相不影响。

显然,对 a、b 的限制只会影响到以 lca(a,b) 为根的子树减去以 a 为根的子树和以 b 为根的子树的答案,因此,可以将其他 3 部分的答案预处理出来,然后 DP 处理剩下的这一部分。

因此,状态可以设定为:f1[i][1/0] 表示以 i 为根的子树当 i 染色/不染色时的最小花费,f2[i][1/0] 表示整棵树减去以 i 为根的子树当 i 染色/不染色时的最小花费,dp[i][1/0][1/0] 表示以 lca(a,b) 为根的子树减去以 i 为根的子树当 i 染色/不染色及 i 的父结点染色/不染色(按顺序对应第二维和第三维)时的最小花费。这样,就可以从 a、b 一直 DP 到 lca(a,b) 处计算答案。特别地,当前状态无解时,值设定为 INF。

但是这样的时间复杂度显然太大。类似这样在树上多次向上的 DP,可以想到利用树上倍增进行优化。更改一下 dp 数组的定义,dp[i][j][0/1][0/1] 表示以 i 的 2^j 辈祖先为根的子树减去以 i 为根的子树当 i 染色/不染色及 i 的 2^j 辈祖先染色/不染色时的最小花费。

接下来的问题就是如何进行 DP。利用上面的 3 个数组,可以倍增地 DP 到 lca(a,b) 处。首先,将 a、b 中深度较大的一个向上倍增 DP,直到 a、b 处于同一深度;此时若 a=b,说明它们原本具有祖先与后代的关系,直接输出答案;否则就将 a、b 同时向上倍增 DP,直到 lca(a,b) 的子结点处,然后进行最后的处理,输出答案。DP 的时候,枚举状态转移即可。

【参考代码】

```
#include <bits/stdc++.h>
using namespace std;
typedef long long ll;
const int N = 2e5,M = 3e5,L = 20;
const ll INF = 1e17;
int n,m,tot;
int p[N],d[N],f[N][L];
int head[N],ver[2 * M],Next[2 * M];
ll ans0,ans1;
ll nowa[2],nowb[2],ansa[2],ansb[2],f1[N][2],f2[N][2],dp[N][L][2][2];
string tp;
void add(int x,int y){
    ver[++tot] = y,Next[tot] = head[x],head[x] = tot;
    ver[++tot] = x,Next[tot] = head[y],head[y] = tot;
}
void dfs1(int fa,int x){
    f[x][0] = fa,d[x] = d[fa] + 1,f1[x][1] = p[x];
    for (int i = head[x],y;i;i = Next[i]){
        if (fa! = (y = ver[i]))
        {
            dfs1(x,y);
            f1[x][0] += f1[y][1];
            f1[x][1] += min(f1[y][0],f1[y][1]);
        }
    }
}
```

```
}//1. 预处理 $ f1 $ 数组
void dfs2(int x){
    for (int i = head[x],y;i;i = Next[i])
        if (f[x][0]! = (y = ver[i])){
            f2[y][0] = f2[x][1] + f1[x][1] - min(f1[y][0],f1[y][1]);
            f2[y][1] = min(f2[y][0],f2[x][0] + f1[x][0] - f1[y][1]);
            dfs2(y);
        }
}//2. 预处理 $ f2 $ 数组
void pre(){
    memset(dp,0x3f3f,sizeof(dp));
    dfs1(0,1),dfs2(1);
    for (int i = 1;i <= n;i++){
        dp[i][0][0][1] = dp[i][0][1][1] = f1[f[i][0]][1] - min(f1[i][0],f1[i][1]);
        dp[i][0][1][0] = f1[f[i][0]][0] - f1[i][1];
    }
    for (int j = 1;j <= 19;j++){
        for (int i = 1;i <= n;i++){
            int fa = f[i][j - 1];
            f[i][j] = f[fa][j - 1];
            for (int x = 0;x < 2;x++){
                for (int y = 0;y < 2;y++){
                    for (int z = 0;z < 2;z++){
                        dp[i][j][x][y] =
min(dp[i][j][x][y],dp[i][j - 1][x][z] + dp[fa][j - 1][z][y]);
                    }
                }
            }
        }
    }
}//3. 预处理 $ dp $ 数组
bool check(int a,int x,int b,int y){
    return ! x && ! y &&(f[a][0] == b || f[b][0] == a);
}
ll ask(int a,int x,int b,int y){
    if (d[a]< d[b]){
        swap(a,b),swap(x,y);
    }
    ansa[1 - x] = ansb[1 - y] = INF;
    ansa[x] = f1[a][x],ansb[y] = f1[b][y];
    for (int j = 19;j >= 0;j-- ){
        if (d[f[a][j]]>= d[b]){
            nowa[0] = nowa[1] = INF;
            for (int u = 0;u < 2;u++){
                for (int v = 0;v < 2;v++){
                    nowa[u] = min(nowa[u],ansa[v] + dp[a][j][v][u]);
                }
            }
            ansa[0] = nowa[0],ansa[1] = nowa[1],a = f[a][j];
        }
    }
    if (a == b){
        return ansa[y] + f2[a][y];
```

```
//4. 将$a,b$中深度较大的一个上移,直到$a,b$处于同一深度
    }
    for(int j=19;j>=0;j--){
        if(f[a][j]!=f[b][j]){
            nowa[0]=nowa[1]=nowb[0]=nowb[1]=INF;
            for(int u=0;u<2;u++){
                for(int v=0;v<2;v++){
                    nowa[u]=min(nowa[u],ansa[v]+dp[a][j][v][u]);
                    nowb[u]=min(nowb[u],ansb[v]+dp[b][j][v][u]);
                }
            }
            ansa[0]=nowa[0],ansa[1]=nowa[1],ansb[0]=nowb[0];
            ansb[1]=nowb[1],a=f[a][j],b=f[b][j];
    }//5. 将$a,b$同时上移到$lca(a,b)$的子结点处
}
int fa=f[a][0];
ans0=f1[fa][0]-f1[a][1]-f1[b][1]+f2[fa][0]+ansa[1]+ansb[1];
ans1=f1[fa][1]-min(f1[a][0],f1[a][1])-min(f1[b][0],f1[b][1])+
f2[fa][1]+min(ansa[0],ansa[1])+min(ansb[0],ansb[1]);
return min(ans0,ans1);
//6. 对$a,b,lca(a,b)$的状态进行枚举,进行最后的处理
}
int main(){
    scanf("%d%d",&n,&m);cin>>tp;
    for(int i=1;i<=n;i++){
        scanf("%d",&p[i]);
    }
    for(int i=1;i<n;i++){
        int x,y;
        scanf("%d%d",&x,&y);
        add(x,y);
    }
    pre();
    for(int i=1,a,x,b,y;i<=m;i++){
        scanf("%d%d%d%d",&a,&x,&b,&y);
        if(check(a,x,b,y)){
            puts("-1");
            continue;
        }
        printf("%lld\n",ask(a,x,b,y));
    }
    return 0;
}
```

4.5　2019 CSP 提高级复赛题解

4.5.1　Day1 T1：格雷码

【题目描述】

通常,人们习惯将所有 n 位二进制串按照字典序排列,例如,所有 2 位二进制串按字典

序从小到大排列为：00,01,10,11。

格雷码(Gray Code)是一种特殊的 n 位二进制串排列法,它要求相邻的两个二进制串间恰好有一位不同,特别地,第一个串与最后一个串也算作相邻。

所有 2 位二进制串按格雷码排列的一个例子为：00,01,11,10。

n 位格雷码不止一种,下面给出其中一种格雷码的生成算法。

(1) 1 位格雷码由两个 1 位二进制串组成,顺序为：0,1。

(2) $n+1$ 位格雷码的前 2^n 个二进制串,可以由依此算法生成的 n 位格雷码(总共 2^n 个 n 位二进制串)按顺序排列,再在每个串前加一个前缀 0 构成。

(3) $n+1$ 位格雷码的后 2^n 个二进制串,可以由依此算法生成的 n 位格雷码(总共 2^n 个 n 位二进制串)按逆序排列,再在每个串前加一个前缀 1 构成。

综上,$n+1$ 位格雷码,由 n 位格雷码的 2^n 个二进制串按顺序排列再加前缀 0,以及按逆序排列再加前缀 1 构成,共 2^{n+1} 个二进制串。另外,对于 n 位格雷码中的 2^n 个二进制串,按上述算法得到的排列顺序将它们从 0 到 2^n-1 编号。

按该算法,2 位格雷码可以这样推出：

(1) 已知 1 位格雷码为 0、1。

(2) 前两个格雷码为 00、01,后两个格雷码为 11、10,合并得到 00、01、11、10,编号依次为 0~3。

同理,3 位格雷码可以这样推出：

(1) 已知 2 位格雷码为：00、01、11、10。

(2) 前 4 个格雷码为 000、001、011、010,后 4 个格雷码为 110、111、101、100,合并得到 000、001、011、010、110、111、101、100,编号依次为 0~7。

现在给出 n、k,请你求出按上述算法生成的 n 位格雷码中的 k 号二进制串。

【输入】

仅一行两个整数 n、k,意义见题目描述。

【输出】

仅一行一个 n 位二进制串表示答案。

【样例输入】

2 3

【样例输出】

10

【解析】

根据题意,n 位格雷码会由 $n-1$ 位的格雷码构成,前半段由每个 $n-1$ 位的格雷码前面加 0 构成,后半段由每个 $n-1$ 位的格雷码逆序后前面加 1 构成,所以 n 位的格雷码总共有 2^n 个。

若求的 k 在前半段($k<2^{n-1}$),那么它的答案就是 0 加上 $n-1$ 位格雷码的第 k 号的答案；否则由于逆序答案为 1 加上 $n-1$ 位格雷码的 2^n-1-k 号的答案。

按照这个方式递归即可求解,需要注意的是,最大的数据会超过 long long,要使用 unsigned long long。

【参考代码】

```cpp
#include <bits/stdc++.h>
using namespace std;
typedef unsigned long long ull;
int n;ull k;
void dfs(int a,ull b){
    if (a==1){
        if (b==0){
            printf("0");
        }
        else{
            printf("1");
        }
        return;
    }
    ull c = (ull)1 << a-1;            //位运算优先级低
    if (b<c){                          //前半段
        printf("0");
        dfs(a-1,b);
    }
    else{                              //后半段
        printf("1");
        dfs(a-1,c-1-(b-c));
    }
}
int main(){
    cin>>n>>k;
    dfs(n,k);
    return 0;
}
```

4.5.2 Day1 T2：括号树

【题目描述】

一个大小为 n 的树包含 n 个结点和 n−1 条边，每条边连接两个结点，且任意两个结点间有且仅有一条简单路径互相可达。

小 Q 是一个充满好奇心的小朋友，有一天他在上学的路上碰见了一个大小为 n 的树，树上结点从 1 到 n 编号，1 号结点为树的根。除 1 号结点外，每个结点有一个父结点，$u(2 \leqslant u \leqslant n)$ 号结点的父结点为 $f_u(1 \leqslant f_u < u)$ 号结点。

小 Q 发现这个树的每个结点上恰有一个括号，可能是(或)。小 Q 定义 s_i 为：将根结点到 i 结点的简单路径上的括号，按结点经过顺序依次排列组成的字符串。

显然 s_i 是个括号串，但不一定是合法括号串，因此现在小 Q 想对所有的 $i(1 \leqslant i \leqslant n)$ 求出，s_i 中有多少个互不相同的子串是合法括号串。

这个问题难倒了小 Q，他只好向你求助。设 s_i 共有 k_i 个不同子串是合法括号串，你只需要告诉小 Q 所有 $i \times k_i$ 的异或和，即

$$(1 \times k_1) \text{ xor } (2 \times k_2) \text{ xor } (3 \times k_3) \text{ xor} \cdots \text{xor } (n \times k_n)$$

其中, xor 是位异或运算。

【输入】

第一行一个整数 n, 表示树的大小。

第二行一个长为 n 的由(与)组成的括号串, 第 i 个括号表示 i 号结点上的括号。

第三行包含 n−1 个整数, 第 i(1≤i<n) 个整数表示 i+1 号结点的父亲编号 f_{i+1}。

【输出】

仅一行一个整数表示答案。

【样例输入】

5

(()()

1 1 2 2

【样例输出】

6

【解析】

链的情况, 遇到'('可以入栈, 遇到')', 可以统计以当前字符结尾的合法括号子串数量, 如果栈中有'(', 则匹配成功, 匹配的'('前面减 1, 位置合法括号子串数量也可以累计到这里。

例如))((())()(), 第 10 个位置为结尾的合法括号子串可以为"()", 即第 10 个和第 9 个匹配, 9-1 位置结尾的合法括号子串也有 1 个, 则以 10 结尾的位置有 2 个, 即"()"和"(())()"。再配合前缀和, 可以统计到 i 为止的合法括号子串数量。

扩展到树的情况, 如果树上结点 x 与祖先 y 匹配成合法的括号子串, 则可以将 father[y](y 的父结点)位置合法括号子串数量累计到 x 处, 配合树上的前缀和, 同样可以统计到 x 点为止的合法括号子串数量。需要注意的是, 树上递归时, 当搜索完某个分支时, 要恢复之前的栈结构。

【参考代码】

```cpp
# include < bits/stdc++.h >
using namespace std;
const int M = 500005;
typedef long long ll;
int n, f[M], tot, head[M], Next[M * 2], vet[M * 2];
int stk[M], top;
ll d[M], sum[M], ans;
char s[M];
void add(int a, int b){
    Next[++tot] = head[a], vet[tot] = b;
    head[a] = tot;
}
void dfs(int x){
    for (int i = head[x]; i; i = Next[i]){
        int y = vet[i];
            if (s[y] == '('){
                stk[++top] = y; d[y] = 0;
                sum[y] = sum[x] + d[y];
                dfs(y);
```

```
            top -- ;                      //回溯
        }
        else{
            if (top){
                int p = stk[top -- ];
                d[y] = d[f[p]] + 1;
                sum[y] = sum[x] + d[y];
                dfs(y);
                stk[++top] = p;        //回溯
            }
            else{
                d[y] = 0;
                sum[y] = sum[x] + d[y];
                dfs(y);
            }
        }
    }
}
int main(){
    scanf("% d",&n);scanf("% s",s + 1);
    for (int i = 2;i <= n;i++){
        int a;scanf("% d",&a);
        add(a,i);f[i] = a;
    }
    if (s[1] == '(')stk[++top] = 1;
    dfs(1);
    for (int i = 1;i <= n;i++)
        ans = ans^(sum[i] * i);
    cout << ans;
    return 0;
}
```

4.5.3　Day1 T3：树上的数

【题目描述】

给定一个大小为 n 的树，它共有 n 个结点与 n−1 条边，结点从 1 到 n 编号。初始时每个结点上都有一个 1～n 的数字，且每个 1～n 的数字都只在恰好一个结点上出现。

接下来需要进行恰好 n−1 次删边操作，每次操作需要选一条未被删去的边，此时这条边所连接的两个结点上的数字将会交换，然后这条边将被删去。

n−1 次操作过后，所有的边都将被删去。此时，按数字从小到大的顺序，将数字 1～n 所在的结点编号依次排列，就得到一个结点编号的排列 P_i。现在请你求出，在最优操作方案下能得到的字典序最小的 P_i。

如图 4-3 所示，圈中的数字 1～5 一开始分别在结点②、①、③、⑤、④。按照（1）（4）（3）（2）的顺序删去所有边，树变为如图 4-4 所示。按数字顺序得到的结点编号排列为①③④②⑤，该排列是所有可能的结果中字典序最小的。

【输入】

本题输入包含多组测试数据。

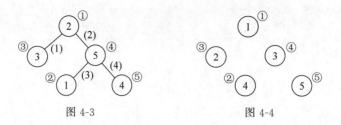

图 4-3   图 4-4

第一行一个正整数 T,表示数据组数。

对于每组测试数据:

第一行一个整数 n,表示树的大小。

第二行 n 个整数,第 i(1≤i≤n)个整数表示数字 i 初始时所在的结点编号。

接下来 n−1 行中,每行两个整数 x、y,表示一条连接 x 号结点与 y 号结点的边。

【输出】

对于每组测试数据,输出一行共 n 个用空格隔开的整数,表示最优操作方案下所能得到的字典序最小的 P_i。

【样例输入】

```
4
5
2 1 3 5 4
1 3
1 4
2 4
4 5
5
3 4 2 1 5
1 2
2 3
3 4
4 5
5
1 2 5 3 4
1 2
1 3
1 4
1 5
10
1 2 3 4 5 7 8 9 10 6
1 2
1 3
1 4
```

```
1   5
5   6
6   7
7   8
8   9
9   10
```

【样例输出】

```
1   3   4   2   5
1   3   5   2   4
2   3   1   4   5
2   3   4   5   6   1   7   8   9   10
```

【解析】

1. 暴力(10pts)

一个 $O(n!)$ 的算法,枚举删边的顺序。

2. 菊花图(25pts)

由于验题人的建议,出题人加上了这个部分。其实挺好想的,因为图中只有一个度为 $n-1$ 的点,其他点度数都为1。我们可以贪心枚举每个数字到达的点,用并查集将经过的边定在一起即可。

3. 链(25pts)

对于在链上的任意一条路径,它起始点往外的部分一定在路径之后被删,而目标点往外的部分一定在路径之前被删。也可以通过贪心枚举所有数字可以进行的交换路径即可。

4. 正解(100pts)

看到这道题,首先想到的就是贪心。由于它是按每个数字所在位置的最小字典序输出,可以从小到大枚举每个数字。

可以发现,在任意一条路径上(即一个点到它目标的路径),两条相邻被删除的边一定是依次被删掉的。而路径的第一条边对于所在点一定是第一个被删掉,其最后一条边一定对于其所在点是最后一个被删掉,否则目标数值是一定不可能到它的目标点的。

可以用一个链表分别维护其前一条边 pre 与其后一条边 nxt。只需要找到当前数值能到达的最小点,将其路径一次连接即可。这样就只需要 $O(n^2)$ 的时间复杂度。

【参考代码】

```cpp
#include <bits/stdc++.h>
#define MAXN 2005
using namespace std;
typedef long long LL;
const int INF = 0x3f3f3f3f;
int t,n,p[MAXN],deg[MAXN];
int from[MAXN],to[MAXN],uid[MAXN],vid[MAXN];
int con[MAXN],minn,prt[MAXN];
int pid[MAXN],pjd[MAXN];
int eu[MAXN],ev[MAXN],ans[MAXN];
vector <int> pre[MAXN],nxt[MAXN];
```

```
struct ming
{
    int v,id;
    ming(){v = id = 0;}
    ming(int V,int I)
    {
        v = V;id = I;
    }
};
vector < ming > G[MAXN];
template < typename _T >
void read(_T &x)
{
    _T f = 1;x = 0;char s = getchar();
    while (s>'9'||s<'0'){
        if (s == '-')f = -1;s = getchar();
    }
    while (s >= '0'&&s <= '9'){
        x = (x << 3) + (x << 1) + (s^48);s = getchar();
    }
    x * = f;
}
void dfs(int u,int id)
{
    if (id! = nxt[u][id]){
        return ;
    }
    if (id! = 0&&pre[u].back() == (int)pre[u].size() - 1&&! (pre[u][id] == 0&&con[u]! = 2)){
        minn = min(minn,u);
    }
    for (int i = 0;i < G[u].size();i++){}
        if (pre[u][i + 1] == i + 1&&nxt[u][i + 1]! = id)
        {
            if (! pre[u][id]&&nxt[u][i + 1] == (int)pre[u].size() - 1&&con[u]! = 2){
                continue;
            }
            int v = G[u][i].v,ei = G[u][i].id;
            prt[v] = u;pjd[v] = i + 1;
            if (eu[ei] == v)
            {
                pid[v] = uid[ei];
                dfs(v,uid[ei]);
            }
            else
            {
                pid[v] = vid[ei];
                dfs(v,vid[ei]);
            }
        }
}
void unionlink(int u,int x,int y)
{
    nxt[u][x] = nxt[u][y];
```

```
        pre[u][y] = pre[u][x];
        nxt[u][pre[u][x]] = nxt[u][x];
        pre[u][nxt[u][y]] = pre[u][y];
        con[u] -- ;
}
int main()
{
        read(t);
        while (t -- )
        {
            read(n);
            for (int i = 1;i <= n;i++)
            {
                read(p[i]);
                con[i] = deg[i] = pid[i] = prt[i] = pjd[i] = 0;
                pre[i].clear();nxt[i].clear();G[i].clear();
                uid[i] = vid[i] = ev[i] = eu[i] = 0;
            }
            for (int i = 1;i < n;i++)
            {
                read(from[i]);read(to[i]);
                deg[from[i]]++;deg[to[i]]++;
                eu[i] = from[i];ev[i] = to[i];
                G[from[i]].push_back(ming(to[i],i));
                G[to[i]].push_back(ming(from[i],i));
                uid[i] = G[from[i]].size();
                vid[i] = G[to[i]].size();
            }
            if (n == 1)
            {
                puts("1");
                continue;
            }
            for (int i = 1;i <= n;i++)
            {
                pre[i].resize(G[i].size() + 2);
                con[i] = pre[i].size();
                for (int j = 0;j < con[i];j++)
                    pre[i][j] = j;
                nxt[i] = pre[i];
            }
            for (int i = 1;i <= n;i++)
            {
                minn = n + 1;dfs(p[i],0);ans[i] = minn;
                unionlink(minn,pid[minn],pre[minn].size() - 1);
                while (prt[minn]! = p[i])
                {
                    unionlink(prt[minn],pid[prt[minn]],pjd[minn]);
                    minn = prt[minn];
                }
                unionlink(p[i],0,pjd[minn]);
            }
            for (int i = 1;i <= n;i++){
```

```
        printf("%d ",ans[i]);
    }
    puts("");
}
return 0;
}
```

4.5.4　Day2 T1：Emiya 家今天的饭

【题目描述】

Emiya 是个擅长做菜的高中生,他共掌握 n 种烹饪方法,且会使用 m 种主要食材做菜。为了方便叙述,对烹饪方法从 1～n 编号,对主要食材从 1～m 编号。

Emiya 做的每道菜都将使用恰好一种烹饪方法与恰好一种主要食材。更具体地,Emiya 会做 $a_{i,j}$ 道不同的使用烹饪方法 i 和主要食材 j 的菜($1 \leqslant i \leqslant n$,$1 \leqslant j \leqslant m$),这也意味着 Emiya 总共会做 $\sum\limits_{i=1}^{n}\sum\limits_{j=1}^{m}a_{i,j}$ 道不同的菜。

Emiya 今天要准备一桌饭菜招待 Yazid 和 Rin 这对好朋友,然而 3 个人对菜的搭配有不同的要求,更具体地,对于一种包含 k 道菜的搭配方案而言：

(1) Emiya 不会让大家饿肚子,所以将做至少一道菜,即 $k \geqslant 1$。

(2) Rin 希望品尝不同烹饪方法做出的菜,因此她要求每道菜的烹饪方法互不相同。

(3) Yazid 不希望品尝太多同一食材做出的菜,因此他要求每种主要食材至多在一半的菜(即 $\lfloor k/2 \rfloor$ 道菜)中被使用。

这里的 $\lfloor x \rfloor$ 为下取整函数,表示不超过 x 的最大整数。

这些要求难不倒 Emiya,但他想知道共有多少种不同的符合要求的搭配方案。两种方案不同,当且仅当存在至少一道菜在一种方案中出现,而不在另一种方案中出现。

Emiya 找到了你,请你帮他计算,你只需要告诉他符合所有要求的搭配方案数对质数 998244353 取模的结果。

【输入】

第 1 行两个用单个空格隔开的整数 n、m。

第 2～n+1 行,每行 m 个用单个空格隔开的整数,其中第 i + 1 行的 m 个数依次为 $a_{i,1}$,$a_{i,2}$,…,$a_{i,m}$。

【输出】

仅一行一个整数,表示所求方案数对 998244353 取模的结果。

【样例输入】

```
2 3
1 0 1
0 1 1
```

【样例输出】

```
3
```

【解析】

题意是求每行最多选 1 个(可以不选),每列选不超过总数一半的数量的方案数,可以反向思考,转换为每行最多选 1 个方案数减去每行最多选 1 个且某列选超过一半的方案数。令 f[i][j][k] 表示枚举第 col 列超过一半,前 i 行 col 选了 j 个,非 col 列选了 k 个的方案数,时间复杂度为 $O(m \times n^3)$。这里对非 col 列进行了枚举,事实上,非 col 列都是等效的,可以将这一维进行优化,令 f[i][j] 表示枚举第 col 列超过一半,前 i 行 col 列选的数量比非 col 列选的数量多 j 个的方案数,这里 j 的范围为 $[-i, i]$ 的整数,写程序时可以整体加一个偏移量防止下标变负数。此外,还需要维护 g[i][j] 表示前 i 行选了 j 个的方案数,s[i] 表示第 i 行的总和,这样把时间复杂度优化到 $O(m \times n^2)$。

【参考代码】

```cpp
#include<bits/stdc++.h>
using namespace std;
typedef long long ll;
const ll P = 998244353LL;
const int M = 2005;
int n,m,a[105][M];
ll s[M],f[105][205],g[105][105],ans1,ans2;
int main(){
    scanf("%d%d",&n,&m);
    for (int i = 1;i <= n;i++){
        for (int j = 1;j <= m;j++){
            scanf("%d",&a[i][j]);
            s[i] = (s[i] + a[i][j]) % P;
        }
    }
    for (int col = 1;col <= m;col++){
        //枚举 col 列是超过一半数量的列
        memset(f,0,sizeof(f));
        f[0][n] = 1;                        //初始化
        for (int i = 1;i <= n;i++){
            ll x = a[i][col], y = (s[i] + P - a[i][col]) % P;
            //x 表示 i 行 col 列的数量,y 表示 i 行非 col 列的数量
            for (int j = n - i;j <= n + i;j++){
                f[i][j] = (f[i-1][j] + f[i-1][j-1] * x + f[i-1][j+1] * y) % P;
            }
            //第 i 行不选,第 i 行选 col 列,第 i 行选非 col 列
        }
        for (int j = n + 1;j <= n + n;j++){
            ans1 = (ans1 + f[n][j]) % P;
        }
    }
    g[0][0] = 1;                            //初始化
    for (int i = 1;i <= n;i++){
        for (int j = 0;j <= i;j++){
            g[i][j] = (g[i-1][j] + g[i-1][j-1] * s[i]) % P;
        }
        //第 i 行选或不选
    }
    for (int i = 1;i <= n;i++){
```

```
        ans2 = (ans2 + g[n][i]) % P;
    }
    cout << (ans2 - ans1 + P) % P;
    return 0;
}
```

4.5.5 Day2 T2：划分

【题目描述】

2048 年，第三十届 CSP 认证的考场上，作为选手的小明打开了第一题。这个题的样例有 n 组数据，数据从 1 到 n 编号，i 号数据的规模为 a_i。

小明对该题设计出了一个暴力程序，对于一组规模为 u 的数据，该程序的运行时间为 u^2。然而这个程序运行完一组规模为 u 的数据之后，它将在任何一组规模小于 u 的数据上运行错误。样例中的 a_i 不一定递增，但小明又想在不修改程序的情况下正确运行样例，于是小明决定使用一种非常原始的解决方案：将所有数据划分成若干个数据段，段内数据编号连续，接着将同一段内的数据合并成新数据，其规模等于段内原数据的规模之和，小明将让新数据的规模能够递增。

也就是说，小明需要找到一些分界点 $1 \leqslant k_1 < k_2 < \cdots < k_p < n$，使得

$$\sum_{i=1}^{k_1} a_i \leqslant \sum_{i=k_1+1}^{k_2} a_i \leqslant \cdots \leqslant \sum_{i=k_p+1}^{n} a_i$$

注意：p 可以为 0 且此时 $k_0 = 0$，也就是小明可以将所有数据合并在一起运行。

小明希望他的程序在正确运行样例的情况下，运行时间也能尽量小，也就是最小化：

$$\left(\sum_{i=1}^{k_1} a_i\right)^2 + \left(\sum_{i=k_1+1}^{k_2} a_i\right)^2 + \cdots + \left(\sum_{i=k_p+1}^{n} a_i\right)^2$$

小明觉得这个问题非常有趣，并向你请教：给定 n 和 a_i，请你求出最优划分方案下，小明的程序的最小运行时间。

【输入】

由于本题的数据范围较大，部分测试点的 a_i 将在程序内生成。

第一行两个整数：n、type。n 的意义见题目描述，type 表示输入方式。

(1) 若 type=0，则该测试点的 a_i 直接给出。输入文件接下来为：第二行 n 个以空格分隔的整数 a_i，表示每组数据的规模。

(2) 若 type=1，则该测试点的 a_i 将特殊生成，生成方式如下：

给定正数 x, y, z, b_1, b_2, m，以及 m 个三元组 (p_i, l_i, r_i)，$b_i = (x * b_{i-1} + y * b_{i-2} + z)$，对于所有 $1 \leqslant j \leqslant m$，若下标值 $i (1 \leqslant i \leqslant n)$ 满足 $p_{j-1} < i \leqslant p_j$，则有 $a_i = (b_i \bmod (r_j - l_j + 1)) + l_j$，上述数据生成方式仅是为了减小输入量大小，标准算法不依赖于该生成方式。

【输出】

一行一个整数，表示答案。

【样例输入】

```
5 0
5 1 7 9 9
```

【样例输出】

247

【解析】

1. 结论

设最优解的倒数第 k 段的开始位置为 i,那么对于所有的满足段和不递减条件的解,一定有下列条件之一。

(1) 该解不存在 k 段。

(2) 该解从右到左数第 k 段的开始位置至少为 i。

这里假设最优解的倒数最后一段(也就是第一段)的开始位置是 1,所以上述条件蕴含没有任何解的段数比最优解要多。换句话说,如果把所有解的断点从大到小写下来,然后剩下的位置补 0,那么最优解对应的序列在所有位置都是最大值。同时容易注意到满足这个结论中条件的解一定唯一,因此此最优解是良定义的。

2. 根据结论推出的线性做法

设 p_i 表示以 i 结尾的前缀,最后一段的位置的最大值,那么 p_i 一定是满足 $a[p_j]+\cdots+a[j-1] \leqslant a[j]+\cdots+a[i]$ 的最大的 j。

这个非常显然,因为 p_i 对应的是每个位置结尾的前缀最后一段的最小和,如果不存在 k>j 使得上述条件满足,那么 j 一定是最后一段位置的开头的位置的最大值。通过记录前缀和,这个东西很好用单调队列线性维护。最后答案就是按照 p 不断往前走。

容易证明 p 满足不递减性,所以按照 p 不断走得到的解一定是满足结论中条件的解。上述结论和单调队列优化的 DP 时间复杂度为 $O(n)$,时间效率上已经是最优,但最后 12pt 的数据涉及高精度,或者使用 int128,这里就不做具体描述了,下面给出的是 88 分的代码,满分代码留给读者自己去完成。

【参考代码】

```
#include <bits/stdc++.h>
using namespace std;
typedef long long ll;
#define sr(x)((x)*(x))
const int M = 500005;
int n,tp,a[M],g[M],qu[M];
ll s[M],f[M];
ll calc(int i){
    return s[i]*2-s[g[i]];
}
int main(){
    cin >> n >> tp;
    if (tp == 1){
        return 0;
    }
    for (int i = 1;i <= n;i++){
        scanf("%d",&a[i]);
        s[i] = s[i-1] + a[i];
    }
    int le = 0,ri = 0;
    qu[++ri] = 0;
```

```
for (int i = 1; i <= n; i++){
    while (le + 2 <= ri && calc(qu[le + 2]) <= s[i]){
        le++;
    }
    int j = qu[le + 1];
    f[i] = f[j] + sr(s[i] - s[j]); g[i] = j;
    while (le < ri && calc(qu[ri]) >= calc(i)){
        ri--;
    }
    qu[++ri] = i;
}
cout << f[n];
return 0;
}
```

4.5.6 Day2 T3：树的重心

【题目描述】

小简单正在学习离散数学，今天的内容是图论基础，在课上他做了如下两条笔记。

(1) 一个大小为 n 的树由 n 个结点与 n−1 条无向边构成，且满足任意两个结点间有且仅有一条简单路径。在树中删去一个结点及与它关联的边，树将分裂为若干个子树；而在树中删去一条边(保留关联结点，下同)，树将分裂为恰好两个子树。

(2) 对于一个大小为 n 的树与任意一个树中结点 c，称 c 是该树的重心当且仅当在树中删去 c 及与它关联的边后，分裂出的所有子树的大小均不超过 $\lfloor n/2 \rfloor$(其中，$\lfloor x \rfloor$ 是下取整函数)。对于包含至少一个结点的树，它的重心只可能有 1 或 2 个。

课后老师给出了一个大小为 n 的树 S，树中结点从 1 到 n 编号。小简单的课后作业是求出 S 单独删去每条边后，分裂出的两个子树的重心编号之和。即

$$\sum_{(u,v) \in E} \left(\sum_{\substack{1 \leqslant x \leqslant n, \\ \text{且 x 号点是 } S'_u \text{ 的重心}}} x + \sum_{\substack{1 \leqslant y \leqslant n, \\ \text{且 y 号点是 } S'_v \text{ 的重心}}} y \right)$$

上式中，E 表示树 S 的边集，(u, v) 表示一条连接 u 号点和 v 号点的边。S'_u 与 S'_v 分别表示树 S 删去边 (u, v) 后，u 号点与 v 号点所在的被分裂出的子树。

小简单觉得作业并不简单，只好向你求助，请你教教他。

【输入】

本题输入包含多组测试数据。

第一行一个整数 T 表示数据组数。

接下来依次给出每组输入数据，对于每组数据：

第一行一个整数 n 表示树 S 的大小。

接下来 n−1 行中，每行两个以空格分隔的整数 u_i，v_i，表示树中的一条边 (u_i, v_i)。

【输出】

共 T 行，每行一个整数，第 i 行的整数表示：第 i 组数据给出的树单独删去每条边后，分裂出的两个子树的重心编号之和。

【样例输入】

```
2
5
1   2
2   3
2   4
3   5
7
1   2
1   3
1   4
3   5
3   6
6   7
```

【样例输出】

```
32

56
```

【解析】

首先求出整棵树的任意一个重心,将树变成以其为根的有根树(为什么以重心为根的原因下文会说),然后问题分为以下两部分。

(1) 以一个点为根的子树的重心。

(2) 去掉以某个点为根的子树后剩余部分的重心。

为了方便叙述,称第一种为内重心,第二种为外重心。先考虑内重心,容易发现从儿子转移到父亲时重心移动的方向只会向上,套用树形 DP,只要考虑如何将 x 的儿子合并到 x 里。每次合并进一个儿子时,实际上相当于用一条边将两棵树连起来(一棵是 x 和之前的儿子构成的树,一棵是新加入的儿子的子树),只需要比较一下两棵树的大小,从较大的一方继承重心(如果有两个,继承任意一个即可),然后向上跳到相应的位置即可。设重心为 u,跳到正确的位置是指(两棵树总点数减去以 u 为根子树的点数)第一次小于或等于(u 为根子树的点数),注意到重心有两个当且仅当这里的小于或等于取到等号。这部分时间复杂度是 $O(n)$ 的,因为两棵树合并重心只会向上调整。

然后考虑计算剩下的部分。考虑先一口气割掉根的某个儿子,这个时候重心一定在根剩下的最大的那个儿子的子树中(且是这个子树的内重心的祖先),之后一个点一个点地加入,那么重心也只会向上跳。同时,因为一开始选的是整棵树的重心作为根,因此向上跳最多只会跳到根而不会再进入某个儿子。如果从根的子结点向下计算去掉结点后新的外重心位置,对于结点 x,计算时先继承父亲的外重心,然后向上调整,规则同内重心判断方式。这样做时间复杂度会退化到 $O(n^2)$,如果一个点有许多儿子,转移到每个儿子都要重新跳很长的一段,当然可以用倍增优化到 $O(n\log n)$。

注意到对于根的同一个儿子的子树中的点,外重心的路径是已经确定的一条自下而上的链,可以先处理出这条链(用栈存储这条链上的点),然后不再向上跳,而是向下跳。具体地说,逆向搜索,先求儿子的外重心,父亲继承儿子深度最大的外重心(可以证明父亲的外重心一定会比所有儿子的外重心都深),然后向下跳到正确的位置,判断方式同上,时间复杂度可以降低到 $O(n)$。优化的原理主要在于继承儿子中深度最大的外重心,反之,儿子继承父亲,每次都要回溯继承起点。

【参考代码】

```cpp
#include <bits/stdc++.h>
using namespace std;
typedef long long ll;
const int M = 300005;
int n,tot,head[M],Next[M*2],vet[M*2];
int rt,maxp,sz[M],fa[M],c[M][2],p[M][2],stk[M],top;
ll ans;
void add(int a,int b){
    Next[++tot] = head[a],vet[tot] = b;
    head[a] = tot;
}
void init(){
    ans = tot = 0;
    rt = 0, maxp = 1e9;
    for (int i = 1;i <= n;i++){
        head[i] = 0;
        c[i][0] = c[i][1] = 0;
        p[i][0] = p[i][1] = 0;
    }
}
void getzx(int x,int pre){
    sz[x] = 1;int t = 0;
    for (int i = head[x];i;i = Next[i]){
        int y = vet[i];if (y == pre)continue;
        getzx(y,x);
        sz[x] += sz[y];t = max(t,sz[y]);
    }
    t = max(t,n - sz[x]);
    if (t < maxp)maxp = t, rt = x;
}
void dfs1(int x,int pre){
    sz[x] = 1;fa[x] = pre;
    c[x][0] = c[x][1] = x;
    for (int i = head[x];i;i = Next[i]){
        int y = vet[i];if (y == pre){
            continue;
        }
        dfs1(y,x);
        sz[x] += sz[y];
        if (sz[x] - sz[y] == sz[y]){
            c[x][0] = x,c[x][1] = y;
        }
        else{
            if (sz[x] - sz[y] < sz[y]){
                c[x][0] = c[x][1] = c[y][0];
            }
```

```
            while (c[x][0]! = x && sz[x] - sz[c[x][0]]> sz[c[x][0]]){
                c[x][0] = fa[c[x][0]];
            }
            if (c[x][0]! = x && sz[x] - sz[c[x][0]] == sz[c[x][0]]){
                c[x][1] = fa[c[x][0]];
            }
            else{
                c[x][1] = c[x][0];
            }
        }
    }
}
void dfs2(int x,int pre){
    int t = top;
    for (int i = head[x];i;i = Next[i]){
        int y = vet[i];
        if (y == pre){
            continue;
        }
        dfs2(y,x);t = min(t,p[y][0]);
    }
    int m = n - sz[x];
    p[x][0] = p[x][1] = t;
    while (p[x][0]> 1 && m - sz[stk[p[x][0] - 1]]< sz[stk[p[x][0] - 1]]){
        p[x][0] -- ;
    }
    if (p[x][0]> 1 && m - sz[stk[p[x][0] - 1]] == sz[stk[p[x][0] - 1]]){
        p[x][1] = p[x][0] - 1;
        ans += stk[p[x][0]] + stk[p[x][1]];
    }
    else{
        p[x][1] = p[x][0];
        ans += stk[p[x][0]];
    }
}
int main(){
    int T;cin >> T;
    while (T-- ){
        init();
        scanf(" % d",&n);
        for (int i = 2;i < = n;i++){
            int a,b;scanf(" % d % d",&a,&b);
            add(a,b);add(b,a);
        }
        getzx(1,0);
        //求内重心号累加
        dfs1(rt,0);
        for (int i = 1;i < = n;i++)if (i! = rt){
            ans += c[i][0];
            if (c[i][1]! = c[i][0]){
                ans += c[i][1];
            }
        }
```

```
//求外重心号累加
int fir = 0,s1 = rt,sec = 0,s2 = rt;
for (int i = head[rt];i;i = Next[i]){
    int y = vet[i];
    if (sz[y]> fir){
        sec = fir,s2 = s1,fir = sz[y],s1 = y;
    }
    else{
        if (sz[y]> sec){
            sec = sz[y],s2 = y;
        }
    }
}
for (int i = head[rt];i;i = Next[i]){
    int y = vet[i];top = 0;
    if (y == s1){
        stk[++top] = c[s2][0];
        for (int j = c[s2][0];j! = rt;j = fa[j]){
            stk[++top] = fa[j];
        }
    }
    else{
        stk[++top] = c[s1][0];
        for (int j = c[s1][0];j! = rt;j = fa[j]){
            stk[++top] = fa[j];
        }
    }
    dfs2(y,rt);
}
printf(" % lld\n",ans);
}
return 0;
}
```

4.6 2020 CSP 提高级复赛题解

4.6.1 T1：儒略日

【题目描述】

为了简便计算,天文学家们使用儒略日(Julian day)来表达时间。所谓儒略日,其定义为从公元前 4713 年 1 月 1 日正午 12 点到此后某一时刻所经过的天数,不满一天者用小数表达。若利用这一天文学历法,则每一个时刻都将被均匀地映射到数轴上,从而得以很方便地计算它们的差值。

现在给定一个不含小数部分的儒略日,请你帮忙计算出该儒略日(一定是某一天的中午12 点)所对应的公历日期。

现行的公历为格里高利历(Gregorian calendar),它是在公元 1582 年由教皇格里高利十三世在原有的儒略历(Julian calendar)的基础上修改得到的(儒略历与儒略日并无直接关系)。具体而言,现行的公历日期按照以下规则计算。

(1) 公元1582年10月15日(含)以后:适用格里高利历,每年一月31天、二月28天或29天、三月31天、四月30天、五月31天、六月30天、七月31天、八月31天、九月30天、十月31天、十一月30天、十二月31天。其中,闰年的二月为29天,平年为28天。当年份是400的倍数,或日期年份是4的倍数但不是100的倍数时,该年为闰年。

(2) 公元1582年10月5日(含)至10月14日(含):不存在,这些日期被删除,该年10月4日之后为10月15日。

(3) 公元1582年10月4日(含)以前:适用儒略历,每月天数与格里高利历相同,但只要年份是4的倍数就是闰年。

(4) 尽管儒略历于公元前45年才开始实行,且初期经过若干次调整,但今天人类习惯于按照儒略历最终的规则反推一切1582年10月4日之前的时间。注意,公元零年并不存在,即公元前1年的下一年是公元1年。因此公元前1年、前5年、前9年、前13年……以此类推的年份应视为闰年。

【输入】

第一行一个整数Q,表示询问的组数。

接下来Q行中,每行一个非负整数r_i,表示一个儒略日。

【输出】

对于每一个儒略日r_i,输出一行表示日期的字符串s_i。共计QQ行。s_i的格式如下。

(1) 若年份为公元后,输出格式为Day Month Year。其中,日(Day)、月(Month)、年(Year)均不含前导零,中间用一个空格隔开。例如,公元2020年11月7日正午12点,输出为7 11 2020。

(2) 若年份为公元前,输出格式为Day Month Year BC。其中,年(Year)输出该年份的数值,其余与公元后相同。例如,公元前841年2月1日正午12点,输出为1 2 841 BC。

【样例输入】

```
3
10
100
1000
```

【样例输出】

```
11  1  4713  BC
10  4  4713  BC
27  9  4711  BC
```

【解析】

此题是一个模拟题,代码实现细节较多,实现复杂。按照题目要求进行模拟,将时间分成三段:公元前,1582.10.4(含)前,以及1582.10.15(含)后。

这里有两种思路:

(1) 逐天模拟然后找规律计算;

(2) 二分年份再将剩余日期模拟。

需要注意的细节有:

（1）判定闰年要分 1582 年前和 1582 年后，规则不一样。

（2）不存在公元 0 年，那就手动把公元前往后偏移一个位置，最后输出答案再减 1。

（3）消失的那 10 天，会带来一些特判。

（4）二分计算到某年的总天数，会有一些细节，也是和闰年及消失的 10 天有关。

（5）天数要用 long long。

具体可以见下面参考代码：

时间复杂度：$O(Q)$。

期望得分：100 分。

【参考代码】

```
#include <bits/stdc++.h>
using std::cin;
using std::cout;
typedef long long ll;
int n;
inline int getday(int year, int mo){
    if (mo == 1 || mo == 3 || mo == 5 || mo == 7 || mo == 8 || mo == 10 || mo == 12){
        return 31;
    }
    if (mo == 4 || mo == 6 || mo == 9 || mo == 11) {
        return 30;
    }
    if (year >= 1582){
        if (year % 4 == 0 && year % 100 != 0 | year % 400 == 0) {
            return 29;
        }
        else{
            return 28;
        }
    }
    else{
        if (year % 4 == 0){
            return 29;
        }
        else {
            return 28;
        }
    }
}

inline int count(int year, int d){return(year - 1)/d;}
inline ll calc(int year){
    if (year >= 1583){
        return 2299239 + 365ll * (year - 1583)
        + count(year,4) - count(year,100) + count(year,400) +
        - count(1583,4) + count(1583,100) - count(1583,400);
    }
    else{//[ - 4712, year);
        return 365ll * (year + 4712) + (year + 4712 + 3)/4;
    }
}
```

```
int main(){
    std::ios::sync_with_stdio(false), cin.tie(0);
    cin >> n;
    for (int i = 0; i < n; ++i){
        ll r; cin >> r;
        int Ly = - 4712, Ry = 1e9 + 10;
        for (; Ly + 1 != Ry;){
            int mid = Ly + Ry >> 1;
            if (calc(mid) <= r)Ly = mid;
            else Ry = mid;
        }
        int year = Ly, mo = 1, day = 1;
        r -= calc(year);
        for (int i = 0; i < r; ++i){
            if (++day > getday(year, mo)){
                ++mo, day = 1;
            }
            if (mo > 12){
                mo = 1, ++year;
            }
            if (year == 1582 && mo == 10 && day == 5){
                day = 15;
            }
        }
        if (year > 0){
            cout << day << ' ' << mo << ' ' << year << '\n';
        }
        else{
            cout << day << ' ' << mo << ' ' << - year + 1 << ' ' << "BC" << '\n';
        }
    }
}
```

4.6.2　T2：动物园

【题目描述】

动物园里饲养了很多动物，饲养员小 A 会根据饲养动物的情况，按照《饲养指南》购买不同种类的饲料，并将购买清单发给采购员小 B。

具体而言，动物世界里存在 2^k 种不同的动物，它们被编号为 $0 \sim 2^{k-1}$。动物园里饲养了其中的 n 种，其中第 i 种动物的编号为 a_i。

《饲养指南》中共有 m 条要求，第 j 条要求形如"如果动物园中饲养着某种动物，满足其编号的二进制表示的第 p_j 位为 1，则必须购买第 q_j 种饲料"。其中，饲料共有 c 种，它们从 1 到 c 编号。本题中将动物编号的二进制表示视为一个 k 位 01 串，第 0 位是最低位，第 k−1 位是最高位。

根据《饲养指南》，小 A 将会制定饲料清单交给小 B，由小 B 购买饲料。清单形如一个 c 位 01 串，第 i 位为 1 时，表示需要购买第 i 种饲料；第 i 位为 0 时，表示不需要购买第 i 种饲料。实际上，根据购买到的饲料，动物园可能可以饲养更多的动物。更具体地，如果将当前未被饲养的编号为 x 的动物加入动物园饲养后,饲料清单没有变化,那么认为动物园当前还能饲养编号为 x 的动物。

现在小 B 想请你帮忙算算,动物园目前还能饲养多少种动物。

【输入】

第一行包含 4 个以空格分隔的整数 n、m、c、k,分别表示动物园中动物数量、《饲养指南》要求数、饲料种数与动物编号的二进制表示位数。

第二行 n 个以空格分隔的整数,其中第 i 个整数表示 a_i。

接下来 m 行中,每行两个整数 p_i, q_i 表示一条要求。

数据保证所有 a_i 互不相同,所有的 q_i 互不相同。

【输出】

仅一行一个整数表示答案。

【样例输入】

```
3 3 5 4
1 4 6
0 3
2 4
2 5
```

【样例输出】

```
13
```

【解析】

首先需要找出所有已有的位,这里可以用一个 64 位的 unsigned long long 变量的每一位去记录。然后记录有要求的位,因为所有的 q 都不相同,完全没必要记录下来所有的 q,只需要记录最后一个以标志这一位是有要求的就可以。然后再去找有哪些位的要求是可以满足的。这样就有了那些有要求但是无法满足的位的数目。在这些位里面,只要有 1 位是 1,那么对应数字都不能要。假设一共是 x 位数字,共 2^x 种不同的情况,全是 0 的只有一种,那么这些位上不同的组合有 $2^x - 1$ 种。剩余位置随便什么数字都可以,那么一共有 2^{k-x} 种组合,乘起来就是不能要的数字的数目。

最后注意一种特判的情况:$n = m = 0, k = 64$,答案应为 $2^{64} = 18446744073709551616$。

【参考代码】

```cpp
#include <bits/stdc++.h>
using std::cin;
using std::cout;
typedef unsigned long long u64;
const int N = 1000005;
int n, m, c, k;
int p[N], q[N];
std::bitset<(int)1e8 + 10> set;
int main(){
    std::ios::sync_with_stdio(false), cin.tie(0);
    cin >> n >> m >> c >> k;
    u64 res = 0;
```

```cpp
    for (int i = 0;i < n;++i){
        u64 x;cin >> x;
        res |= x;
    }
    for (int i = 0;i < m;++i){
        cin >> p[i] >> q[i];
        if (res >> p[i]&1)set.set(q[i]);
    }
    u64 ok = 0;
    for (int i = 0;i < k;++i){
        ok |= (u64)1 << i;
    }
    for (int i = 0;i < m;++i){
        if (! set.test(q[i])){
            ok &= ~(1ull << p[i]);
        }
    }
    int popc = 0;
    for (int i = 0;i < k;++i)if (ok >> i&1){
        ++popc;
    }
    u64 ans = (u64)1 << popc;
    if (popc == 64){
        ans = 0;
    }
    if (popc == 64 && n == 0){
        cout <<"18446744073709551616"<<'\n';
        return 0;
    }
    cout << ans - n <<'\n';
}
```

4.6.3　T3：函数调用

【题目描述】

函数是各种编程语言中一项重要的概念，借助函数，总可以将复杂的任务分解成一个个相对简单的子任务，直到细化为十分简单的基础操作，从而使代码的组织更加严密、更加有条理。然而，过多的函数调用也会导致额外的开销，影响程序的运行效率。

某数据库应用程序提供了若干函数用以维护数据。已知这些函数的功能可分为以下三类。

（1）将数据中的指定元素加上一个值。

（2）将数据中的每一个元素乘以一个相同值。

（3）依次执行若干次函数调用，保证不会出现递归（即不会直接或间接地调用本身）。

在使用该数据库应用时，用户可一次性输入要调用的函数序列（一个函数可能被调用多次），在依次执行完序列中的函数后，系统中的数据被加以更新。某一天，小 A 在应用该数据库程序处理数据时遇到了困难：由于频繁而低效的函数调用，系统在执行操作时进入了无响应的状态，他只好强制结束了数据库程序。为了计算出正确数据，小 A 查阅了软件的文档,了解到每个函数的具体功能信息,现在他想请你根据这些信息帮他计算出更新后的数据应该是多少。

【输入】

第一行一个正整数 n,表示数据的个数。

第二行 n 个整数,第 i 个整数表示下标为 i 的数据的初始值为 a_i。

第三行一个正整数 m,表示数据库应用程序提供的函数个数。函数从 1 到 m 编号。

接下来 m 行中,第 $j(1 \leqslant j \leqslant m)$ 行的第一个整数为 T_j,表示 j 号函数的类型。

(1) 若 $T_j = 1$,接下来两个整数 P_j,V_j 分别表示要执行加法的元素的下标及其增加的值。

(2) 若 $T_j = 2$,接下来一个整数 V_j 表示所有元素所乘的值。

(3) 若 $T_j = 3$,接下来一个正整数 C_j 表示 j 号函数要调用的函数个数,随后 C_j 个整数 $g_1^{(j)}$,$g_2^{(j)}$,$\cdots$,$g_{C_j}^{(j)}$ 依次表示其所调用的函数的编号。

第 m+4 行一个正整数 Q,表示输入的函数操作序列长度。

第 m+5 行 Q 个整数 f_i,第 i 个整数表示第 i 个执行的函数的编号。

【输出】

一行 n 个用空格隔开的整数,按照下标 1~n 的顺序,分别输出在执行完输入的函数序列后,数据库中每一个元素的值。答案对 998244353 取模。

【样例输入】

3
1 2 3
3
1 1 1
2 2
3 2 1 2
2
2 3

【样例输出】

6 8 12

【解析】

显然各个函数间的调用关系构成了一个有向无环图,先将图建出来。首先考虑没有加函数的情况,此时每个函数 u 的作用都一定是全局乘上一个数,假设为 f[u],按照拓扑序反着遍历即可求出 f。最后只要记录下所有询问点的 f 的总乘积,再将每个数都乘上这个积,即可求出答案。

那么有加函数时呢？此时不能简单地将函数的作用概括为全局乘,但沿用上面的思路,考虑将每个函数用先全局乘,再做一些单点加来描述。如果将 1 类函数的 f 值设为 1,可以用上面的方法求出 f,那么全局乘就处理完了,现在只需要考虑加部分即可。对于一个 3 类函数 u,设其要依次调用 k 个函数 v_1,v_2,$\cdots$,v_k。因为不是同时调用,每个 v_i 的乘部分都会对先前调用的 $v_j(j < i)$ 的加部分造成影响。例如,n=1 时,先"乘 1 加 2"再"乘 3 加 4"的结果是"先乘(1×3)再加(2×3+4)",即后一个操作中的"乘 3"对前一个"加 2"产生了一个 3

的贡献系数。于是对一个 v_i,不难发现它的总贡献系数就是 $\prod_{j=i+1}^{k} f[v_j]$,设其为 $g[v_i]$,那么函数 u 的加部分就是每一个 v_i 的加部分乘上 $g[v_i]$ 的并。至此已经可以根据上述方法转移出加部分了,但是这样做的时空复杂度都是 O(nm),太高了。此时需要做一个重要转换:执行一遍 k 倍的加部分,就等价于将此部分执行 k 次。换句话说,可以将执行一次函数 u 的效果改写成:将每个 v_i 执行 $g[v_i]$ 次,这启示并不需要求出每个函数的效果,只需要从最开始被调用的函数递归即可。而如果一直这样递归下去,就可以将 3 类函数全部转换为多次 1 类函数,那么只要记录下最终每个 1 类函数会被调用多少次,最后再一起加就可以了。

但是如果对每个 v_i 都递归 $g[v_i]$ 次,复杂度只会更高。怎么更快呢? 可以用一个数组记录下每个函数一共会被调用多少次,不妨记作 cnt[],这样对每个 v_i,只要让 $cnt[v_i]$ 加上 $cnt[u] \times g[v_i]$ 即可。由于需要保证到 u 时所有对 u 的调用都已经被统计到 cnt[u] 上,仍然要以拓扑序遍历所有点。

这样做,复杂度就是线性的。总结一下做法:先求出拓扑序,然后按照拓扑序处理出 f 表示一个函数的乘部分,再按拓扑序遍历一遍递推出最终每一个 1 类函数会被调用多少次,最后根据前面的结果算出答案。

在具体实现中,为了方便处理询问的先后关系,可以再建一个新点表示按询问顺序依次调用每个函数。

【参考代码】

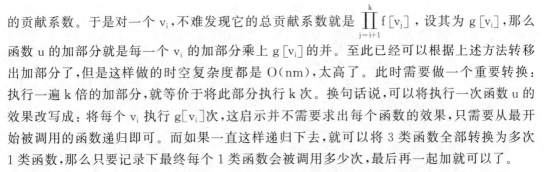

```
# include <bits/stdc++.h>
using std::cin;
using std::cout;
int n, m, q;
typedef unsigned long long u64;
const int mod = 998244353;
const int N = 1000100;
const int M = 1001000;
struct edge{int to, nxt;} e[M];
int h[N], num;
inline void link(int x, int y){
    e[++num] = {y, h[x]}, h[x] = num;
}
int a[N];
int mul[N];
int add[N], v[N];
int deg[N];
int topo[N], list[N], tot;
int todo[N];
int cnt[N];
inline void run_topo(){
    std::queue<int> q;
    for (int i = 1;i <= m;++i){
        if (deg[i] == 0){
            q.push(i);
        }
    }
}
```

```
    for (;q.size();){
        int x = q.front();q.pop();topo[x] = ++tot, list[tot] = x;
        for (int i = h[x];i;i = e[i].nxt){
            if (--deg[e[i].to] == 0){
                q.push(e[i].to);
            }
        }
    }
}
int main(){
    std::ios::sync_with_stdio(false), cin.tie(0);
    cin >> n;
    for (int i = 1;i <= n;++i){
        cin >> a[i];
    }
    cin >> m;
    for (int i = 1;i <= m;++i){
        int type, p, v, c;
        cin >> type;
        if (type == 1){
            cin >> p >> v;
            add[i] = p, ::v[i] = v;
            mul[i] = 1;
        }
        if (type == 2){
            cin >> mul[i];
        }
        if (type == 3){
            cin >> c, mul[i] = 1;
            for (int t = 0, g;t < c;++t){
                cin >> g, link(i, g),++deg[g];
            }
        }
    }
    run_topo();
    for (int i = m;i >= 1; --i){
        int x = list[i];
        for (int i = h[x];i;i = e[i].nxt){
            mul[x] = (u64)mul[x] * mul[e[i].to] % mod;
        }
    }
    cin >> q;
    for (int i = 1;i <= q;++i){
        cin >> todo[i];
    }
    int t = 1;
    for (int i = q;i >= 1; --i){
        cnt[todo[i]] = (cnt[todo[i]] + t) % mod;
        t = (u64)t * mul[todo[i]] % mod;
    }
    for (int i = 1;i <= n;++i){
        a[i] = (u64)a[i] * t % mod;
    }
```

```
    for (int i = 1;i <= m;++i){
        int x = list[i], v = cnt[x];
        for (int i = h[x];i;i = e[i].nxt){
            cnt[e[i].to] = (cnt[e[i].to] + v) % mod;
            v = (u64)v * mul[e[i].to] % mod;
        }
        if (add[x]){
            a[add[x]] = (a[add[x]] + (u64)::v[x] * cnt[x]) % mod;
        }
    }
    for (int i = 1;i <= n;++i){
        cout << a[i]<<" \n"[i == n];
    }
}
```

4.6.4　T4：贪吃蛇

【题目描述】

草原上有 n 条蛇,编号分别为 1,2,…,n。初始时每条蛇有一个体力值 a_i,称编号为 x 的蛇的实力比编号为 y 的蛇强当且仅当它们当前的体力值满足 $a_x > a_y$,或者 $a_x = a_y$ 且 $x > y$。

接下来这些蛇将进行决斗,决斗将持续若干轮,每一轮实力最强的蛇拥有选择权,可以选择吃或者不吃掉实力最弱的蛇。

(1) 如果选择吃,那么实力最强的蛇的体力值将减去实力最弱的蛇的体力值,实力最弱的蛇被吃掉,退出接下来的决斗。之后开始下一轮决斗。

(2) 如果选择不吃,决斗立刻结束。

每条蛇希望在自己不被吃的前提下在决斗中尽可能多吃别的蛇(显然,蛇不会选择吃自己)。

现在假设每条蛇都足够聪明,请你求出决斗结束后会剩几条蛇。

本题有多组数据,对于第一组数据,每条蛇体力会全部由输入给出,之后的每一组数据,会相对于上一组的数据,修改一部分蛇的体力作为新的输入。

【输入】

第一行一个正整数 T,表示数据组数。

接下来有 T 组数据,对于第一组数据,第一行一个正整数 n,第二行 n 个非负整数表示 a_i。

对于第二组到第 T 组数据,每组数据:

第一行第一个非负整数 k 表示体力修改的蛇的个数。

第二行 2k 个整数,每两个整数组成一个二元组 (x, y),表示依次将 a_x 的值改为 y。一个位置可能被修改多次,以最后一次修改为准。

【输出】

输出 T 行,每行一个整数表示最终存活的蛇的条数。

【样例输入】

2

3

11　14　14
3
1　5　2　6　3　25

【样例输出】

3
1

【解析】

假设体力序列为 $a_1 < a_2 < \cdots < a_n$(由于 $n=2$ 时是平凡的,只讨论 $n>2$ 的情况),考虑 n 在什么时候会选择吃。设 n 吃完后的体力为 $t = a_n - a_1$,下面按照 t 与 a_2 的大小关系来讨论。

1. $a_2 < t$

假设 n 吃,那么下一条最强的蛇 $n-1$ 只有两种选择:①不吃,此时战斗结束,n 显然没有危险;②吃,一方面,根据蛇的策略,选择吃就代表 $n-1$ 能保证它没有危险,另一方面,因为 $a_1 < a_2$,$a_{n-1} < a_n$,所以有 $t = a_n - a_1 > a_{n-1} - a_2$,即 $n-1$ 吃完后一定比 n 弱。综合两方面,比 n 弱的蛇 $n-1$ 能确保安全,那么 n 一定也没有危险。

所以,此时 n 选择吃是一定没有危险的,即若最强蛇吃完后不是最弱,最强蛇一定会吃。

2. $a_2 > t$

假设 n 吃,此时无法确定是否有危险,递归下去判断:①若当前有至少 3 条蛇且最强蛇吃完后为最弱,假设其吃,继续递归;②否则根据 1 中情况当前蛇一定会选择吃,返回。

由于每次递归都是在上一条蛇吃的假设下进行的,所以当递归到某一条蛇必吃的时候,根据蛇的策略,它的上一条蛇一定不会吃;同理,上一条蛇的上一条蛇一定会选择吃……

根据上面的推导,不难得出一个结论:若最终递归到必吃的蛇时层数为 p(假设初始层数为 0),那么当 p 为奇数时,n 不会吃,决斗结束;否则 n 一定会吃,且下一条蛇 $n-1$ 不会吃,决斗依然结束。故当出现 2 时,需要递归判断 n 是否会吃,同时决斗必然结束。

直接使用 set 模拟上述过程复杂度为 $O(Tn\lg n)$(因为进入 2 后决斗必然结束,所以 2 最多只会被进入一遍),考虑优化此做法。该做法的复杂度瓶颈在于每次取最值,但 $O(\lg n)$ 已经是普通动态求最值问题的复杂度下限,那么此题是否具有某种单调性?答案是肯定的。

首先将整个过程划分成两段:进入 2 之前与进入 2 之后(当然,第二段可能不存在),并对这两段分开考虑。

对于第一段,首先因为所有蛇吃完后都不是最弱蛇(否则进入第二段),所以吃过的蛇一定不会被吃,于是类似 1 中的推导,可以得出吃过的蛇的强度随最后吃的时间单调递减。又因为输入的长度序列是单调的,所以可以维护两个队列,分别存吃过与没吃过的蛇,这样每次取最值时只需要比较两队列的队头或队尾即可。

对于第二段,根据递归条件,每次吃完后都会变成最小值并被下一层吃(否则结束),所以可以将此过程看作将蛇从大到小依次弹出并判断,依然可以用刚才的两个队列实现。

这样,就将复杂度降至了 $O(Tn)$,可以通过。

【参考代码】

```
# include < bits/stdc++.h >
using std::cin;
```

```
using std::cout;
const int N = 1001000;
int T;
int n, a[N];
int A[N];
char buf[(int)4e7], * vin = buf - 1;
inline int read(){
    int x = 0;
    for (;isspace( * ++vin););
    for (x = * vin&15;isdigit( * ++vin);){
        x = x * 10 + ( * vin&15);
    }
    return x;
}
struct Q{
    int q[N], l, r;
    inline void push_back(int x){q[++r] = x;}
    inline void push_front(int x){q[ -- l] = x;}
    inline int max()const{return l <= r? q[r]:0;}
    inline int min()const{return l <= r? q[l]:n + 1;}
} q0, q1;
int a0[N], a1[N];

inline int cmp(int a, int b){return A[a] == A[b]? a < b:A[a] < A[b];}
inline int cmpgt(int a, int b){return A[a] == A[b]? a > b:A[a] > A[b];}
inline int max(int a, int b){return cmp(a, b)? b:a;}
inline int min(int a, int b){return cmp(a, b)? a:b;}

struct PQ{
    static const int M = 1 << 20;
    int bitmin[M << 1];
    int bitmax[M << 1];
    int S, one;
    inline int min()const{return ::min(bitmin[1],one? one:n + 1);}
    inline int max()const{return ::max(bitmax[1],one);}
    inline void init(){
        S = 1;
        for (;S <= n;){
            S <<= 1;
        }
        for (int i = 1;i <= S + n;++i){
            bitmin[i] = n + 1;
        }
        one = 0;
    }
    inline void push(int u){
        if (! one){
            return void(one = u);
        }
        int P = u + S;
        bitmin[P] = bitmax[P] = u;
        for (;P >>= 1;){
            if (cmp(u, bitmin[P])){
```

```
                    bitmin[P] = u;
            }
            if (cmpgt(u, bitmax[P])){
                    bitmax[P] = u;
            }
            if (bitmin[P]! = u && bitmax[P]! = u){
                    break;
            }
        }
    }
    inline void pop(int u){
        if (u == one){
            return void(one = 0);
        }
        int P = u + S;
        bitmin[P] = n + 1;
        bitmax[P] = 0;
        for (;P >> = 1;){
            bitmin[P] = ::min(bitmin[P << 1], bitmin[P << 1 | 1]);
            bitmax[P] = ::max(bitmax[P << 1], bitmax[P << 1 | 1]);
        }
    }
} q2;

bool live[N];
inline void solve(){
    memcpy(A + 1, a + 1, n << 2), A[n + 1] = A[n] + 1;
    q0.l = 1, q0.r = n;
    q1.l = n + 1, q1.r = n;
    for (int i = 1;i < = n;++i){
        q0.q[i] = i;
    }
    q2.init();
    for (int i = 1;i < n;++i){
        int u = max(max(q0.max(), q1.max()), q2.max());
        int v = min(min(q0.min(), q1.min()), q2.min());
        if (u == q0.max()){
            -- q0.r;
        }
        else{
            if (u == q1.max()){
                -- q1.r;
            }
            else{
                q2.pop(u);
            }
        }
        if (v == q0.min()){
            ++q0.l;
        }
        else{
            if (v == q1.min()){
                ++q1.l;
```

```
            }
            else{
                q2.pop(v);
            }
        }
        a0[i] = u, a1[i] = v;
        A[u] -= A[v];
        if (cmp(q0.max(), u)){
            q0.push_back(u);
        }
        else{
            if (cmp(u, q1.min())){
                q1.push_front(u);
            }
            else{
                q2.push(u);
            }
        }
    }
    memset(live + 1, 0, n);
    for (int i = q0.l;i <= q0.r;++i){
        live[q0.q[i]] = 1;
    }
    for (int i = q1.l;i <= q1.r;++i){
        live[q1.q[i]] = 1;
    }
    live[q2.max()] = 1;
    for (int i = n - 1, r = i;i >= 1; -- i){
        if (! live[a0[i]]){
            for (;r >= i; -- r){
                live[a1[r]] = 1;
            }
        }
    }
    cout << std::count(live + 1, live + n + 1, 1)<< '\n';
}

int main(){
    fread(buf, 1, sizeof buf, stdin);
    std::ios::sync_with_stdio(false), cin.tie(0);
    T = read();
    n = read();
    for (int i = 1;i <= n;++i){
        a[i] = read();
    }
    solve();
    for (int i = 2, k;i <= T;++i){
        k = read();
        for (int i = 0, x;i < k;++i){
            x = read(), a[x] = read();
        }
        solve();
    }
}
```

4.7 2020 NOIP 题解[①]

4.7.1 T1：排水系统

【题目描述】

对于一个城市来说，排水系统是极其重要的一个部分。

有一天，小 C 拿到了某座城市排水系统的设计图。排水系统由 n 个排水结点（编号 1～n）和若干个单向排水管道构成。每一个排水结点有若干个管道用于汇集其他排水结点的污水（简称为该结点的汇集管道），也有若干个管道向其他的排水结点排出污水（简称为该结点的排出管道）。

排水系统的结点中有 m 个污水接收口，它们的编号分别为 $1,2,\cdots,m$，污水只能从这些接收口流入排水系统，并且这些结点没有汇集管道。排水系统中还有若干个最终排水口，它们将污水运送到污水处理厂，没有排出管道的结点便可视为一个最终排水口。

现在各个污水接收口分别都接收了 1 吨污水，污水进入每个结点后，会均等地从当前结点的每一个排出管道流向其他排水结点，而最终排水口将把污水排出系统。

现在小 C 想知道，在该城市的排水系统中，每个最终排水口会排出多少污水。该城市的排水系统设计科学，管道不会形成回路，即不会发生污水形成环流的情况。

【输入】

第一行两个用单个空格分隔的整数 n、m，分别表示排水结点数与接收口数量。

接下来 n 行中，第 i 行用于描述结点 i 的所有排出管道。其中，每行第一个整数 d_i 表示其排出管道的数量，接下来 d_i 个用单个空格分隔的整数 $a_1,a_2,\cdots,a_{di}$ 依次表示管道的目标排水结点。

保证不会出现两条起始结点与目标结点均相同的管道。

【输出】

输出若干行，按照编号从小到大的顺序，给出每个最终排水口排出的污水体积。其中，体积使用分数形式进行输出，即每行输出两个用单个空格分隔的整数 p，q，表示排出的污水体积为 p/q。要求 p 与 q 互素，q＝1 时也需要输出 q。

【样例输入】

```
5 1
3 2 3 5
2 4 5
2 5 4
0
0
```

[①] 代码源自 IOI2021 金牌得主钱易和 2021NOI 满分得主周航锐。

【样例输出】

1　3

2　3

【解析】

本题的算法是经典的拓扑排序思想,从污水接收口(入度为 0 的点)出发,在一个有向无环图中不断寻找入度为 0 的点,再把该点和其出边删除,当然同时要分配好污水。最后找到排水口(出度为 0 的点)的污水量。时间复杂度为 $O(n+m)$。

但是本题的难点在于数据范围的设计。题目中的数据范围会让分母最大值变得很大,当 3 条长度为 11 的链在最后合并,分母可以达到 $(3 \times 4 \times 5)^{11} = 60^{11} > 2^{64}$。因此在竞赛中,仅用了 long long 类型的选手,期望得分为 60 分。但是也有一个小技巧,对于那些通分时先除后乘的选手,实际得分会达到 90 分。那么,如何得到正确的解呢? 这里介绍以下 3 种做法。

(1) 比较直观的做法就是写高精度,可以用两个 long long 的写法简化,也可以直接写高精度类,但是代码量和写码难度都会大大增加。

(2) 用更大的类型 int128,可惜 NOI Linux 的编译器不支持 int128 类型。

(3) 用 16B 的 long double,这是本题的一个简洁高效的解决办法。

在解决了分母精度问题后,拓扑排序算法期望得分:100 分。

【参考代码】

```
# include < bits/stdc++ . h >
using namespace std;
typedef long long ll;
const ll mod = 100000000000000000;
struct BigInt{
    ll a[2];
    BigInt(){a[0] = a[1] = 0;}
    BigInt(ll x, ll y){a[0] = y, a[1] = x;}
};
inline void out(const BigInt &x){
    if (x.a[1]){
        printf(" % lld % 017lld", x.a[1], x.a[0]);
    }
    else{
        printf(" % lld", x.a[0]);
    }
}
inline BigInt operator + (const BigInt &a, const BigInt &b){
    BigInt ans;
    ans.a[0] = a.a[0] + b.a[0];
    ans.a[1] = a.a[1] + b.a[1];
    if (ans.a[0] >= mod){
    ans.a[0] -= mod, ans.a[1]++;
    }
    return ans;
}
inline BigInt operator - (const BigInt &a, const BigInt &b){
        BigInt ans;
```

```
        ans.a[0] = a.a[0] - b.a[0];
        ans.a[1] = a.a[1] - b.a[1];
        if (ans.a[0] < 0){
            ans.a[0] += mod, ans.a[1] -- ;
        }
        return ans;
}
inline BigInt operator /(const BigInt &a, int b){
        BigInt ans;
        ans.a[1] = a.a[1]/b;
        ans.a[0] = (a.a[1] % b * mod + a.a[0])/ b;
        return ans;
}
inline int operator %(const BigInt &a, int b){
        return(a.a[1] % b * mod + a.a[0]) % b;
}
const BigInt S(362, 79705600000000000);
int n, m;
BigInt ans[100010];
vector < int > son[100010];
int in[100010];
int que[100010], tl;
int main(){
        scanf("%d%d", &n, &m);
        for (int i = 1;i <= n;i++){
                int d;
                scanf("%d", &d);
                while (d -- ){
                        int v;
                        scanf("%d", &v);
                        son[i].push_back(v);
                        in[v]++ ;
                }
        }
        for (int i = 1;i <= m;i++){
                ans[i] = S;
        }
        for (int i = 1;i <= n;i++){
                if (in[i] == 0){
                        que[++tl] = i;
                }
        }
        for (int i = 1;i <= tl;i++){
                int u = que[i], d = son[u].size();
                if (d){
                        ans[u] = ans[u]/d;
                        for (int j = 0;j < d;j++){
                                ans[son[u][j]] = ans[son[u][j]] + ans[u];
                                if ( -- in[son[u][j]] == 0){
                                        que[++tl] = son[u][j];
                                }
                        }
                }
        }
}
```

```
for ( int i = 1; i <= n; i++) if ( son[i].size() == 0){
    BigInt a = ans[i], b = S;
    for ( int j = 5; j > 1; j-- ){
        while ( a % j == 0 && b % j == 0) a = a/j, b = b/j;
    }
    out(a), putchar(' '), out(b), puts("");
}
}
```

4.7.2　T2：字符串匹配

【题目描述】

小 C 学习完了字符串匹配的相关内容，现在他正在做一道习题。

对于一个字符串 S，题目要求他找到 S 的所有具有下列形式的拆分方案数：S＝ABC，S＝ABABC，S＝ABAB…ABC，其中，A、B、C 均是非空字符串，且 A 中出现奇数次的字符数量不超过 C 中出现奇数次的字符数量。

更具体地，可以定义 AB 表示两个字符串 A 和 B 相连接，例如 A＝aab，B＝ab，则 AB＝aabab。

并递归地定义 $A^1 = A$，$A^n = A^{n-1}A$（$n \geq 2$ 且为正整数）。例如 A＝abb，则 $A^3 =$ abbabbabb。

则小 C 的习题是求 S＝$(AB)^iC$ 的方案数，其中，$F(A) \leq F(C)$。$F(S)$ 表示字符串 S 中出现奇数次的字符的数量。两种方案不同当且仅当拆分出的 A、B、C 中有至少一个字符串不同。

小 C 并不会做这道题，只好向你求助，请你帮帮他。

【输入】

本题有多组数据，输入文件第一行是一个正整数 T 表示数据组数。

每组数据仅一行一个字符串 S，意义见题目描述。S 仅由英文小写字母构成。

【输出】

对于每组数据输出一行一个整数表示答案。

【样例输入】

3

nnrnnr

zzzaab

mmlmmlo

【样例输出】

8

9

16

【解析】

算法 1：考虑暴力做法，先暴力枚举每一个串，找 A，C 两串以及 A，C 两串的奇数次出现字符的个数，然后一个一个判断，时间复杂度 $O(n^3)$。期望得分：32 分。

算法 2：考虑优化算法 1，因为 A 的起始点一定是 1，C 的终点一定是 n，可以从前向后，从后向前预处理每一个串奇数个数字符的个数，用 $O(n^2)$ 的时间复杂度预处理 (AB) 与 C 每种长度的情况可以为答案增加的个数，再进行操作时可以直接调用，而不用一个一个地处理。时间算法复杂度为 $O(n^2)$，期望得分：48 分。

算法 3：算法 2 中的预处理和求 (AB) 循环串的方法都可以继续优化。由于字母只有 26 个，可以设 f[i][j] 表示 S[1..i] 中奇数字符的个数小于或等于 j 的 (A) 的个数。那么 f[i][j] 可以在 $O(26n)$ 的时间内求得。而所有的循环串可以用 Hash(或者 KMP)快速判断字符串是否相同，在 $O(n \ln n)$ 内枚举完成。总时间复杂度为 $O(n \ln n + 26n)$。期望得分：84 分。

算法 4：继续优化算法，枚举 AB 是什么，这样也能知道 C 可能的情况。在 $(AB)^i C$ 的形式中，假设枚举的 AB 是前缀 i，那么 C 只可能是后缀 i+1，以及后缀 i+1 去掉前面的若干 AB 后得到的后缀。预处理出对于每一个前缀和后缀的出现奇数次字符的个数。对于 AB 循环奇数次和偶数次来说，它们的 C 的上述值分别相同。也就是说，分 AB 循环奇数次和偶数次来分别考虑合法的 A 即可。从前往后做的过程中记录 tr[i] 表示当前有多少个前缀的出现奇数次字符个数为 i。容易发现询问的时候就是一个前缀和，直接暴力询问总的复杂度就是 $O(26n)$。前缀和用树状数组维护，时间就是 $O(n \lg 26)$。期望得分：100 分。这里还有一种优化，不用树状数组，可以用两个指针分别维护 i 为奇数和偶数的前缀和，每次对于奇数的指针，F(C) 的变化量为 1，如果是偶数的指针变化量为 0 或者 2，所以是常数复杂度。时间复杂度为 $O(n)$。

【参考代码】

```cpp
#include <bits/stdc++.h>
using namespace std;
const int N = (1 << 20) + 10;
char s[N];
int buc[N], L[N], R[N];
int n, nxt[N];
int a[N], c[N], x[N], y[N];
void rmain(){
    scanf("%s", s + 1);
    n = strlen(s + 1);
    for (int i = 0, j = nxt[0] = -1; i < n;){
        if (j == -1 || s[i + 1] == s[j + 1]){
            nxt[++i] = ++j;
        }
        else{
            j = nxt[j];
        }
    }
    L[0] = R[n + 1] = 0;
    memset(buc, 0, sizeof buc);
    for (int i = 1; i <= n; i++){
        L[i] = L[i - 1];
        if ((++buc[s[i]]) & 1){
            L[i]++;
        }
        else{
```

```
                L[i]--;
            }
        }
    memset(buc,0,sizeof buc);
    for (int i = n;i > 0;i--){
        R[i] = R[i + 1];
        if ((++buc[s[i]])& 1){
            R[i]++;
        }
        else {
            R[i]--;
        }
    }
    for (int i = 1;i <= n;i++){
        c[i] = c[i - 1] + (L[i]<= L[n]);
    }
    memset(buc,0,sizeof buc);
    for (int i = 1, cur = 0;i <= n;i++){
        a[i] = a[i - 1];
        if (i! = 1){
            buc[L[i - 1]]++;
            if (L[i - 1]<= cur){
                a[i]++;
            }
        }
        while (cur < R[i + 1]){
            a[i] += buc[++cur];
        }
        while (cur > R[i + 1]){
            a[i] -= buc[cur--];
        }
    }
    long long ans = 0;
    for (int i = 2;i < n;i++){
        for (int k = 1, j = i + i;;j += i, k++){
            if (j >= n || i % (j - nxt[j])){
                ans += 1ll * a[i] * ((k + 1)/ 2);
                ans += 1ll * c[i - 1] * (k/2);
                break;
            }
        }
    }
    printf("%lld\n", ans);
}
int main(){
    int T;
    scanf("%d", &T);
    while (T--) {
        rmain();
    }
}
```

4.7.3　T3：移球游戏

【题目描述】

小 C 正在玩一个移球游戏,他面前有 n+1 根柱子,柱子从 1 到 n+1 编号,其中,1 号柱子,2 号柱子,…,n 号柱子上各有 m 个球,它们自底向上放置在柱子上,n+1 号柱子上初始时没有球。这 n×m 个球共有 n 种颜色,每种颜色的球各 m 个。

初始时一根柱子上的球可能是五颜六色的,而小 C 的任务是将所有同种颜色的球移到同一根柱子上,这是唯一的目标,而每种颜色的球最后放置在哪根柱子上则没有限制。

小 C 可以通过若干次操作完成这个目标,一次操作能将一个球从一根柱子移到另一根柱子上。更具体地,将 x 号柱子上的球移动到 y 号柱子上的要求如下。

(1) x 号柱子上至少有一个球。

(2) y 号柱子上至多有 m−1 个球。

(3) 只能将 x 号柱子最上方的球移到 y 号柱子的最上方。

小 C 的目标并不难完成,因此他决定给自己加加难度:在完成目标的基础上,使用的操作次数不能超过 820 000。换句话说,小 C 需要使用至多 820 000 次操作完成目标。

小 C 被难住了,但他相信难不倒你,请你给出一个操作方案完成小 C 的目标。合法的方案可能有多种,你只需要给出任意一种,题目保证一定存在一个合法方案。

【输入】

第一行两个用空格分隔的整数 n、m,分别表示球的颜色数、每种颜色球的个数。

接下来 n 行中,每行 m 个用单个空格分隔的整数,第 i 行的整数按自底向上的顺序依次给出了 i 号柱子上的球的颜色。

【输出】

本题采用自定义校验器(special judge)评测。

输出的第一行应该仅包含单个整数 k,表示方案的操作次数。应保证 0≤k≤820 000。

接下来 k 行中,每行你应输出两个用单个空格分隔的正整数 x、y,表示这次操作将 x 号柱子最上方的球移动到 y 号柱子最上方。应保证 1≤x,y≤n+1 且 x!=y。

【样例输入】

```
2 3
1 1 2
2 1 2
```

【样例输出】

```
6
1 3
2 3
2 3
3 1
3 2
3 2
```

【解析】

算法1：根据数据范围，先考虑 n＝2 的情况，就只有两种颜色，假定为黑色和白色。先考虑一种简化模型，如果两个柱子上的球都已经排好序，也就是黑色在上，白色在下。这非常容易解决，将黑色都移到第 3 个柱子，再把剩余的白色集中到一个柱子。

算法核心就变成如何给每个柱子上的球排序。这在只有黑白两色的情况下也很容易完成。利用第 3 个柱子，将第 1 个柱子上的球排序，而不改变第 2 个柱子上的球序。具体构造，是将第 1 个柱子中的黑色球连续存放在第 2 个柱子，白色球连续存放在第 3 个柱子。统计好 1 号柱子中的黑色球数量 x，将 2 号柱子的 x 个球移动到 3 号柱子，这样就在 2 号和 3 号柱子上空出了 1 号柱子中黑色和白色球的位置。将 1 号柱子中所有的球，按黑色移动到 2 号柱子，白色移动到 3 号柱子；再将 3 号和 2 号柱子中的黑白球分别移动回 1 号柱子；最后再把 3 号柱子上原本属于 2 号柱子的球，移动回 2 号柱子。这样就完成了将第 1 个柱子上的球排序，而不改变第 2 个柱子上的球序的操作。

同样的操作将 2 号柱子上的球排序，就达到了先前的简化模型，n＝2 的情况也就迎刃而解！操作次数≤10m。期望得分：10 分。

算法2：有了算法 1 的铺垫，当颜色数增多，可以想到一种分治的策略，将颜色不断迭代。将颜色分成两组，一组视为黑色，另一组视为白色。按照算法 1 中策略，每次挑选两个柱子，就可以整理出一根颜色只有黑色或白色的柱子。这样，所有柱子都变成一组颜色的时候，就可以继续解决子问题。时间复杂度为 $O(nmlgn)$。期望得分：100 分。

【参考代码】

```cpp
# include < bits/stdc++.h >
using namespace std;
int id[55], n, m;
int sta[55][410], top[55];
vector < pair < int, int >> ans;
inline void move(int u, int v){
    //assert(top[u] && top[v]! = m);
    sta[v][++top[v]] = sta[u][top[u] -- ];
    ans.push_back(make_pair(u, v));
}
pair < int, int > tmp[55];
int tmptag[410];
inline void find_typeA(int x, int y, int * a){//1600
    int cnt = 0;
    for (int i = 1;i < = m;i++){
        cnt += a[i];
    }
    for (int i = 1;i < = cnt;i++){
        move(id[y], id[n + 1]);
    }
    for (int i = m;i > 0;i -- ){
        if (a[i]){
            move(id[x], id[y]);
        }
        else {
            move(id[x], id[n + 1]);
```

```
        }
    }
    for (int i = 1; i <= m - cnt; i++){
        move(id[n + 1], id[x]);
    }
    for (int i = 1; i <= cnt; i++){
        move(id[y], id[x]);
    }
    for (int i = 1; i <= cnt; i++){
        move(id[n + 1], id[y]);
    }
}
inline void make_rubbish(int x, int y){                //4000
    int cntx = 0, cnty = 0;
    for (int i = 1; i <= m; i++){
        cntx += tmptag[i] = sta[id[x]][i]! = n;
    }
    find_typeA(x, y, tmptag);
    for (int i = 1; i <= m; i++){
        cnty += tmptag[i] = sta[id[y]][i]! = n;
    }
    find_typeA(y, x, tmptag);
    //assert(cntx + cnty > = m);
    for (int i = 1; i <= cntx; i++){
        move(id[x], id[n + 1]);
    }
    for (int i = 1; i <= m - cntx; i++){
        move(id[y], id[n + 1]);
    }
    for (int i = 1; i <= m - cntx; i++){
        move(id[x], id[y]);
    }
    swap(id[n + 1], id[x]);
}
inline void find_typeB(int x, int y, int * a){          //400 + cnt
    int cnt = 0;
    for (int i = 1; i <= m; i++){
        cnt += a[i];
    }
    for (int i = 1; i <= cnt; i++){
        move(id[y], id[n + 1]);
    }
    for (int i = m; i > 0; i-- ){
        if (a[i]){
            move(id[x], id[y]);
        }
        else{
            move(id[x], id[n + 1]);
        }
    }
    swap(id[n + 1], id[x]);
    swap(id[y], id[x]);
}
```

```
inline void solve(){                    //4000 + 400 * n + 400 + 400 + 400
    if (n == 1){
        return;
    }
    for (int i = 1;i <= n;i++){
        tmp[i] = make_pair(0, i);
        for (int j = 1;j <= m;j++){
            tmp[i].first += sta[id[i]][j]! = n;
        }
    }
    sort(tmp + 1, tmp + 1 + n);
    reverse(tmp + 1, tmp + 1 + n);
    make_rubbish(tmp[1].second, tmp[2].second);
    int rubbish = tmp[1].second;
    //for (int i = 1;i <= m;i++)assert(sta[id[rubbish]][i]! = n);
    for (int i = 1;i <= n;i++){
        if (i == rubbish){
            continue;
        }
        for (int j = 1;j <= m;j++){
            tmptag[j] = sta[id[i]][j] == n;
        }
        find_typeB(i, rubbish, tmptag);
        //assert(top[id[n + 1]] == 0);
    }
    for (int i = 1;i <= n;i++){
        while (top[id[i]] && sta[id[i]][top[id[i]]] == n){
            move(id[i], id[n + 1]);
        }
    }
    //assert(top[id[n + 1]] == m);
    for (int i = 1;i < n;i++){
        while (top[id[i]] < m){
            move(id[n], id[i]);
        }
    }
    n--;
    solve();
}
int main(){
    scanf("% d % d", &n, &m);
    for (int i = 1;i <= n;i++){
        top[i] = m;
        for (int j = 1;j <= m;j++){
            scanf("% d", &sta[i][j]);
        }
    }
    for (int i = 1;i <= n + 1;i++){
        id[i] = i;
    }
    solve();
    printf("% d\n",(int)ans.size());
    for (int i = 0;i <(int)ans.size();i++){
```

```
        printf("%d %d\n", ans[i].first, ans[i].second);
    }
    return 0;
}
```

4.7.4　T4：微信步数

【题目描述】

小 C 喜欢跑步，并且非常喜欢在微信步数排行榜上刷榜，为此他制定了一个刷微信步数的计划。

他来到了一处空旷的场地，处于该场地中的人可以用 k 维整数坐标 $(a_1, a_2, \cdots, a_k)$ 来表示其位置。场地有大小限制，第 i 维的大小为 w_i，因此处于场地中的人其坐标应满足 $1 \leq a_i \leq w_i (1 \leq i \leq k)$。

小 C 打算在接下来的 $P = w_1 \times w_2 \times \cdots \times w_k$ 天中，每天从场地中一个新的位置出发，开始他的刷微信步数计划(换句话说，他将会从场地中每个位置都出发一次进行计划)。

他的计划非常简单，每天按照事先规定好的路线行进，每天的路线由 n 步移动构成，每一步可以用 c_i 与 d_i 表示：若他当前位于 $(a_1, a_2, \cdots, a_{c_i}, \cdots, a_k)$，则这一步他将会走到 $(a_1, a_2, \cdots, a_{c_i}+d_i, \cdots, a_k)$，其中，$1 \leq c_i \leq k, d_i \in \{-1, 1\}$。小 C 将会不断重复这个路线，直到他走出了场地的范围才结束一天的计划。(即走完第 n 步后，若小 C 还在场内，他将回到第 1 步从头再走一遍。)

小 C 对自己的速度非常有自信，所以他并不在意具体耗费的时间，他只想知道 P 天之后，他一共刷出了多少步微信步数。请你帮他算一算。

【输入】

第一行是两个用单个空格分隔的整数 n，k，分别表示路线步数与场地维数。

接下来一行是 k 个用单个空格分隔的整数 w_i，表示场地大小。

接下来 n 行中，每行两个用单个空格分隔的整数 c_i, d_i，依次表示每一步的方向，具体意义见题目描述。

【输出】

仅一行一个整数表示答案。答案可能很大，你只需要输出其对 10^9+7 取模后的值。

若小 C 的计划会使得他在某一天在场地中永远走不出来，则输出一行一个整数 −1。

【样例输入】

```
3 2
3 3
1 1
2 -1
1 1
```

【样例输出】

```
21
```

【解析】

算法 1：根据数据范围，先考虑根据题意进行模拟的方式。枚举所有起点，按照 n 步操

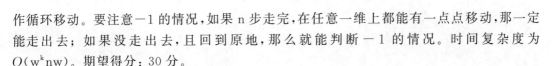

作循环移动。要注意 -1 的情况，如果 n 步走完，在任意一维上都能有一点点移动，那一定能走出去；如果没走出去，且回到原地，那么就能判断 -1 的情况。时间复杂度为 $O(w^k nw)$。期望得分：30 分。

算法 2：根据一维的经验，我们发现，可以分开预处理每一维度。首先考虑只有一维的情况，发现如果可以在 n 步内走出边界，那么只需要不超过一轮步数；如果这一轮 n 步内没有走出去，且在这一维内有移动，就类似一个蛇爬树问题，可以先预处理出一轮中一共走了 step 格位置，在同一方向最远走了 Max 个格子，要走出去，至少要先走到 $\left\lceil \dfrac{w+1-Max}{step} \right\rceil$ 轮，再用预处理的值计算剩余步数。注意两个方向变量正负的情况。用 $O(kn+kw)$ 的时间预处理，可以得到每一维每一个点能走出去的最少步数，就可以枚举起点，转变为枚举某一维上某个点作为起点出界所需最少步数，同时统计这个最小步数在答案中出现的次数。具体做法：枚举每一维每个位置，统计其他每个维度上面有多少个点走出界的步数超过该点（出界步数不可能相同），用乘法原理统计即可。可以用 $O(kwlgw)$ 的时间对每一维走出界步数单独排序，再枚举每一维上的起点，在其他维度上面二分查找第一个大于该起点步数的点的数量，也就是在其他维还没有走出界的起点的个数。时间复杂度为 $O(kw \times klgw)$，整体时间复杂度为 $O(w \times k^2 \times lgw)$。期望得分：60 分。

算法 3：考虑继续优化算法 2 中的那个排序和二分查找的过程，首先发现每一维上走一轮之后，如果是往左走出去，那么越靠右边的点走出界需要的步数越多；反之亦然。我们可以分别把往左、往右的步数放入两个单调队列，再合并两个单调队列，就可以不用单独排序。而在二分查找过程中，可以在整体上按出界步数从小到大枚举，每一维设置一个指针，在每一维上用尺取法。时间复杂度为 $O(w \times k^2)$。期望得分：80 分。

算法 4：在最后 20 分，我们发现 w 的值非常大，n 的值相对不变，算法 3 中，每一维上的出界步数，又体现为一个关于轮数 t 的一次式。那么第 t 轮，第 i 步还没有走出边界的起点个数，是一个关于 t 的 k 次多项式，假设为 $f_i(t) = \sum\limits_{j=0}^{k} a_j t^j$，统计 t 的上界，记为 t_{max}，那么对答案的贡献就是 $\sum\limits_{t=0}^{t_{max}} f_i(t) = \sum\limits_{t=0}^{t_{max}} \sum\limits_{j=0}^{k} a_j t^j = \sum\limits_{j=0}^{k} a_j \sum\limits_{t=0}^{t_{max}} t^j$。发现后面部分是一个自然数幂和，用拉格朗日插值法，可以在 $O(k^2)$ 时间内计算出 $f_i(t)$，时间复杂度为 $O(nk^2)$。

用算法 3 中的方法可以计算第 1 轮以及第 $t_{max} + 1$ 轮，整体时间复杂度为 $O(nk^2)$。期望得分：100 分。

【参考代码】

```cpp
#include <bits/stdc++.h>
using namespace std;
const int mod = 1000000007;
int w[500010], c[500010], d[500010], delta[15];
int n, k;
inline int power(int a, int b){
    long long res = a, ans = 1;
    for (;b;b>>= 1, res = res * res % mod){
        if (b&1){
            ans = ans * res % mod;
```

```
        }
    }
    return ans;
}
int el[15], er[15], len[15], sum[15];
inline void Add(int &a, int b){
    if ((a += b)>= mod){
        a -= mod;
    }
}
inline void Sub(int &a, int b){
    if ((a -= b)< 0){
    a += mod;
    }
}
int rest, maxw;
int tmpid[500010], tmpc[500010], inv[1000010], tmplen[15];
inline int calc0(int x){
    return x;
}
inline int calc1(int x){
    return 1ll * x * (x - 1)/ 2 % mod;
}
inline int calc2(int x){
    const int inv6 = power(6, mod - 2);
    return 1ll * x * (x - 1) % mod * (2 * x - 1) % mod * inv6 % mod;
}
inline int calc3(int x){
    return 1ll * calc1(x) * calc1(x) % mod;
}
inline int calc(int x){
    int ans = 0;
    Add(ans, 1ll * tmplen[1] * tmplen[2] % mod * tmplen[3] % mod * calc0(x) % mod);
Sub(ans,(1ll * sum[1] * tmplen[2] % mod * tmplen[3] + 1ll * tmplen[1] * sum[2] % mod * tmplen
[3]
+ 1ll * tmplen[1] * tmplen[2] % mod * sum[3]) % mod * calc1(x) % mod);
Add(ans,(1ll * sum[1] * sum[2] % mod * tmplen[3] + 1ll * tmplen[1] * sum[2] % mod * sum[3]
+ 1ll * sum[1] * tmplen[2] % mod * sum[3]) % mod * calc2(x) % mod);
    Sub(ans, 1ll * sum[1] * sum[2] % mod * sum[3] % mod * calc3(x) % mod);
    return ans;
}
inline void rrrrush(){
    int ans = 0;
    rest = 1;
    for (int i = 1; i <= k; i++){
        el[i] = 1, er[i] = w[i], rest = 1ll * rest * w[i] % mod, maxw = max(maxw, w[i]);
}
    for (int i = 1; i <= n; i++){
        Add(ans, rest);
        int a = c[i], b = d[i];
        if (b == 1){
            delta[a]++;
            el[a]++, er[a]++;
```

```
            if (er[a] > w[a]){
                int delta = 1ll * rest * power(er[a] - el[a] + 1, mod - 2) % mod;
                Sub(rest, delta);
                er[a] = w[a];
                if (rest == 0){ break;
                }
            }
        }
        else{
            delta[a]--;
            el[a]--, er[a]--;
            if (el[a] == 0){
                int delta = 1ll * rest * power(er[a] - el[a] + 1, mod - 2) % mod;
                Sub(rest, delta);
                el[a] = 1;
                if (rest == 0){
                    break;
                }
            }
        }
    }
}
if (rest == 0){
    return printf("%d\n", ans), void();
}
int cnt = 0;
for (int i = 1; i <= k; i++){
    len[i] = er[i] - el[i] + 1;
}
for (int i = 1; i <= n; i++){
    int a = c[i], b = d[i];
    if (b == 1){
        delta[a]++;
        el[a]++, er[a]++;
        if (er[a] > w[a]){
            er[a] = w[a];
            ++cnt, tmpid[cnt] = i, tmpc[cnt] = a;
        }
    }
    else{
        delta[a]--;
        el[a]--, er[a]--;
        if (el[a] == 0){
            el[a] = 1;
            ++cnt, tmpid[cnt] = i, tmpc[cnt] = a;
        }
    }
}
if (cnt == 0){
    return puts("-1"), void();
}
if (maxw <= 1000000){
    inv[1] = 1;
    for (int i = 2; i <= maxw; i++){
```

```
            inv[i] = 1ll * inv[mod % i] * (mod - mod/i) % mod;
    }
    while (1){
        for (int i = 1; i <= cnt; i++){
            ans = (ans + 1ll * (tmpid[i] - tmpid[i - 1]) * rest) % mod;
            int delta = 1ll * rest * inv[len[tmpc[i]]] % mod;
            len[tmpc[i]]-- ;
            Sub(rest, delta);
            if (rest == 0){
                break;
            }
        }
        ans = (ans + 1ll * (n - tmpid[cnt]) * rest) % mod;
        if (rest == 0){
            break;
        }
    }
    printf("% d\n", ans);
}
else{
    for (int i = k + 1; i <= 3; i++){
        len[i] = 1;
    }
    k = 3;
    for (int i = 1; i <= cnt; i++){
        sum[tmpc[i]]++;
    }
    int t = 0x3f3f3f3f;
    for (int i = 1; i <= k; i++){
        if (sum[i]){
            t = min(t, len[i]/sum[i]);
        }
    }
    for (int i = 1; i <= k; i++){
        tmplen[i] = len[i];
    }
    tmpid[cnt + 1] = n;
    for (int i = 1; i <= cnt + 1; i++){
        ans = (ans + 1ll * (tmpid[i] - tmpid[i - 1]) * calc(t)) % mod;
        if (i! = cnt + 1)tmplen[tmpc[i]]-- ;
    }
    rest = 1;
    for (int i = 1; i <= k; i++){
        len[i] -= t * sum[i], rest = 1ll * rest * len[i] % mod;
    }
    for (int i = 1; i <= cnt; i++){
        ans = (ans + 1ll * (tmpid[i] - tmpid[i - 1]) * rest) % mod;
        int delta = 1ll * rest * power(len[tmpc[i]], mod - 2) % mod;
        len[tmpc[i]]-- ;
        Sub(rest, delta);
        if (rest == 0){
            break;
        }
    }
```

```
            }
            printf("%d\n", ans);
        }
    }
    int main(){
        scanf("%d%d", &n, &k);
        for (int i = 1; i <= k; i++){
            scanf("%d", w + i);
        }
        for (int i = 1; i <= n; i++){
            scanf("%d%d", c + i, d + i);
        }
        rrrrush();
    }
```

参考文献